"十四五"时期国家重点出版物出版专项规划项目
"十四五"河南重点出版物出版规划项目
黄河水利委员会治黄著作出版资金资助出版图书

砒砂岩区生态综合治理理论与技术

姚文艺　肖培青　刘　慧　等著

U0227250

黄河水利出版社

·郑州·

内 容 提 要

黄河流域砒砂岩区是我国水土流失最为严重、生态环境极为脆弱的区域,同时也是黄河粗泥沙来源的核心区,研究其治理理论与技术是黄河流域生态保护治理和实现黄河长治久安的重大需求。为此,先后在国家科技支撑计划项目"黄河中游砒砂岩区抗蚀促生技术集成与应用"(2013BAC05B00)、国家重点研发计划项目"鄂尔多斯高原砒砂岩区生态综合治理技术"(2017YFC0504500)、河南省创新型科技人才队伍建设工程项目"黄丘区降雨—植被—侵蚀响应临界及模拟"(162101510004)等资助下,基于生态治理的抗蚀促生新理念,系统开展了砒砂岩生态脆弱区抗蚀促生治理理论与技术研究。本书共分11章,系统介绍了其主要研究成果,包括砒砂岩区地形地貌特征及其分异性、砒砂岩区水文环境及侵蚀过程、砒砂岩侵蚀岩性机制、砒砂岩抗蚀促生关键技术、砒砂岩改性关键技术、砒砂岩改性材料筑坝关键技术、二元立体配置综合治理模式、二元立体配置综合治理模式示范区建设、示范区抗蚀促生综合治理效益评价等,并讨论了需要进一步研究的科学问题和关键技术,展望了生态脆弱区治理理论与技术的发展趋势,为生态综合治理提供科技支撑。

本书可供生态、水土保持、水利、环境、泥沙、农业等领域的科技工作者、大专院校相关专业师生和流域管理者阅读参考。

图书在版编目(CIP)数据

砒砂岩区生态综合治理理论与技术/姚文艺等著
. —郑州:黄河水利出版社,2021.11
ISBN 978-7-5509-3160-2

Ⅰ.①砒… Ⅱ.①姚… Ⅲ.①黄河流域-砂岩-生态
环境-综合治理-研究 Ⅳ.①X321.22

中国版本图书馆 CIP 数据核字(2021)第 240912 号

组稿编辑:田丽萍 电话:0371-66025553 E-mail:912810592@qq.com

出 版 社:黄河水利出版社
　　　　　　　　　　　　　　　　　　　　　　　网址:www.yrcp.com
　　　地址:河南省郑州市顺河路黄委会综合楼 14 层 邮政编码:450003
发行单位:黄河水利出版社
　　　发行部电话:0371-66026940、66020550、66028024、66022620(传真)
　　　E-mail:hhslcbs@ 126. com
承印单位:河南新华印刷集团有限公司
开本:787 mm×1 092 mm 1/16
印张:17.75
字数:410 千字
版次:2021 年 11 月第 1 版 印次:2021 年 11 月第 1 次印刷

定价:160.00 元

前　言

　　我国经纬度跨度大,其中南北跨纬度约 50°、东西跨经度约 62°,地形、气候时空差异显著,自然生态条件差,生态脆弱问题突出,生态脆弱区分布广、面积大。据报道,我国脆弱生态区总面积超过陆域国土面积的 20%,水土流失、沙化土地及石漠化等面积约占陆域国土面积的 37.8%。随着经济社会的快速发展,带来了巨大的生态环境压力,生态系统退化趋势严峻,生态脆弱性问题相当突出,生态安全受到严重威胁,深刻地影响着人们的生存空间和生活质量,严重地制约着经济社会的持续发展。尤其是,黄河流域属大陆性季风气候,中游黄土高原水土流失极为严重,风沙、荒漠化、植被退化在局部区域具存,生态问题尤为突出,是构建我国北方生态安全屏障的重大挑战。研究脆弱生态区治理理论与技术,是实现我国生态文明建设、可持续高质量发展的重大国家战略的迫切需求。

　　如果说生态脆弱性是生态带概念的外延,那么关于生态脆弱性研究可追溯至 1905 年美国学者 Clements 提出的生态交错带概念。这一概念认为,特定的地理背景和人类活动是导致生态环境脆弱性的主要原因。自此关于脆弱生态环境的研究也便逐渐展开。随着经济社会的发展,人们对环境的干扰影响不断增大,生态退化问题凸显,由此也就引发了人们的更多关注。1967 年,国际生态学协会随之成立,试图通过国际合作,促进生态科学的发展及将生态学的原理应用于全球的生态治理实践中。1972 年,在斯德哥尔摩召开的联合国人类环境会议上所通过的《人类环境宣言》进一步彰显了世界各国政府开始对环境问题的高度关注与担忧,联合国相应专门成立了协调国际环境监测活动的环境小组。1987 年,世界环境与发展委员会发表的《我们共同的未来》明确把“既满足当代人的需要又不危及后代人满足其需求能力”作为可持续发展的概念。第七届国际科学联合会环境问题科学委员会(SCOPE)于 1989 年对生态过渡带概念的重新确认,进一步推动了脆弱生态环境研究领域的活跃发展。自 1988 年,世界银行(The World Bank)以新的发展理念,把环境、发展和减贫联系在一起,资助了多项生物多样性保护、水土保持计划项目;亚洲银行(ADB)在全球生态安全和水环境改善方面也先后资助了多个计划项目。随着人类活动对生态系统的干扰日趋强烈,人地关系研究也受到了更多国内外学者的重视,在 20 世纪 90 年代,“生态脆弱带”“人地耦合系统脆弱性”“生态系统退化”等概念时常在相关研究领域出现。自 2001 年以来,联合国政府间气候变化专门委员会(IPCC)以“影响,适应和脆弱性”为主题,已经连续 5 次发布气候变化所引发的生态系统脆弱性及其对人类健康、经济社会发展与生态文明建设影响的评价报告,从不同角度对脆弱性内涵进行了界定,提出了应对策略和需要解决的问题。近 20 多年来,经济社会的快速发展,人类对自然资源的开发利用随之不断增加,加之对土地的过渡开发利用及由此所产生的土壤污染导致了全球生态环境问题更加严重,生态系统退化、水土流失、洪水与地质自然灾害频发、生物多样性丧失、土地荒漠化、植被退化等一系列生态环境问题不断涌现,直接影响到人类生存环境,对高质量发展带来严峻挑战,可以说生态脆弱性及生态治理的理论与技术已经成为全球环境变化和可持续高质量发展研究的重要的核心问题。生态治理理论与实践也是当今进展非常显著的研究领域,其已经不再限于是生物科学的一门分支学科,还涉及植物学、水土保持学、环境学、土壤学等多个相关学科领域,而且在不同学科领域均有显著的研究进展,由此也衍生出了生态学的不同学科领域及研究方向,形成了诸如植物生态学、流域生态学、农业生态学、恢复生态学等学科体系,为生态治理实践的发展奠定了理论、方法与技术的坚实支撑。

生态脆弱性是特定环境内的生态系统的属性,但是人类活动的介入可以起到加剧或减弱其脆弱程度的作用,对生态系统的结构、功能、演替过程及其承载力均会产生影响。因此,也可以说,通过适当的人类活动干预,在一定程度上改善生态脆弱性的这一特定环境条件,是实现脆弱生态系统朝着正向演替的一种途径。这也正是脆弱生态区治理实践发展的基本前提与理论依据。

位于黄河流域鄂尔多斯高原的砒砂岩区是我国典型的生态系统极度脆弱、土壤侵蚀最为剧烈的区域,虽然其面积仅 1.67 万 km^2,约占黄河流域面积的 2%,而其局部区域土壤侵蚀模数高达 3 万~4 万 $t/(km^2 \cdot a)$,多年平均进入黄河的泥沙量近 2 亿 t,其中形成黄河下游"地上悬河"的粒径大于 0.05 mm 的粗泥沙就占到黄河年均淤积量的 25%,成为黄河安全的首害。另外,砒砂岩区剧烈的水土流失,严重恶化了该区域的生态环境和工农业生产环境,其整体呈现植被稀疏、千沟万壑和荒漠化景观,生态致贫现象严重。砒砂岩区也是我国煤炭等能源的重要基地,生态环境的恶化对我国能源基地开发的生态安全也构成了严峻挑战。长期以来,国家非常重视砒砂岩区的治理,在多项重大工程建设和科技任务类的规划中均分别列为生态脆弱区治理的重点工程和优先科研任务。自 20 世纪 90 年代,通过国家及省(部)等各级科技计划、世界银行贷款项目等多渠道资助开展了不少相关研发工作,在砒砂岩区水土流失及其治理途径、砒砂岩区环境特征与植被分布规律、分布式流域土壤流失评价预测模型及支持系统、砒砂岩分布范围界定与类型区划分、砒砂岩区产流输沙特点、砒砂岩区土壤侵蚀类型及其成因、砒砂岩物理化学基本特性、砒砂岩区植物"柔性坝"建造技术、砒砂岩区水土流失综合防治技术等方面取得了多项成果,为不同时期的砒砂岩区生态修复和黄河粗泥沙治理的重大实践提供了科技支撑。

砒砂岩是在长期的地质环境演化过程中所形成的由砂岩、砂页岩、泥质砂岩构成的岩石互层,其成岩程度低,遇水极易崩解溃散,加之砒砂岩区所处地理位置,水力、风力、冻融多动力复合侵蚀过程十分活跃,复合侵蚀与生态系统演替响应关系非常复杂。虽然对砒砂岩区水土流失及生态恢复的规律性认识和治理技术研发方面都有明显进步,但在某些关键技术与治理理论方面仍不能满足新时期黄河流域生态保护恢复、黄河泥沙治理的需求,主要体现在对砒砂岩区侵蚀力学机制、抗蚀促生综合治理技术、砒砂岩资源利用技术与生态综合治理模式还缺乏深入研究和明显突破，技术示范应用也缺乏流域尺度的综合研究。因此，针对黄河流域砒砂岩区治理的重大实践需求，深化对砒砂岩侵蚀机制的认识，研发有效的综合治理技术与模式具有重要意义。

为此，近年来在国家科技支撑计划项目"黄河中游砒砂岩区抗蚀促生技术集成与应用"（2013BAC05B00）、国家重点研发计划项目"鄂尔多斯高原砒砂岩区生态综合治理技术"（2017YFC0504500）、河南省创新型科技人才队伍建设工程项目"黄丘区降雨—植被—侵蚀响应临界及模拟"（162101510004）等资助下，黄河水利委员会黄河水利科学研究院联合东南大学、大连理工大学、北京师范大学、北京林业大学、郑州大学、河南大学、西北农林科技大学、西安理工大学、华北水利水电大学、洛阳师范学院、中国林业科学研究院、黄河上中游管理局、黄河水利职业技术学院、准格尔旗水土保持局、江苏杰成凯材料科技有限公司等科研、高校、企业及管理部门的多单位相关研发优势力量，聚焦黄河流域砒砂岩区，系统开展了生态脆弱区抗蚀促生治理理论与新技术研究。研究目标是揭示砒砂岩侵蚀力学机制，研发砒砂岩植被修复–侵蚀阻控综合治理技术，集成抗蚀促生技术体系和综合治理模式，为我国水土流失严重区治理和黄河治理开发提供技术支撑。历经多年协同研究，综合利用机制控制试验、过程数值模拟、原位过程观测、信息系统构建及水岩分析与合成等多种手段，交叉运用水土保持、水文泥沙、生态环境、植物、化学、结构力学、材料、地质与岩石、地理信息等多学科的理论与方法，以土壤侵蚀过程与生态系统演替规律为基础，以复杂侵蚀环境下砒砂岩复合侵蚀机制与植被退化为切入点，按照从砒砂岩区地质地貌特征分析，到降雨—植被—侵蚀响应关系及侵蚀过程判析与模拟，再到砒砂岩侵蚀岩性机制、力学机制揭示，进而突破侵蚀阻控、砒砂岩资源利用、植被恢复综合治理关键技术，并进行工程应用的技术路线，创建了砒砂岩区多元数据采集方法与评价指标体系，揭示了砒砂岩结构遇水溃散力学机制，研发了砒砂岩改性技术，构建了砒砂岩治理的抗蚀促生材料–工程–生物措施体系与坡沟系统地貌单元高适配的二元立体配置治理模式，突破了抗蚀促生综合治理技术难点，并开展了工程应用示范研究。本书就是对这些成果的系统凝练集成与深化。

本书共分11章，包括绪论、砒砂岩区地形地貌特征及其分异性、砒砂岩区水文环境及侵蚀过程、砒砂岩侵蚀机制、砒砂岩抗蚀促生关键技术、砒砂岩改性关键技术、砒砂岩改性材料筑坝关键技术、二元立体配置综合治理模式、二元立体配置综合治理模式示范区建设、示范区抗蚀促生综合治理效益评价以及讨论与展望。

特别需要说明的是，本书研究成果是由多家相关高等院校、科研单位、流域管理部门科研人员共同完成的，参加本项目研究工作的主要成员有姚文艺、时明立、吴智仁、王立久、冷元宝、肖培青、刘慧、杨久俊、徐宗学、秦奋、申震洲、焦鹏、杨吉山、宋万增、伍艳、杨春霞、孔祥兵、蔡怀森、杨才千、朱吉鹏、沈鑫、赵晓东、高海鹰、邓琳、高卫民、梁止水、李俊俊、杨忠芳、杨大令、李长明、董晶亮、韩俊南、张婷婷、王宝民、曹明莉、左德鹏、孙文超、张磊、乔贝、冯伟风、韩志刚、张喜旺、王愿昌、吴永红、张攀、王志慧、冯益明、张兴昌、张立欣、陈正新、陈诚、赵海滨等,其他不一一列述,敬请未能在列入此名单中的参加者给予谅解。参加本书编撰的有姚文艺、肖培青、刘慧、申震洲、李长明、梁止水、秦奋、张攀等,并由姚文艺负责全书审编定稿。

十分感谢黄河水利出版社编辑们为本书的出版所付出的辛苦劳动!感谢黄河水利委员会治黄著作出版资金资助出版!

限于作者水平,书中遗漏谬误在所难免,敬请广大读者批评指正。

作 者

2019 年 11 月

目 录

1 绪 论

1.1 研究目的与意义

1.1.1 研究目的

黄河流域砒砂岩区集中分布于晋陕蒙接壤区的鄂尔多斯高原,属于我国西北沙漠与东部农业的生态过渡带和北方生态安全屏障的关键带,也是我国煤气资源聚集核心区和"丝绸之路经济带"重要节点之一,在我国北疆生态安全屏障构筑、能源安全保障、"一带一路"建设等重大国家战略中具有十分重要的地位。然而,砒砂岩区又是我国水土流失强度最大、植被退化程度最高、生态安全风险最大的区域,是威胁京津冀生态安全的沙源地之一,是形成黄河下游"地上悬河"的粗泥沙之集中来源区,同时因生态环境退化而致贫的人口近 3 万。因此,开展砒砂岩区生态综合治理对于推动黄河流域生态保护、确保黄河长治久安和消除贫困、助力脱贫致富都具有重大意义,长期以来砒砂岩区也一直是黄河治理的重点,同时也是治理的难点。

中华人民共和国成立以来,国家针对砒砂岩区水土流失治理先后实施了一系列项目。20 世纪 60 年代,曾利用生物措施治理砒砂岩区水土流失;20 世纪 80 年代中期,水利部提出了以沙棘资源开发作为治理的突破口,并于 1988 年颁发了《开发建设晋陕蒙接壤地区水土保持规划》;之后先后实施了国家水土保持重点治理项目、水土保持治沟骨干工程、砒砂岩沙棘减沙生态治理项目、中央财政预算内专项资金水土保持项目(国债项目)、小流域综合治理项目、黄土高原沙棘减沙项目、世界银行贷款项目、黄土高原淤地坝建设项目、京津风沙源治理二期工程等。尤其是自 1999 年开展退耕还林还草工程以来,进一步推动了砒砂岩区的水土保持工作。同时,当地政府在"植被建设是最大的基础建设"理念和发展战略下,先后实施了禁牧休牧及生态移民、矿区生态建设等一系列工程和举措,对砒砂岩区生态环境改善发挥了积极作用。然而,虽经几十年的治理,砒砂岩区局部植被得到一定恢复,水土流失有所减轻,生态环境有明显改善,同时也积累了许多的治理经验,但是砒砂岩区整体脆弱生态环境的状况仍然没有得到根本改变,水土流失依然是黄河流域最严重的地区,水土保持发展面临许多新的问题,砒砂岩区生态治理成了构筑黄河流域生态安全屏障的最薄弱环节。因此,迫切需要在现有治理的基础上,深化认识砒砂岩侵蚀机制,创新研发治理新技术、新模式,优化布局水土流失防治措施体系,整体遏制砒砂岩区生态环境退化趋势。

1.1.2　研究意义

1.1.2.1　砒砂岩区治理是实现黄河长治久安的迫切需求

黄土高原地区水土流失面积达 45.4 万 km^2，占黄河流域(不含内流区)总面积的 60.3%，是我国乃至世界上水土流失最严重的地区，尤其是砒砂岩区，是黄土高原生态环境最脆弱、土壤侵蚀最为剧烈的区域。砒砂岩区属风力、水力、冻融复合侵蚀区，风蚀模数达 1 500~7 500 $t/(km^2 \cdot a)$，水蚀模数达 15 000~25 000 $t/(km^2 \cdot a)$，平均侵蚀模数为 20 000 $t/(km^2 \cdot a)$，最高达 40 000 $t/(km^2 \cdot a)$，属特剧烈土壤侵蚀区(毕慈芬等，2003)。发源于砒砂岩区的多条黄河一级支流如皇甫川、窟野河、十大孔兑("孔兑"是蒙古语，指洪水沟)成为黄河粗泥沙的核心来源区，虽然其面积只占黄河多沙粗沙区面积 7.86 万 km^2 的 15%，但是产生于砒砂岩区的粗泥沙(粒径大于 0.05 mm)占到黄河多沙粗沙区的 66%，粗泥沙量就有 1 亿 t，且几乎全部淤积在黄河下游河道中，占到黄河下游河道每年平均淤积量的 25%，成为黄河粗泥沙的核心来源区。大量粗泥沙淤积使黄河下游河道成为闻名于世的"地上悬河"，显著降低了河道排洪输沙能力，对黄河下游两岸及相关地区的防洪安全构成了极大的威胁，成为黄河安全的首害。进入新时期，国家对黄河治理提出了一系列新要求、新目标，同时也对确保黄河安全提出了新挑战，因此集中治理黄河粗泥沙核心来源区就显得更为迫切。

目前，砒砂岩区仍是黄河流域生态治理最薄弱的核心地区，是黄河流域水土流失治理的突出短板，也是最难啃的硬骨头。其生态系统的整合性、持续性和协调性属于黄河流域最弱的，生态系统功能不完整，生态承载力极低，且处于人类强烈干扰的胁迫中，生态退化问题仍相当突出。因此，开展黄河下游粗泥沙主要来源的砒砂岩区水土流失治理，积极探索生态极度脆弱区的治理理论与技术，研发砒砂岩区抗蚀促生、淤地坝筑坝等新技术，创新砒砂岩区水土流失综合治理新措施、新模式，有效减少入黄粗泥沙，对于黄河治理开发重大实践具有重要的意义。

1.1.2.2　砒砂岩区治理是保障我国能源核心基地持续发展的迫切需求

黄河流域能源资源丰富，尤其是包括砒砂岩区在内的鄂尔多斯高原地区的煤炭资源、天然气资源在全国占有极其重要的地位，黄河流域也因而被誉为我国的"能源流域"。黄河流域已探明的煤产地(或井田)685 处，保有储量约 5 500 亿 t，占全国煤炭储量的 50% 左右，预测煤炭资源总储量 2.0 万亿 t 左右。在全国已探明储量超过 100 亿 t 的 26 个煤田中，黄河流域就有 12 个，包括甘肃陇东煤田、宁夏鸳鸯湖—盐池煤田、内蒙古东胜煤田、准格尔煤田、山西大同煤田、宁武煤田、河东煤田、太原西山煤田、霍西煤田、沁水煤田、陕西黄陇煤田、陕北侏罗纪煤田；黄河流域还具有地区性优势的丰富石油和天然气，已探明的石油、天然气主要分布在胜利、中原、长庆和延长 4 个油区，探明储量分别约为 70 亿 t 和 2 万亿 m^3，分别占全国总地质储量的 35% 和 9%。另外，在全国已探明的 45 种主要矿产中，黄河流域有 37 种，具有全国性优势的有稀土、石膏、玻璃用石英岩、铌、铝土矿、钼、耐火黏土等，还具有相对优势的天然碱、硫铁矿、水泥用灰岩、钨、铜、岩金等。黄河流域矿产资源既分布广泛又相对集中，综合开发利用潜力大。所以，保障黄河流域能源基地持续发展，对于我国经济发展、社会安全具有重要的战略作用。

然而,黄土高原生态环境十分脆弱,尤其是位于黄河流域煤炭等能源基地核心区位的砒砂岩地区,植被稀疏,环境脆弱,而大规模能源开发建设必然会扰动地表、破坏下垫面、改变地表地下水循环过程,进一步导致生态环境恶化,进而引发人为水土流失等生态问题,对我国能源核心基地持续发展造成严峻的生态安全问题。因此,不能有效解决阻控砒砂岩侵蚀、有效恢复植被,将会严重制约能源开发建设的进程,甚而影响到我国的能源安全。所以,开展砒砂岩抗蚀促生技术集成与示范研究,破解有效治理砒砂岩区水土流失的关键技术,有效防治能源开发等大规模经济建设活动引发的新的水土流失,不仅对于有效保护国家重点资源开发区的生态环境,保障黄河流域生态安全具有重大意义,而且对于保障我国能源、矿产开发等经济可持续发展具有重要意义。

1.1.2.3 研究砒砂岩区治理理论与技术是水土保持行业科技进步的迫切需求

砒砂岩成岩过程复杂,具有特殊的侵蚀岩性特征和化学特征,目前对其无水坚如磐石、遇水烂如稀泥的力学机制、复合侵蚀发生发展过程及其与生态退化耦合机制等基础问题还缺乏深化认识,治理实践中的诸多科学问题未能得到解决,制约了砒砂岩区治理技术的发展。虽然对黄河流域水土流失开展了多年治理,探索了不少治理措施与技术,也使局部生态环境得到了一定改善,然而在不少地区治理水土流失有效的诸多措施却难以在砒砂岩区推广实施,例如砒砂岩黏性极低而孔隙率很大,加之强度小,难以作为淤地坝等水土保持工程建设的材料,而使能够有效拦沙的淤地坝工程措施在该区域难以实施,在砒砂岩质地更难以实施生物措施等。总体来说,目前砒砂岩区治理措施的目标还比较单一,措施体系未能形成,各项措施相对独立,不能发挥治理措施的综合功能,生态退化一直未得到有效遏制。为此,必须突破常规治理技术,创新砒砂岩水土保持新技术,研发新措施,形成有效的砒砂岩区植被恢复和水土流失治理新模式。可以说,对于生态极度脆弱的砒砂岩区,有效治理其水土流失的方法与技术仍是国内外没有获得突破的关键科学技术问题之一。

显然,深化认识砒砂岩侵蚀岩性机制、化学机制,揭示砒砂岩遇水溃散的结构力学规律,研发抗蚀促生技术、砒砂岩原岩改性筑坝技术、抗蚀促生措施立体配置等关键技术,并对砒砂岩抗蚀促生技术进行集成,提出抗蚀促生措施立体配置优化模式,建设砒砂岩区抗蚀促生集成技术的示范工程,创新水土流失防治技术,实现砒砂岩区水土流失治理关键环节和核心技术的新突破,是有效治理砒砂岩区水土流失、实施国家水土保持重点工程建设的重大科技需求,对促进水土保持行业科技进步具有很大意义。同时,通过砒砂岩侵蚀治理理论与核心技术的突破,将提升我国在诸如砒砂岩类生态极度脆弱区的治理水平。

总之,系统开展砒砂岩区治理理论与技术研究,对于改善砒砂岩区生态环境、保障我国能源核心基地持续发展的生态安全具有重要意义;对于有效减少进入黄河的粗泥沙、减缓水库淤积、遏制黄河下游"悬河"发展,保障黄河长治久安具有十分重要的意义;深化对砒砂岩区水土保持与生态治理关键科学问题与关键技术研究,以揭示砒砂岩侵蚀动力学机制及侵蚀岩性机制为核心,围绕砒砂岩抗蚀促生措施与立体配置技术集成的主题,研发砒砂岩水土流失治理的抗蚀促生材料-工程-生物措施体系及评价新技术,取得水土保持领域基础原理创新和关键技术突破,对于推动我国水土保持科技进步必将具有很大的意义。

1.2　砒砂岩区概况

1.2.1　砒砂岩及其分布

1.2.1.1　砒砂岩的形成

砒砂岩是由古生代二叠纪、中生代三叠纪、侏罗纪和白垩纪的厚层砂岩、砂页岩、泥质砂岩所构成的岩石互层。砒砂岩区在地质构造上属于华北地台鄂尔多斯台向斜,以中生代地层为主,岩层产状接近水平,为一稳定结构。第四纪以来,以新构造上升运动为主,为砒砂岩区强烈侵蚀提供了内在的地质成因(王愿昌等,2007)。

关于砒砂岩的成因,大多持湖相沉积说。鄂尔多斯地区在中生代逐渐发展成为独立沉积的盆地。在中生代早期区域持续沉降,广泛发育湖盆与大型河流,盆内以湖泊相沉积与三角洲沉积为主,沉积物主要为砂岩、泥岩。中三叠世,盆地东缘沉积了红色砾岩、泥岩。晚三叠世鄂尔多斯地区开始全面地进入了典型的内陆盆地发展期。后由于盆地抬升,造成了剥蚀地貌。在沉积过程中水体深浅、沉积物颗粒大小、水温和胶结物组成差异等环境条件不同,再加之不同时期的地质构造运动,形成了多色彩交错排列的砒砂岩互层。从颜色上看,有灰白色或粉白色、棕色或紫红色、浅黄色等,尤其是在雨天过后,色彩斑斓,如同彩练飘动。一般来说,砒砂岩中的石英砂岩的颜色多为灰黄色、灰白色、紫红色;砂页岩的颜色大多呈灰色、灰黄色、灰紫色;泥岩和泥质砂岩的颜色基本上属紫红色。相对来说,有紫红色的泥岩质地松散,有灰白色的砂岩质地较硬,有粉白色的砂岩硬度介于以上两者之间,浅黄色或灰黄色的砾质砂岩质地较硬(韩学士,2016)。

关于砒砂岩的成因,也有天然气逸散漂白一说。该观点认为,在鄂尔多斯盆地地层中天然气向北运移并逸散的过程中,使东北部红色砂岩遭受漂白。天然气为酸性还原性气体,当还原性气体进入红层时,通过与 Fe^{3+} 的化学还原反应,生成可溶性物质后从红层中移开,从而红层被漂白。流体漂白岩石的同时,也溶解了岩石沙粒间的碳酸盐胶结物质,导致其固结程度降低,进而形成砒砂岩(张信宝,2019)。

1.2.1.2　砒砂岩的基本特征

1. 矿物组成特征

砒砂岩的主要造岩矿物有石英、长石、方解石和蒙脱石,此外还有钾长石、白云石、伊利石和高岭石等。蒙脱石作为砒砂岩的主要矿物之一,是由颗粒极细的含水铝硅酸盐构成的层状矿物。蒙脱石是以铝氧八面体为主体,以硅氧四面体为上下层的三层片状黏土矿物,层间具有一定吸水能力,水分子能随机填充在分子层间。因此,该类岩石在遇到水后,体积会发生明显的膨胀。砒砂岩中的方解石所起的胶结作用较弱,不能阻止砒砂岩结构的破坏,长石在风力作用下也非常容易发生风化,形成高岭石。砒砂岩成岩程度低、沙粒间胶结程度差、结构强度低,遇水则会松软如泥,遇风则易风化成沙,使得该岩层极易发生风化剥蚀。

2. 化学特征

砒砂岩中有一些不稳定成分,如 Na_2O、K_2O、CaO 等,这些不稳定组分的化学性质非常活泼,极易发生变化,破坏砒砂岩的既有结构,削弱其抗蚀能力。研究表明,降水入渗形成的裂隙水、孔隙水与岩石中的不稳定组分发生反应,且随着水流的流动不断进行反应,并达到新的平衡,使得岩石的裂隙、孔隙持续加大。虽然这种反应速率较小,但长年累月的累加作用使得其危害较大,对砒砂岩抗侵蚀性能的降低不容忽视。

3. 岩性组合特征

在当地特殊地质环境下,不同颜色、不同岩性的砂岩、砂页岩和泥质砂岩常以互层的形式出现,在砒砂岩区形成了"五花肉"景观。不同岩性的砒砂岩由于其矿物组成、化学成分等略有差别,其抗侵蚀性能也就不同,组合形成的岩体抗侵蚀性能差异显著。以泥岩与砂岩的组合为例,泥岩颗粒细小,比表面积大,因此更易被侵蚀。此外,由于泥岩的亲水性好,因此易于发生软化崩解形成细小碎块被水流带走,使得砂岩地层临空,加上砂岩的交错层理与裂隙,岩层容易发生崩塌等重力侵蚀。

不同颜色的砂岩组合也会导致岩体的抗蚀性能减弱。当不同颜色的砂岩呈条带状产出时,由于深色的砂岩在同一时刻吸收、释放的热量相对较多,浅色砂岩吸收、释放的热量相对较少,使得岩石发生了不同程度的缩胀,从而导致岩石结构破坏,岩体的抗蚀力减弱。

4. 粒度分布不均

砒砂岩属于不等粒岩。砂粒的大小不均,一方面使砂岩容易被风化剥蚀;另一方面小颗粒填充了大颗粒形成的空隙,使得砒砂岩的渗透性差,容易形成地表径流,导致水蚀的发生。

5. 岩体构造

砒砂岩区水平裂隙较少,垂直裂隙较多,尤其是在坡面上段、沟坡的陡坡段垂直节理发育,裂隙排布密度大,易发生重力侵蚀。一般情况下,两组或以上长度不同的垂直裂隙将一块岩体切割,裂隙的长度一般在 1~2 m,宽度通常小于 0.1 m。裂隙的出现有利于外营力侵蚀岩体,对加深及加速岩石的风化起促进作用,导致砒砂岩的抗侵蚀性能弱,发生重力侵蚀。

砒砂岩的矿物结构主要属于中粒砂状结构、粉砂泥状结构,呈现磨圆—半磨圆、棱角—次棱角状,且碎屑有大有小,粒径相差较大,颗粒间不够密实,排列紊乱,无定向性,杂基含量大。

6. 工程性质

砒砂岩的抗剪强度非常差,工程性质不好。砒砂岩基本上没有饱和水抗剪强度,入水即散,即使抗剪试验勉强做成,其强度也仅有 0.1 MPa。砒砂岩在水中 1~5 min 开始崩解,5~17 min 内完全崩解。砒砂岩的工程性质决定了砒砂岩的抗侵蚀性能弱。

1.2.1.3 砒砂岩的分类及其分布范围

砒砂岩集中分布于黄河流域鄂尔多斯高原东南部,包括鄂尔多斯市的准格尔旗、东胜区、达拉特旗和伊金霍洛旗,少量分布在陕西省府谷县、神木市,山西省的河曲县、保德县一带。砒砂岩区涉及的黄河支流包括窟野河、皇甫川、孤山川、清水川、浑河和内蒙古河段的十大孔兑,其中以在皇甫川、窟野河流域分布的砒砂岩面积占比最大。从治理实践的角度来说,砒砂岩也是人们对该区域裸露的基岩和覆盖有黄土、风沙下伏基岩的俗称(王愿昌等,2007),泛指二叠系的碎屑沉积岩。

　　砒砂岩区分布面积有不同的统计方法,其结果相差较大,根据目前的相关文献统计(董纪新,2001;徐建华等,2000;李雪梅等,1999;杨具瑞等,2003;韩学士等,1996;汪习军等,1992;金争平,2003),在0.75万~3.2万km²。王愿昌等(2007)通过实地调查勘测,结合遥感影像解译分析,确定的砒砂岩区分布面积为1.67万km²,目前被大多人认可。

　　砒砂岩区处于我国北方地貌、植物、气候、土壤等多元过渡带,其地貌类型由东南部以水蚀为主的黄土丘陵沟壑逐渐过渡到西北部以风蚀为主的风沙地貌,中间地带为水蚀和风蚀共同作用形成的盖沙黄土区陵(张传才等,2016);植物群落由东南部半旱生植物占优势逐渐演变到西北部以沙生植物占优势;气候从东南部到西北部由半干旱过渡到干旱,既有鄂尔多斯高原风大沙多的特点,又有黄土高原大陆性气候暴雨强度大的特点,极端最高气温和最低气温分别为40.2 ℃、−34.5 ℃(王愿昌等,2007)。因此,在不同区域的砒砂岩,上覆物质是不同的。根据砒砂岩区坡顶覆盖物质的不同,分为三大类型区,即砒砂岩覆土区、覆沙区和裸露区。

　　1. 覆土区

　　所谓覆土区,是指在砒砂岩表面覆盖有一层黄土,就是说砒砂岩掩埋于各种黄土地貌之下(见图1-1)。覆土砒砂岩区主要分布于伊金霍洛旗、准格尔旗、清水河县、神木市、府谷县、河曲县和保德县,紧靠黄土地区而占据砒砂岩区东半部区域。覆土砒砂岩区地表黄土覆盖厚度一般大于1.5 m,最厚处也可以达到十几米以上,以坡顶部位覆盖的黄土较厚,沿坡顶向下逐渐变薄。凡是此类砒砂岩分布且砒砂岩出露面积在30%以上的区域,就称为覆土砒砂岩区(王愿昌等,2007)。在沟道中看,表现为黄土戴帽、砒砂岩穿裙的特殊自然地貌景观。覆土区地貌多为黄土丘陵沟壑,植被相对其他两个类型区要好,植被覆盖度一般在25%左右。覆土区多为草被,也有部分坡顶或沟底分布有稀疏灌木和乔木,例如目前在部分覆土砒砂岩区坡顶分布有一些油松、山杏等人工林。但总体来说,植被覆盖度低下,呈荒漠化态势。覆土砒砂岩区侵蚀剧烈,沟壑纵横,沟壑密度大,达到3~6 km/km²,平均侵蚀模数达到1.5万t/(km²·a),以水蚀为主,风蚀、冻融侵蚀和重力侵蚀交错发生。

图1-1　覆土砒砂岩区

2. 覆沙区

所谓覆沙，是指在砒砂岩表面覆盖有一层风沙，就是说砒砂岩掩埋于风沙覆盖之下（见图 1-2）。该区的形成与砒砂岩区紧邻库布齐沙漠、毛乌素沙地的风沙有关。该区由西北沿东南方向分布于杭锦旗、伊金霍洛旗、神木市，在达拉特旗、鄂尔多斯市东胜区、准格尔旗和府谷县也有零星分布。在砒砂岩区的西面，呈南北向依次分布有库布齐沙漠、毛乌素沙地，由于风沙的覆盖，在西部的砒砂岩被掩埋于风沙之下，实际上在库布齐沙漠局地的深处也掩埋有砒砂岩。风沙形成了砒砂岩部分区域的沙丘及 10~30 m 的沙层，出现了风沙戴帽、砒砂岩穿裙的自然地貌景观，凡有此类砒砂岩分布且出露面积在 30% 以上的区域就称为覆沙砒砂岩区（王愿昌等，2007）。覆沙砒砂岩区沟壑密度较覆土区的小，在 1~3 km/km²，地表水系不发育。坡顶覆盖有较厚的风沙土，透水性强但保水性能差，不利于植被生长，只有柠条、沙地柏等零星分布，植被覆盖度低，平均不足 20%。盖沙区主要以风蚀为主，平均侵蚀模数约为 0.8 万 t/(km²·a)，整体呈现出沙化态势。风沙区砒砂岩岩性为泥质砂岩、砾质砂岩、页岩及长石岩，胶结差易风化。

图 1-2　覆沙砒砂岩区

3. 裸露区

所谓裸露区，是指砒砂岩地表基本上没有黄土、风沙土覆盖或覆盖极薄的区域，凡此类砒砂岩分布面积占到 70% 以上的区域划分为裸露砒砂岩区，在 1~3 km/km²。裸露砒砂岩区主要分布于杭锦旗、达拉特旗、鄂尔多斯市东胜区、伊金霍洛旗和准格尔旗。裸露区绝大部分砒砂岩出露，出露面积达到 70% 以上，且基本上没有较为平缓的坡顶，坡面也相当陡峻。裸露区植被稀少，基本上只有一些草被分布，覆盖度极低，除坡脚堆积区及少量的坡顶平缓地带外，坡面、沟坡上基本上没有植被，是强烈侵蚀区（见图 1-3）。裸露砒砂岩区沟壑密度在三大类型区中最高，达到 5~7 km/km²，平均侵蚀模数在 2 万 t/(km²·a) 以上，局部可以达到 3 万~4 万 t/(km²·a)，以水蚀为主，复合侵蚀相当严重。在部分裸露砒砂岩区，虽可能在砒砂岩上覆有黄土或风沙，但厚度极薄，一般为 10~150 cm，不仅在沟道中出露大量砒砂岩，在坡顶也有大面积砒砂岩出露，其岩性多为砾岩、砂岩及泥质砂岩,交错层理发育,颜色混杂,煞是好看,传说乾隆皇帝曾将其称为"莲花辿"。裸露砒砂岩区生态系统也是黄河流域最为脆弱的、最难于治理的区域。

图 1-4 是砒砂岩三大类型区的分布区位示意图。

图 1-3 裸露砒砂岩区

注:根据《砒砂岩地区水土流失及其治理途径研究》(王愿昌,2007)绘制

图 1-4 砒砂岩三大类型区的分布区位示意图

覆沙区位于砒砂岩区的西面,紧邻库布齐沙漠和毛乌素沙地;裸露砒砂岩区位于砒砂岩区的北面,紧邻十大孔兑,裸露区的东面、南面被覆土区所包围,而其西面被覆沙区所包围。

1.2.2 砒砂岩区侵蚀环境特征

砒砂岩区为典型的水蚀、风蚀、冻融复合侵蚀区,剧烈的复合侵蚀与砒砂岩区自然、人为作用耦合且两者共为主导驱动的环境特征有关。砒砂岩区侵蚀的主要因素包括自然、人为和砒砂岩质地三大因素。

1.2.2.1 自然因素

1. 地质地貌

砒砂岩区的形成是伴随喜马拉雅隆起致黄河流域地壳抬升而发生的一种地质过程,其土壤侵蚀的内营力就是该区域地壳的升降运动。距今 300 万年前的新生代第四纪,初步形成了包括砒砂岩区在内的鄂尔多斯高原基本地貌,但以白于山至鄂尔多斯东胜一带仍处于地质运动的间歇性抬升区,目前仍在抬升中,其总抬升量近 100 m,且抬升速率不断增加,如根据分析,更新世抬升速率为 2 mm/a,晚更新世增加至 5 mm/a,全新世更达 12 mm/a。因此,强烈的新构造运动是导致砒砂岩区侵蚀的地质条件。

在地貌单元上,砒砂岩区属于黄土高原向毛乌素沙地的过渡地带,经过了鄂尔多斯波状高平原,北靠阴山山脉,南有陕西、山西黄土高原,域内有山梁、平原、丘陵、沙漠、湖泊、沟壑与峡谷,地形地貌很是复杂。在河曲、府谷、保德、神木一带地貌空间分异特征明显,地面零散破碎,沟壑密度大,相对高差自北向南增加,高差在 645.6~965.7 m,黄河流域侵蚀最为严重的"两川两河"的皇甫川、孤山川、窟野河就分布于这一带;伊金霍洛旗、鄂尔多斯市东胜区、达拉特旗地形整体比较平坦,呈波状起伏,从北至南相对高差变化不大,为 400~500 m。如上所述,喜马拉雅造山运动隆起的鄂尔多斯拱状高原,特殊的地质地貌迫使黄河环流于高原的西、北、东三面,特别是直接流入黄河的十大孔兑,河流长度相对较短,河床比降较大,一般为 0.5%,易发生山洪和高含沙水流,十大孔兑高含沙洪水严重时,进入黄河后可淤堵干流,造成严重的洪水泥沙灾害(张洪宇等,2017)。

砒砂岩区支离破碎、千沟万壑的地貌为该区域的侵蚀外营力提供了地貌条件。砒砂岩区坡度较陡,以坡面为例,覆土区坡面坡度主要集中分布于 35°~45°,接近于其自然休止角;覆沙区坡面坡度分布于 12°~37°,占覆沙区面积的 73.3%;裸露区坡面坡度多大于35°,当有黄土覆盖时,可以达到 35°以上。从沟壑密度看,沟壑密度在 6~8 km/km² 的面积,裸露区的占比达到 63.4%,覆土区的占到 31.0%,覆沙区的占到 8.4%;从流域平均割裂度看,裸露区的达到 27.8%~46.0%,覆土区的为 41.1%,覆沙区的为 22.1%。由此可以看出,以裸露砒砂岩的地形最为破碎且沟道发育,坡陡沟多沟宽,其土壤侵蚀也最为严重。

2. 气候

随着历史上暖期、寒期的周期变化,砒砂岩所在的鄂尔多斯地区气候也随之出现多雨、干旱等变化特征,但总体上来说该区气候带属于干旱、半干旱大陆性气候,气候受大陆的影响程度约为 70%,少雨干旱,降雨量少而集中,是砒砂岩区显著的气候特征(贺勤,2016)。砒砂岩区温度带位于暖温带与小温带的过渡带上,年平均气温 6~9 ℃,有记录的最高气温和最低气温分别为 40.2 ℃和-34.5 ℃,≥10 ℃的有效积温 3 145.0 ℃,年、月、日各时段的温差均比较大,往往引起强烈的冻融侵蚀;多年平均无霜期 135~165 d;日照丰富,辐射强烈,蒸发量大,年蒸发量一般在 2 046.7~3 095.5 mm,年蒸发量与降水量之间呈现出反比规律,由东向西递增。恶劣的气候加剧了砒砂岩的物理风化,加上冻融的影响,对该区域的土壤侵蚀产生了直接的影响,在东部丘陵区的陡坡、沟崖常发生泻溜、崩塌、剥蚀现象。

砒砂岩区降水量少但汛期雨量大且年内时间集中、空间分布不均匀,多年平均年降水量在 310 mm 左右,区内各旗(区)年均降水都在 400 mm 以下,由东向西递减,7~9 月降水量达到全年降水量的 60%~70%,甚至有的年份一场降雨量最大可以达到年降水量的90% 以上。降水量少的年份不足 150 mm,最大可以达到 500 mm 左右,形成暴雨洪水,侵蚀作用大。例如,2014 年 8 月 2 日砒砂岩区二老虎沟小流域降雨量 35.6 mm,坡面侵蚀模数达到 1.8 万 t/(km² · a)。在空间上,自东向西、自南向北降雨量逐渐减少,根据 20 世纪 80 年代以来的实测资料统计,府谷、神木区域年均降雨量约 400 mm,准格尔旗附近不足 400 mm,鄂尔多斯市附近仅 370 mm 左右。

砒砂岩区风速高、大风日数及沙暴日数多也是其显著的气候特征。最大风力可达 8~9 级,且出现次数多,持续时间长,导致砒砂岩的风蚀沙化严重。根据鄂尔多斯地区观测,年平均风速一般都在 3~4 m/s,3~4 月的春季最大风速可以达到 28 m/s,且多为西北风或偏西风,易使库布齐沙漠、毛乌素沙地的风沙被吹至砒砂岩区。据 20 世纪 80 年代以前24 年实测资料统计,东胜区平均风速 ≥17 m/s 的大风每年出现 1.4 次,能见度 ≤1 km 的沙尘暴 19.3 次。根据杨晓东等(2010)研究,覆沙区的风蚀量可以达到砒砂岩裸地地表风蚀量的 13 倍,风力侵蚀最为强烈的时期是每年的 3~6 月。由于风蚀泥沙量堆积在流域下部的泥沙在每年的 6 月进入汛期后,在水蚀及风蚀的共同作用下被搬移,土壤侵蚀进一步向深发展。

3. 植被

砒砂岩区的植被为草原及灌木草原类型。受地貌、降水及气温的影响,该区的植被呈现出由东南向西北的过渡特征,植物群落由东南部的半旱生植物占优势逐渐演变到西北部的以沙生植物占优势的状况,植物主要有针叶林、阔叶林、灌丛和草地等 4 个类型、24个群丛。自然植被为干旱草原植被,以禾本科、菊科、豆科、藜科植物为主,有百里香、木氏针茅、蒙古葱、万年蒿、胡枝子等;灌木林和乔木林较少,灌木有锦鸡儿、沙棘和沙蒿等;人工植被主要有沙棘、柠条、油松、沙打旺等。总体看来,该区植物种类以牧草种类为主,农作物次之,乔木最少,且植被类型简单,结构单一。从面积看,草地面积最大,农地次之,林地最小。砒砂岩区也有苔藓结皮现象,但主要发育在覆土砒砂岩区,结皮盖度可以达到50% 以上,而裸露区的在 10% 以下。由于砒砂岩区降雨量少、年内集中且土壤贫瘠,砒砂岩区的苔藓结皮面积很小,多分布在沟坡底部和坡顶部草丛带,基本上难以形成连片。砒砂岩区植被的最大特征是植物群落不稳定且多样性单一、植被覆盖度低,平均不足 30%,这也是造成该区域水土流失严重的一个重要原因。

4. 土壤

该区的土壤也表现出了一定的过渡特征,由东南部的黄绵土向西北的栗钙土与风沙土转变。另外,由砒砂岩风化形成的砒砂岩质地土壤与黄土、风沙土的理化性质具有明显的差异,其显著的特征是粒径粗、抗蚀性低。

在气候、生物、地貌的综合影响下,该区的砒砂岩、黄土、红土和风成沙组成的成土母质发育成了砒砂岩区的土壤。共有 6 个土类以及 13 个亚类,包含 51 个土种,其中又以风沙土、灰褐土及母质为砒砂岩的栗钙土为主。

砒砂岩质地土壤主要分布在砒砂岩严重裸露区,并散布于各级沟道的沟坡,其母质主要为白垩系、侏罗系砂岩和砂砾岩风化物。砒砂岩的土壤剖面由腐殖质层、钙积层、母质层组成。其中,腐殖质层的颜色为栗色,质地为砂壤土;钙积层呈灰白色,较坚硬,不利于农作物和林草生长;黄土类土主要分布在本区南部、东南部;风沙土主要分布在覆沙区,即库布齐沙漠南缘、毛乌素沙地东缘,并零星分布于一些低凹背风地貌部位。

经测定(见表 1-1),砒砂岩质地土壤结构松散,颗粒粗,孔隙率大,容重低,胶结力差,保肥蓄水能力较差,不仅易受干旱影响且易遭受水力、风力和冻融侵蚀。同时,大部分土壤厚度为 3~20 cm,土壤 pH 值为 8.91~10.04,主要养分含量为:有机质 0.24%~0.96%、全氮 0.026%~0.075%、全磷 0.066%~0.083%、全钾 1.53%~2.54%(王笃庆,1994),速效磷 0.10~0.91 mg/kg,速效氮 39.6~53.8 mg/kg,速效钾 27.3~80.8 mg/kg。按全国统一划分的六级制土壤养分含量分级,砒砂岩质地土壤总体养分含量非常低,基本上在五级至六级水平上,可见土壤相当贫瘠。

表 1-1 砒砂岩区主要三类土壤理化性质及抗蚀特征

土壤理化参数	土壤类型		
	砒砂岩质地土壤	黄土土壤	风沙土土壤
>0.25 mm 含量(%)		3.0~7.5	13.4~47.6
0.05~0.25 mm 含量(%)	33.5~75.9	38.9~79.0	47.0~73.3
<0.05 mm 含量(%)	7.5~10.4	6.0~15.2	2.5~6.3
中值粒径(mm)	0.035~0.19	0.016~0.10	0.10~0.24
土壤质地	中壤—砂壤	轻沙—砂壤	粒壤—沙
容重(g/cm³)	1.41~1.53	1.25~1.41	1.50
土壤结构	块状、片状、粒状	块状、粒状	无结构
密实程度	通体较紧	上表松散、下层紧密	通体松散
稳定渗透性数(m/s)	0.7	1.0~1.3	2.3
水中崩解速率	泥质岩土	细黄土	
	沙质岩土	砂黄土	

注:摘自《晋陕蒙接壤地区砒砂岩分布范围及侵蚀类型区划分》(王笃庆,1994)。

1.2.2.2 人为因素

引起砒砂岩区土壤侵蚀加剧的人为活动主要包括煤炭资源开采、放牧、开垦及城镇建设等对植被、地表的破坏,以及开挖高陡边坡和弃土弃渣等。本来鄂尔多斯高原多种生态类型过渡带的特性,为生物多样性提供了良好基础,但长期的超载放牧、连年干旱、林木更新、土地垦殖、农耕活动、矿产采掘等人类活动的影响,草原生命体系遭到了破坏,草畜矛盾突出,动物的适宜栖息地日益减少,生态链正在被逐渐裂解,加剧了土壤侵蚀,进一步恶化了本已非常脆弱的生态环境,形成了人类活动强烈干扰的侵蚀环境。

1. 煤炭资源开发等生产活动

砒砂岩区不仅是我国西北沙漠与东部农业的生态过渡带和北方生态安全屏障的关键带,也是我国煤气资源聚集核心区,尤其是煤炭资源极为丰富,已探明的煤炭储存量约占全国的 1/6、内蒙古自治区的 1/2。近年来,以煤炭、电力、煤化工和天然气化工,以及机械制造为主导的产业经济得到较大发展,并带动了相关产业的发展,极大地推动了鄂尔多斯市经济社会的快速发展。尤其是随着西部大开发的深入和城镇化进程的加快,该地区工业城镇、经济开发区和工业园区的建设,煤化工、天然气化工、PVC、电厂等企业的发展速度非常快。根据统计,截至 2013 年年底,鄂尔多斯市生产建设项目总计 1 058 个,占地面积达 137 962.1 hm²,其中矿山开采类项目共计 382 个,占地 22 890.7 hm²;线型工程共计 376 个,占地 96 515.5 hm²;点型工程共计 300 个,占地 18 555.9 hm²。全市批准设立的重点经济开发区(园区)有 18 个,总规划面积 144 698 hm²。在各类生产建设项目中,矿山开采类项目最多,井工煤矿和露天煤矿数量达 343 个,占各行业总数的 32.4%。其次是交通类线型项目,铁路和公路工程总数为 154 个,占总量的 14.6%。生产建设项目中,占地最大的是线型工程类项目,占总占地面积的 70%;再次为矿山开采类工程项目,占总占地面积的 16.6%。生产建设项目多集中在伊金霍洛旗、准格尔旗和达拉特旗,共 620 个,占全市生产建设项目调查总量的 58.6%。

可以说,目前煤炭与天然气产业已经成为鄂尔多斯市经济发展的重要引擎之一,所带动的各类人类活动强度也更大、范围更广,由此对鄂尔多斯市尤其是砒砂岩区的生态环境带来了极大压力,举例如下:

(1)不少矿区大面积采空塌陷及地表受到严重扰动,导致植被破坏,同时又会出现大量的弃土弃渣。根据统计,东胜—神府矿区、准格尔矿区、万利矿区等 3 处最早开采的矿区,20 年排弃的土、渣量高达 303 亿 t,尤其是堆弃的砒砂岩煤矸石极易风化,往往经过 1 年既可成渣,这些因素无疑均会造成新的水土流失或加重水土流失。

(2)一些露天煤矿的回填区漏水漏肥,土壤有机碳(OC)、全氮(TN)含量和储量低,难以使植被得到恢复和复耕,荒漠化、沙化速度加快,生态退化加剧。

(3)近年来砒砂岩区道路建设进入一个大发展时期,不少砒砂岩山体被开挖,不仅带来大量弃土,而且形成了多处高陡边坡,加之缺乏有效防护砒砂岩陡坡的措施,易遭受雨水冲刷侵蚀,同时每年冬天过后,形成大量冻融侵蚀的砒砂岩散粒体堆积在坡脚,一旦出现暴雨这些堆积物就会进入河流。

(4)鄂尔多斯市处于鄂尔多斯高原的腹地,改革开放以来经济社会快速发展,特别是 2001 年撤盟改市以来,鄂尔多斯市经济社会创造了令人瞩目的"鄂尔多斯速度",成为内蒙古自治区经济发展速度最快的地区,但伴随着经济的快速发展,人类对当地地表覆被的干预和资源利用也达到了一个新的水平,改变了土地利用方式和土地利用结构。根据分析,2010~2015 年鄂尔多斯市建筑用地面积转入和转出分别为 643 km² 和 19 km²,转入部分主要来自草地和未利用土地。草地面积的减少和因大规模的基本建设用地使植被遭受破坏,必然带来一系列的生态问题,造成了新的水土流失。

2. 放牧

砒砂岩区在植被地带上是处在典型草原向东南的森林带、向西北的荒漠化草原带的过渡;在植物区系上是古地中海区—中亚旱生区系向东亚森林区系的过渡;在人工生态系统方面,是典型牧业—典型耕作农业向工矿业的过渡,属于农、牧、工矿交错带。因此,牧业是该区的传统的农业生产活动之一。但是,历史上不合理的自由放牧和超载放牧,曾多年使得该区的草被持续退化,草场长期处于疲劳状态,植被覆盖度降低,加剧了水土流失和土地沙化。自 2000 年,该区全面实施了草原恢复和建设项目,全面推进禁牧、休牧、划区轮牧的措施,退耕还林还草工程的实施取得了显著成效。尤其是,在实施退耕还林还草工程后,草场覆盖度大幅增加,目前覆盖度基本上均可达到 70% 以上,地表径流明显减少,土壤侵蚀量减少约 50%(武剑雄,2016)。然而不能忽视的是,近年来很多地方虽出台了禁牧政策,区域植被得到一定恢复,但是在砒砂岩区的放牧现象仍然存在,个别地方甚至还普遍存在,可以说放牧现象是比较严重的,对砒砂岩区的生态恢复带来极大挑战,增加了水土流失的潜势。根据监测,在实施禁牧、休牧、划区轮牧前,天然草场的植被覆盖度只有 20%~30%。

3. 开垦

由于砒砂岩区气候属于由南部半干旱向北部干旱的过渡区,加之砒砂岩质地土壤贫瘠,粮食亩产非常低,尤其是随着人口的持续增加,粮食匮乏曾成为历史上严重的问题。为了解决粮食短缺问题,滥垦也曾是砒砂岩区十分普遍的现象。滥垦活动直接破坏地表,毁坏植被,尤其是陡坡开垦,破坏性更甚,严重加剧了水土流失。据史料记载,在清朝光绪末年的 30 年间,鄂尔多斯地区开垦的土地至少在 4 万 hm² 以上。在 20 世纪 50~70 年代,鄂尔多斯曾实施三次大规模开荒,1 800 多万亩的草场植被遭到破坏,生态环境恶化到绝境(韩学士,2016),如鄂尔多斯市在三次大开荒中导致土地沙化面积达到 35 000 km²。严重的沙化加上干旱少雨,使周期性的大干旱由时隔 10 年一次,变成时隔 6 年一次,粮食产量更低,而且草场减少和退化也导致了畜草的矛盾。根据对十大孔兑的洪水泥沙监测,这一时期也是水土流失最严重的。到了 20 世纪 70 年代初,沙进人退问题已经相当严重,几乎到了无法生存的地步,不少农民不得不外迁他乡。东部丘陵山区表土流失殆尽,耕地面积逐年缩小。在鄂尔多斯境内,除鄂尔多斯西部的鄂托克旗、乌审旗、杭锦旗外,其余大部分土地几乎都被开垦过。对于砒砂岩区而言,开荒导致植被破坏的危害是最为严重的,由于该区坡陡、土壤贫瘠、干旱,植被一旦破坏是很难恢复的,加之该区多为复合侵蚀类型,植被的破坏所造成的土壤侵蚀效应也具有更加明显的叠加放大效应。

除上述人类活动外,在砒砂岩区采伐林木也是加剧水土流失的人类活动因素之一。历史上鄂尔多斯曾经林木茂密,是一个树木种类繁多的森林地带,目前在砒砂岩区还生长有近千年树龄的油松、数百年的柏树、400 余年的八仙桲柳等众多古树。据考证,鄂尔多斯地区在 3 500 年前,还长有大片的森林。自秦朝始,随着人口大增,加之战火不断,发生了大规模毁林垦荒活动,使林草植被不断减少。目前,大片原始森林已经消失殆尽,只有一些人工林,其覆盖率仍然比较低,不足 15%。因此,毁林伐木也是形成该区严重水土流失的主要因素。目前,砒砂岩区以油松等人工林为主,分布区主要在覆土区的坡顶,面积占比不大。

1.3　砒砂岩区治理理论与技术研究进展

1.3.1　砒砂岩侵蚀机制

国外对单一砂岩的风化侵蚀(Alice V. Turkington,et al.,2005;Jaroslav Rihosek,et al.,2016;Mostafa Gouda Temraz,et al.,2016)、坡沟耦合侵蚀(Ian C. Fuller, et al.,2016)、重力侵蚀(Jaroslav Rihosek,et al.,2016;Ian C. Fuller,et al.,2016)、沟道系统形成及沟壑侵蚀(Rafaello Bergonse,et al.,2016;J. Boardman,et al.,2003),以及泥岩区沟蚀(Ian C. Fuller, et al.,2016;Mio Kasai,et al.,2005)等方面有一些研究,但可能由于砒砂岩特殊的地理分布区位所限,未见国外报道诸如砂岩、砂页岩、泥质砂岩交互岩类的侵蚀研究案例。我国对砒砂岩侵蚀问题的系统研究最早始于20世纪90年代初,其代表性成果是黄河水利委员会(简称黄委)资助完成的《晋陕蒙接壤地区砒砂岩分布范围及侵蚀类型区划分》、《砒砂岩地区植物"柔性坝"试验研究阶段总报告(1995~1998)》(王笃庆等,1994;毕慈芬等,1999)。之后,在黄委重大治黄科技计划、水利部等省部级科技计划、国家科技攻关(支撑)计划、国家自然科学基金等资助下,对砒砂岩区水土流失现状、侵蚀类型及成因、侵蚀规律及其发生机制等开展了持续研究。

1.3.1.1　砒砂岩侵蚀类型及其分布

砒砂岩区是我国典型的多动力复合侵蚀区域,基本上包括了主要的侵蚀类型,如水力侵蚀(简称水蚀)、风力侵蚀(简称风蚀)、冻融侵蚀、重力侵蚀及人为侵蚀等。毕慈芬等根据侵蚀驱动力不同,将砒砂岩区侵蚀分为季节性降雨径流侵蚀和常年性非径流侵蚀两类。第一类为由不产生土壤位移的小雨、暴雨前期不产生土壤位移的小雨和暴雨径流侵蚀三部分组成,主要指水力侵蚀;第二类为全年都可能发生的风力侵蚀、冻融侵蚀和重力侵蚀等。

1. 水力侵蚀

试验研究表明,砒砂岩水力侵蚀与砒砂岩的颜色有一定关系。由于砒砂岩是由砂岩、泥质砂岩等多类砂岩构成的松散岩层,不同层间所含矿物组分氧化铁等物质含量有所差异,因而形成了红、白、黄、灰等多种颜色相间的分层结构,将其又俗称为"五花肉"。不同颜色砒砂岩的透水性能是有差别的,其抗水蚀的能力也就不同。例如,根据姚文艺等观测分析,白色砒砂岩的水分入渗率小于红色砒砂岩,因此在相同径流量条件下,红色砒砂岩的产沙量、水流含沙量均比白色的大,说明红色砒砂岩的抗蚀性弱。根据王伦江等(2015)的研究,就砒砂岩坡面的水力侵蚀强度而言,从大至小排序为:黄绵土>红棕色砒砂岩>紫红色砒砂岩,单位径流量的红棕色砒砂岩产沙量小于紫红色砒砂岩。当然,砒砂岩水力侵蚀与下垫面等多种因素也有关系。

2. 风力侵蚀

在砒砂岩区风向多与沟道垂直或高角度相交,因此非径流的风蚀产沙量往往很大,同时风成堆积物也为径流侵蚀提供了物质来源。杨具瑞等(2003)通过对砒砂岩区西召沟小流域风蚀观测,分别分析了风蚀量与沟沿线、沟肩线长度之和及与风化沟谷面积比值的关系,认为同种砒砂岩的单位沟沿线、沟角线长度之和与侵蚀模数之间,在上、中、下游具有确定的比值;不同种类砒砂岩的风蚀模数和单位沟沿线、沟角线长度之和之间具有一定的比例关系。风蚀量与砒砂岩地表土壤结构也是有一定关系的。根据杨晓东等(2010)的观测,结构愈松散风蚀量愈大,例如在砒砂岩地表覆盖有风沙时,其风蚀量是裸露砒砂岩地表风蚀量的13倍。

3. 冻融侵蚀

在土壤及其母质或岩石中的水分因温度正负剧烈变化所引起的冻融作用,使其胀缩碎裂,移动流失的现象称为冻融侵蚀(《中国水利百科全书》编辑委员会,1991)。显然,冻融侵蚀与砒砂岩含水率、密度及温度都有关。根据试验观测(刘李杰等,2016),砒砂岩含水率在11%以下时,几乎不发生冻胀,当含水率为12%~16%时,冻胀量与冻结深度的比值即冻胀率随含水率增加呈线性增大;冻胀率随砒砂岩干密度的增大而增加;在一定的干密度条件下,冻胀率随冷端温度的降低而增大。当然了,利用的试样不同,不同研究者所得到的冻融发生的临界含水率、温度都会有所不同(陈溯航等,2016)。

4. 重力侵蚀

重力侵蚀与砒砂岩坡面坡度及岩性都有一定的关系(乔贝等,2016;叶浩等,2008)。根据野外调查,在不同类型区,坡面稳定的临界坡度是不同的,如覆土砒砂岩区的临界坡度为35°~45°;裸露砒砂岩区白色砒砂岩的为35°~70°,红白相间的为35°~45°。当坡度大于临界坡度时,就易发生重力侵蚀。唐政洪等(2015)的研究进一步表明,重力侵蚀主要发生在坡度大于30°的沟坡,在35°~60°是泻溜的主要发生地段,崩塌主要发生在60°以上的沟坡陡崖地段。对于孔隙、裂隙愈发育的砒砂岩坡面,其容易发生重力侵蚀。另外,不同岩性互层的地层组合方式也会对重力侵蚀有影响。根据叶浩等(2006)的研究,砒砂岩化学成分特征对重力侵蚀也有影响,如 Mg、K_2O、MnO、FeO 等含量的变化对内聚力的变化显著,进而明显影响着重力侵蚀的发育。

事实上,砒砂岩区的多种侵蚀方式在空间上具有复合作用、在时间上具有交替发生的特点。风蚀及冻融侵蚀均可诱发重力侵蚀,同时这些侵蚀方式产生的松散堆积物又为水力侵蚀发生和泥沙输移提供了物质来源。在水力侵蚀、重力侵蚀发生时,风蚀堆积物坡积裙可不断被蚀退,进入沟道的泥沙被水流搬运至下游;风蚀又不断搬运补充坡积裙。唐政洪等(2015)曾归纳出砒砂岩侵蚀具有风化—侵蚀—风化的循环特点。当然了,如果从侵蚀方式的发生过程而言,水力侵蚀、重力侵蚀或风蚀、重力侵蚀亦可相伴发生,由此也可以归纳认为砒砂岩具有风蚀/重力侵蚀—水蚀/重力侵蚀—风蚀/重力侵蚀的复杂交替/耦合的侵蚀特征。

1.3.1.2 砒砂岩侵蚀时空分布特征

砒砂岩侵蚀具有明显的时空分异规律。在空间上与砒砂岩类型区、坡沟系统地貌单元的分布有关;在时间上与年度季节性变化有关。

覆土区、覆沙区、裸露区的主要侵蚀类型及复合侵蚀类型是有一定差异的,见表1-2。总体来说,在裸露区、覆土区、覆沙区的复合侵蚀中均会有重力侵蚀发生。另外,无论是哪一类砒砂岩分区,只要有砒砂岩出露,或轻或重均会有冻融侵蚀发生。就不同强度侵蚀的面积分布而言,裸露区极强度侵蚀面积占砒砂岩区面积的3.43%,相应地,覆土区、覆沙区分别占 13.42%、1.36%,砒砂岩区的极强度侵蚀面积主要分布于覆土区,而且其面积占到覆土区总面积的 25.47%(王愿昌,2007)。根据赵国际(2001)的观测,在小流域坡沟系统地貌单元的尺度上,主要侵蚀类型也是有差异的,水力侵蚀发生的部位主要以坡面与沟坡为主;重力侵蚀主要以陡坡与沟坡为主,且有从坡顶向沟坡逐步增强的趋势;对于风蚀,在迎风坡及其两侧,或者在东西走向高地貌之间是强风蚀区,且从坡顶到坡脚,风蚀厚度逐渐减小,坡顶的风蚀量是坡中部的近 4 倍(杨晓东等,2010)。另外,水蚀从南向北减弱,而风蚀则自南向北增强(唐政洪等,2015;赵国际,2001)。

表 1-2　不同砒砂岩类型区主要侵蚀类型

砒砂岩 类型区	类型区 分布流域	主要侵蚀 类型	复合侵蚀 类型	平均侵蚀模数 [万 t/(km² · a)]
裸露区	窟野河、皇甫川、 十大孔兑等	水蚀	水蚀—风蚀— 冻融侵蚀	2.1
覆土区	窟野河、孤山川、 清水河、皇甫川、 浑河、十大孔兑等	水蚀	水蚀—风蚀— 重力侵蚀— 冻融侵蚀	1.5
覆沙区	窟野河、孤山川、 十大孔兑等	风蚀	风蚀—水蚀	0.8

砒砂岩区水力、风力、重力及冻融引发的侵蚀在年尺度内交替或 2 项以上同时出现,呈叠加性,但不同季节其主要侵蚀类型有分异性。风沙区全年以风蚀为主;在覆土区、裸露区冬春季风力侵蚀强烈,尤其是春季风蚀最为严重,夏秋季水力侵蚀占主导地位,尤以夏季水蚀最严重。冻融和重力侵蚀叠加在春季最为明显。

总体来说,春夏之交是冻融风化高峰期,4~5 月是风蚀高峰期,5~6 月是重力侵蚀的高峰期,7~9 月是水蚀发生的高峰期。在 5~9 月多为重力侵蚀与水蚀的复合,其他时期为重力侵蚀、风蚀、冻融侵蚀的复合(叶浩等,2006)。多动力侵蚀在年尺度内的交替发生及叠加,其叠加效应可能会存在着侵蚀峰值,但是对其叠加关系及叠加效应仍缺乏研究,见图 1-5。开展复合侵蚀多动力叠加关系与效应的关键,可能是如何解决多动力侵蚀作用的剥离试验技术与方法的问题。尤其是野外的试验观测,获取的侵蚀量往往是多动力叠加作用的结果,利用现有的试验观测方法,是很难定量剥离各侵蚀力的作用结果的,为此研发新的试验方法或改进现有试验方法也就显得很有必要。

1.3.1.3　砒砂岩侵蚀机制

砒砂岩的矿物组成、化学成分、结构、胶结物等特征要素在砒砂岩侵蚀过程中具有不同的作用。

如前所述,砒砂岩含有多种岩石矿物、化学成分。国内不少学者从不同角度对砒砂岩的矿物组成进行了研究。虽然这些研究的试样、试验方法和检测仪器等都可能有所差异,但其对砒砂岩主要矿物成分的认识仍基本一致,发现砒砂岩的主要矿物成分包括石英、长石、方解石、蒙脱石、高岭石等。但是,一些研究对各种成分含量的测验结果却有明显差别,见表1-3。另外,砒砂岩颜色不同,相同矿物的成分含量也有很大差别。由此说明,砒砂岩矿物成分的空间分异性是非常大的。另外,砒砂岩的石英含量多在 50% 左右,较一般砂岩等岩石的含量低,由此说明砒砂岩的成岩程度低。

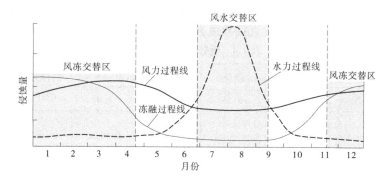

图1-5 多动力侵蚀年尺度内叠加关系示意图

表1-3 砒砂岩矿物成分含量

研究者	色别	矿物成分平均含量(%)								取样点
		石英	钾长石	斜长石	方解石	白云石	钙蒙脱石	伊利石	高岭石	
石迎春等 (2004)	灰白色	50.5	10.9	1.0	11.0	1.8	20.0	3.0	2.0	纳林川布 尔洞沟
	紫红色	50.8	10.8	3.6	12.0	2.0	15.8	3.3	2.1	
	紫红灰 白条带	42.5	16.5	9.0	10.0	2.0	24.0	5.0	0	
王强恒等 (2013)	未标注	36.4	21.5	13.3	6.9	6.9	2.5		4.3	东胜—准 格尔旗
叶浩等 (2006)	未标注	47.1	5.7	4.0	12.6	1.8	18.2	3.3	2.0	内蒙古 南部

不少研究者对砒砂岩的化学成分也都做讨分析,在砒砂岩所含主要化学成分方面的认识是比较一致的。砒砂岩的化学成分主要有二氧化硅(SiO_2)、三氧化二铝(Al_2O_3)、三氧化二铁(Fe_2O_3)、氧化镁(MgO)、氧化钙(CaO)、氧化钠(Na_2O)、氧化钾(K_2O)等10多种。但是,不同研究者所测验的含量有较大差别,其含量大小与砒砂岩颜色、取样位置等都有关系。总体来说,砒砂岩的 SiO_2 含量最高,其次是 Al_2O_3、Fe_2O_3、MgO 和 CaO 等。

根据分析(石迎春等,2004),砒砂岩岩体都属于不等粒岩,因为不均匀系数 C_u 大于5,曲率系数 C_q 大于3,粗细颗粒较为混杂,且磨圆程度低,矿物颗粒平均扁圆度达到0.411 1(叶浩等,2006a)。另外,砒砂岩颗粒粗,如白色砒砂岩粒径大于0.05 mm的粗泥沙占到84.5%。砒砂岩表面较为粗糙,结构疏松,孔隙较大,使得其更容易遭受风化侵蚀。结晶度较好的块状晶体和黏土类物质胶结在一起,并存在较多的孔隙。而根据金争平等(1987)分析,由于大颗粒形成的孔隙被小颗粒所填充,砒砂岩的渗透能力并不高,其稳定渗透能力只有黄土的1/3。在砒砂岩沟坡岩体多有垂直裂隙发育,为重力侵蚀创造了条件。根据赵澄林等对碎屑岩胶结类型划分标准,砒砂岩大部分属于孔隙式胶结,少数成岩程度较好的属于接触式胶结。砒砂岩的这些结构特征,使其力学性能相对较差(见表1-4),尤其在水岩情况下,存在矿物转化现象,其转化量越大,溶解的矿物量就越多,孔隙度变化就越大,而孔隙度的变化直接导致岩体的力学性质降低(王强恒等,2013)。

表1-4　砒砂岩力学性能

研究者	抗压强度(MPa)		软化系数	抗剪强度(MPa)		抗拉强度(MPa)	取样地点
	干燥	饱水		干燥	饱水		
石迎春等(2004)	—	—	—	0.09~0.47 均值0.3	0~0.1	—	鄂尔多斯市
叶浩等(2006a, 2006b)	5.19~39.70 均值18.72	1.00~8.69 均值3.73	0.05~0.42 均值0.2	0.09~4.16 均值1.16	—	0.06~0.74 均值0.21	准格尔旗
李晓丽等(2011)	—	—	—	0.072			准格尔旗
吴利杰等(2007)	1.33~2.75 均值2.19	—	—	—		0.01~0.16 均值0.09	准格尔旗

砒砂岩的矿物组成、化学成分及其结构特征决定了其易侵蚀性。从砒砂岩的矿物组成来说,虽然砒砂岩成岩程度低,石英含量相对少,但仍在50%左右,而石英是极为稳定的矿物,抗风化能力强,且几乎不发生化学溶解作用。因此,石英本身不是导致砒砂岩遇水崩解、见风碎化的原因。造成其易侵蚀的矿物成因主要在于所含长石类、蒙脱石、碳酸盐类和高岭土等矿物的含量较高。钾长石、斜长石等长石类矿物解理和双晶发育,在干旱风大的水文环境下,极易风化,导致岩石结构被破坏,抵抗侵蚀能力减弱。蒙脱石遇水后其体积可膨胀至原体积的40倍(潘兆橹等,1993;谭罗荣,1997),导致岩体微结构的破坏;方解石和白云石等是碳酸盐矿物的主要成分,方解石的化学性质较为活泼,其抗风化能力弱,且遇到水后易与水中CO_2发生化学反应,被水流带走,从而减弱砂岩颗粒之间的胶结作用;砒砂岩的黏土矿物成分主要是蒙脱石以及少量伊利石和高岭石,这些矿物的质量分数较高,有时甚至超过30%(石迎春等,2004),同样表明砒砂岩的结构不成熟。

从化学成分来说,砒砂岩中Na_2O、K_2O、CaO等的含量虽然较低,但它们的性质异常活泼,极易发生化学变化,遇水非常易于流失,导致岩体结构的破坏,降低砒砂岩的抗蚀能力。

从结构方面来说,砒砂岩结构组成有三大类:一是由结晶度较好的原生矿物石英、长石和碳酸盐组成的颗粒物;二是由蒙脱石、高岭石、伊利石、云母等次生黏土矿物组成的填充物,这些黏土物质填充在粗大颗粒间的孔隙中;三是颗粒物与颗粒物、颗粒物与填充物接触界面上的胶结物,这些胶结物质主要成分是游离氧化物(如游离氧化铁等)。不同矿物粒径相差很大,颗粒大小不一,颗粒之间接触不紧密,排列混乱,无一定的方向性,孔隙发育较好,因此其抗水蚀、风蚀能力差。砒砂岩本身结构性很强,存在明显的各向异性,垂直方向的抗剪能力更强一些,因此在侵蚀过程中水平方向更容易发生片蚀,被冲刷形成冲沟(李晓丽等,2016)。

综观近年来关于砒砂岩侵蚀规律的研究成果,尽管对砒砂岩的侵蚀类型、发生过程及侵蚀岩性机制等方面取得了不少认识,研究方法也不断得到完善,但由于砒砂岩结构的复杂性,加之侵蚀环境恶劣,侵蚀类型多且交替/耦合发生,现有的一些研究结果还有一定差异,对复合侵蚀发生、发展及其过程机制的定量认识还不清楚。同时,砒砂岩区的退化生态环境条件对侵蚀有着密不可分的关系,两者具有互馈作用,对此的研究也相当薄弱。

随着国家生态文明建设战略的实施,砒砂岩区生态综合治理将会成为关注的重点,因而关于砒砂岩区的侵蚀规律及其与生态退化的关系必然成为土壤侵蚀学科研究的热点问题之一。目前对砒砂岩侵蚀研究多限于砒砂岩分布范围、水土流失特点和一般岩性分析等方面,由于受掌握数据的严重限制,现有关于砒砂岩侵蚀类型及侵蚀动力学机制、侵蚀岩性机制等方面的分析研究还十分薄弱,对因砒砂岩物化特性、工程力学特性、水文环境等变化引起的砒砂岩侵蚀问题认识不够深入。因此,需要进一步通过砒砂岩地质地貌特征、水文环境特征、物化特性及侵蚀动力研究,分析砒砂岩区的水文环境和物化特性,揭示砒砂岩侵蚀动力学机制及侵蚀岩性机制。另外,还需要加强砒砂岩区综合治理效益评价方法研究。以往国内外建立了不少的土壤侵蚀数学模型,一些模型也已在我国不少地区得到推广应用。然而,由于砒砂岩区的特殊气候、地形地貌、复合侵蚀、土壤质地等边界条件,具有复杂的水文学特征和水文环境,产流产沙过程很大不同于诸如一般的黄土地区、土石山区等,同时该区域严重缺乏水文泥沙、下垫面等系统化、有效的观测资料与基础数据,很多可以在其他地区应用的数学模型难以适用于砒砂岩区。因此,需要在建立砒砂岩区地貌信息分析系统及砒砂岩特性和复合侵蚀基础数据库基础上,基于对砒砂岩侵蚀机制的认识,研发适用于砒砂岩区的综合治理效益评价数学模型,为砒砂岩区治理效益评估、治理措施体系优化提供技术支撑。

1.3.2 砒砂岩治理技术

砒砂岩区多动力复合侵蚀,侵蚀类型多且其过程复杂,复合侵蚀与生态退化互馈发生,侵蚀-地貌-植被耦合及其时空分异性突出(王愿昌等,2007),对其治理的难度非常大。另外,该区为干旱半干旱的过渡区,水资源匮乏,砒砂岩质地土壤贫瘠,植被恢复严重制约于其承载力。因此,砒砂岩区侵蚀治理必须考虑多类措施优化配置、多项功能互补,突破以往的常规治理思路与技术,建立基于砒砂岩区生态承载力的侵蚀阻控与植被恢复为一体的综合治理技术与模式。

1.3.2.1 砒砂岩区治理措施

经过多年的探索,砒砂岩区的主要治理措施即有传统的生物措施和工程措施,也有其作用兼具生物措施、工程措施功能的植物"柔性坝"。另外,还有人开展过化学材料措施(也称人工材料措施)的治理研究。

1. 生物措施

生物措施包括乔灌草等种类。在裸露的砒砂岩上,自然情况下寸草不生(胡建忠等,

2009),成为难以治理的"环境癌症""地球生态癌症"。经过多年实践,先后选择了杨树、油松、柠条、羊柴、紫花苜蓿、沙打旺等多种植物作为治理砒砂岩的生物措施,但通过检验证明,沙棘更为适合作为砒砂岩区治理的"先锋"生物措施(胡建忠等,2009;毕慈芬等,2002)。

1)沙棘林

根据吴征镒研究,沙棘属植物区系为旧大陆温带分布区类型(殷丽强等,2008),起源于地中海沿岸地区,是伴随着古地中海面积逐步缩小而亚洲广大中心地区不断旱化的过程所发生发展起来的。沙棘分布范围已逐渐扩展至暖温带、温带半湿润半干旱的气候区,已经成为我国北方干旱地区快速恢复植被的有效树种之一。沙棘的根系发达,抗干旱风沙,耐盐碱贫瘠,御严寒酷暑,在砒砂岩区生长良好(卢立娜等,2015)。沙棘在砒砂岩区的萌蘖能力较强,根据胡建忠等研究(2009),发现2~8年沙棘人工林的萌蘖能力为0.2万~8.0万株/hm²,沙棘萌蘖能力和频度随林龄而变化,在2~4年的前期逐渐增加,到5~6年达到最高,之后又逐步下降。在分蘖中,雌雄发育是不同的,根据胡建忠等(2009)对砒砂岩区0~48°的沟底、沟坡、梁峁顶共计36块沙棘人工林标准地的调查,砒砂岩区沙棘人工林雌雄比例平均为1:2.6,雄株比雌株多1.6倍,雌雄比例呈现出低林龄时雄株比例很高,而5~8年时雌雄比例变化渐趋平缓。同时,萌蘖与植株有一定关系(胡建忠等,2009),2~8年沙棘定植株的平均高、地径分别与萌蘖株高、冠幅间有正相关关系,40%~70%的中等盖度萌蘖能力最高。沙棘对减轻地表侵蚀的作用与其较发达的根系有关,尤其是水平根系比较发达,在砒砂岩区可达137 cm(党晓宏等,2012),而垂直分布的深度为40~50 cm(胡建忠等,2011;武晶等,2007)。沙棘种植的位置不同是生长性状不同的一个重要原因(李晓琴等,2017),沟底的沙棘根系明显发达于坡顶或坡面的,这也是提出沙棘"柔性坝"的依据之一。

沙棘育苗是确保沙棘生物措施实施效果的重要关键环节之一。育苗方法主要有实生育苗和扦插育苗。其中,实生育苗不能解决雌雄株问题,而扦插法可以区分雌雄株。在条件较好的河滩地和坡度较缓、土质较好的坡面适于育苗,同时育苗密度不能过大,注意适地适树和良种化(徐双民,2000)。在不同部位,沙棘的种植密度应有不同。根据马超德等(2005)研究,坡顶宜采用小穴整地方式栽植2年生沙棘苗,株行距为1 m×1 m;坡面的株距宜1 m;沟坡采用2 m×3 m的株行距;在沟底的两侧顺水流方向种植密度为1 m×1 m、垂直水流方向间隔15~20 m建设沙棘柔性坝、开阔滩地种植的株行距为1 m×1 m。在种植方式的空间布局上,植被较好的坡面宜采用植树坑整地方式,如布设鱼鳞坑;植被稀疏的坡面采用反坡台等整地方式;在裸露坡面采用打孔,营养钵种植;在条件较好的平台适宜种植雌雄株搭配且经济价值高的良种沙棘(刘向军等,2002)。影响砒砂岩区沙棘生长的限制性因子为速效氮、速效磷、土壤含水率和有机质及土壤容重(李晓琴等,2017)。通过长期的治理实践,在砒砂岩区先后总结了一些沙棘种植模式(马超德等,2005;徐双民等,2008),例如盖顶、束腰、锁边、护坡、固沟,沟坡布设沙棘护坡林、沟道坡脚布设沙棘挡沙坝、沟底布设沙棘拦沙坝。

在砒砂岩区沙棘生长的最大问题是病虫害。根据2001年的调查(周章义,2002),准格尔旗8年以上的沙棘死亡率达85%以上,其中干旱及沙棘木蠹蛾是其主要的自然因素,忽视管理是其人为因素。因此,防治病虫害,加强管理对于保障沙棘长久发展是非常重要的。通过合理的人为干预,可以使沙棘林地加速萌蘖更新。另外,通过调节密度等,也是可以防止由于干旱而造成的沙棘枯死或感染病虫害而死亡(胡建忠等,2010)。

根据大量的研究,沙棘的效益是多方面的,包括减水减沙、改良土壤、增加土壤含水率等,不过由于研究的区域、沙棘生境及性状等方面的差异,不同研究者对同类效益指标的观测是有一定差异的(见表1-5)。

表1-5 沙棘生态效益观测结果

研究者	效益指标	观测结果	观测研究条件
杨具瑞等(2002)	减蚀	在流域上、中、下游坡面冻融风化平均侵蚀模数降低69.9%	西召沟小流域,7年生
胡建忠(2011)		土壤侵蚀模数由4 833 t/(km²·a)减至741 t/(km²·a),减少土壤侵蚀模数最大值为30 000 t/(km²·a)	晋陕蒙砒砂岩区沙棘生态建设工程区裸露砒砂岩沟谷段,3~12年生,1999~2008年平均
吴永红等(2011)		年均减少洪量480.84万m³,平均每年减少洪量1万m³	"水保法"计算,1999~2005年皇甫川、孤山川、窟野河流域沙棘措施
高志义(2003)		沙棘生态工程实现了砒砂岩区生态、资源可持续发展	全国沙棘学术技术总结
苏涛等(2015)		沙棘减蚀作用相对其他植被类型更明显,不同植被覆盖类型的坡面产沙强度排序为裸地>草地>柠条>油松>沙棘	准格尔旗西召沟坡面试验小区,长2 m,宽0.25 m
尹惠敏(2011)	改良土壤	沙棘林地比裸露区团聚体高19.00%,水稳性团粒高7.40%,有机质含量提高	准格尔旗西召、伊金霍洛旗纳林塔,29种沙棘林地,林龄3~8年
杨方社等(2010)		沟道0~30 cm土壤层有机质含量高出对比沟1.25倍	砒砂岩区准格尔旗东一支沟沟道沙棘林
殷丽强等(2002);党晓宏(2012)		土壤团聚体含量增加,土壤结构呈良性发展;降低土壤容重,改善土壤空隙状况,提高土壤持水能力	鄂尔多斯市沙棘生态建设区,林龄8年左右,10°~20°坡面
梁月等(2014)		有机质、速效磷、速效钾、有效氮、全氮、全磷、全钾以及阳离子交换量增加	鄂尔多斯市沙棘生态建设区,林龄8年左右,10°~20°坡面
卢立娜等(2015)		降低土壤容重,改善土壤空隙状况,提高土壤持水能力	准格尔旗和东胜区沙棘生态建设区,2~8年生,15°~30°坡面
党晓宏(2012)	改善生态	鄂尔多斯地区沙棘林20年后林分净碳汇量约8万t,林下植物多样性增加	准格尔旗暖水乡
张占全等(2000)		土地生产力提高,生态环境明显改善	准格尔旗砒砂岩区

2)油松人工林

油松是砒砂岩区乡土树种,在砒砂岩侵蚀物质沉积区及覆土区、覆沙区砒砂岩坡顶均有分布。油松抗干旱、耐贫瘠,为浅根系树种,在砒砂岩30°以下坡面上良好生长,水土保持效果较好。一般选择1~2年生的油松幼苗进行栽种。油松主要通过调节自身特性、生物量分配模式及水分利用效率来提高应对干旱的能力(马飞等,2009)。根据王百田等(2002)研究,适宜油松生长的土壤水分为10%~18%。在土壤水分含量为14.2%时,达到最大光合速率5.7 μmoL/m²。韩兆敏等(2017)通过对覆土砒砂岩区圪秋沟小流域的油松水分利用特征的研究表明,油松茎流速率在白天变化大,在夜晚变幅小,同时受太阳辐射强度、空气相对湿度、空气温度和平均土壤温度的影响。金争平等(1999)的研究表明,油松在砒砂岩坡地的生长量>沙土坡生长量>黄土坡地生长量。不过,根据五分地小流域的调查,油松疏林+群团状沙棘柠条+紫花苜蓿地段物种多样性和群落类型最多,生物生产力最高,而油松纯林和杨树纯林效果较差(贾志斌等,2001)。油松林种植密度要适宜,当密度较大时,林间草地面积少,草被种类单一和长势较差,畜牧业利用效益低,同时固土能力有限。

油松纯林的缺点是成材缓慢,成椽需要20年(王愿昌等,2007);郁密度较高时,草被在遮阴条件下的长势弱,在茎流速率较大时,因植被缺少,易形成地表径流冲刷。

油松×沙棘混交林是一种比较好的林型。沙棘的根瘤可以为油松提供氮素含量,改良土壤,有利于油松幼苗生长,同时可以增强抗虫害的能力。营造油松×沙棘混交林要与整地措施相结合,一般采用水平沟或鱼鳞坑,其间距可取5~6 m,选用3年生油松苗;在油松行间1 m株距栽植1年生沙棘苗。根据调查(王愿昌等,2007),配合坡地鱼鳞坑等工程措施的油松×沙棘混交林具有明显的生态效益和景观效益,水土保持作用显著。

3)柠条林

柠条是砒砂岩区分布范围最广、资源面积最大的豆科灌木树种(王愿昌等,2007)。柠条抗干旱、耐贫瘠、易成活、寿命长、抗病虫害能力强,还是一种优良的饲草灌木(朱岷等,2008)。柠条对立地条件要求不严,不过研究表明,柠条更适宜在梁峁顶生长,且适宜生长在疏松的沙地土壤上。柠条可以在干旱地区进行条状播种种植,能促进当地草本植被的恢复,柠条群落的伴生物种单一,不如沙棘林多,主要是百里香、绵蓬、针矛等野生草本植物。对于柠条,一般来说3年需要进行平茬,否则生长受限,极大影响其水土保持效果。但是,平茬柠条林地降雨损耗率明显高于未平茬的林地,且土壤水分利用深度减小,不过在平茬3年后,平茬对柠条林地土壤水分的影响减弱(李耀林等,2011)。柠条×沙棘-牧草混交林是柠条措施的模式之一。柠条和沙棘的混交方式一般采用宽带、宽间距混交,带宽4~5 m,带间距8~10 m。不过根据调查,沙棘与柠条共生效果较差。目前,对砒砂岩区柠条混交种植模式仍缺乏系统研究。另外,柠条平茬是增强其萌蘖能力的有效措施,但目前对柠条平茬复壮方面的研究仍很少,更缺乏如何结合柠条等灌木平茬开发生态衍生产业的研究与实践。

4)沙柳×羊柴混交林

沙柳×羊柴混交林是适应于砒砂岩覆沙区的有效灌木生物措施之一(王愿昌等,2007)。沙柳耐水湿、耐干旱,常见植物油蒿与其共生,是沙漠化治理的优良水土保持树种。沙柳具有很强的抗逆性,根系发达,具有较高的生物产量。沙柳的分蘖性强,植株高大,地上生物量较大。目前对砒砂岩区沙柳措施的研究成果相对较少,对其混交模式的试验与实践也很不够。

5)其他生物措施

砒砂岩区的乔木除当地自生的小叶杨外,也有引进的河北杨、白杨、钻天杨等耐旱且对环境适应强的杨柳科乔木。河北杨、白杨等与刺槐、沙棘、紫穗槐等形成混交林,则土壤的肥力以及微生物含量会得到明显改善,能够促进林地植被的恢复和生长,维持生态系统的稳定性(孙翠玲等,1995);侧柏也是砒砂岩干旱区一种比较常见的人工林树种,其对土壤有改善作用(陈明涛等,2011);榆树属于砒砂岩区唯一可自生的乔木树种,但在干旱地区往往形成"小老头林"现象,与当地草本植物形成较好的共生性,可提高生态系统稳定性;山杏属于砒砂岩区一种主要的经济林,但是散种面积小,经济效益低,因此如何在砒砂岩区实现生态恢复的同时,高效开发山杏、山桃等经济林产业是值得研究的。在砒砂岩区也进行过大面积的旱柳、樟子松、杜松、臭椿等栽种,但是研究相对较少。

调查表明(王愿昌等,2007),在砒砂岩区具有推广价值的饲草植物有羊草、冰草、紫花苜蓿、沙打旺等;灌木树种有花棒、乌柳、柽柳、蒙古莸、驼绒藜等。

2. 工程措施

砒砂岩区的工程措施主要包括坡面工程措施(水平沟、鱼鳞坑、沟边埂、截水沟等)、沟头防护工程、沟道工程(淤地坝、塘坝、谷坊、小型拦蓄工程等),主要为一般常见的措施,以往并未见有新类型工程措施报道。

砒砂岩区的坡面坡度大多在35°以上,极不稳定,因此不宜建设坡面工程措施,大多只能建于覆土砒砂岩区的坡顶。由于砒砂岩原岩颗粒粗,孔隙率大,遇水极易崩解,抗水流冲刷能力弱,因此建设沟道治理工程措施往往缺乏建筑材料,大大制约了该地区淤地坝等工程措施的实施。1997年,绥德水土保持科学试验站曾开展了砒砂岩区筑坝材料可行性分析、砒砂岩筑坝施工方法试验研究等工作(张金慧等,1999;张金慧等,2001)。通过试验表明,砒砂岩区的黄土、沟床沙、红色砒砂岩风化物等可用于筑坝材料,而白色砒砂岩风化物属于不良级配土,不能直接用于修建淤地坝,需要和红色砒砂岩风化物混合才可使用;40 cm以下的砒砂岩风化层厚度方可作为建设淤地坝的材料,施工碾压不低于3遍。为解决砒砂岩区建设淤地坝的材料匮乏问题,对砒砂岩进行改性,使之改变遇水溃散的性质,能够满足建设淤地坝的需要,显然是一条值得探索的新途径。

3. 植物柔性坝

之所以把植物"柔性坝"单独作为一种治理措施,主要是因为这种措施不仅具有植物措施减少地表冲刷侵蚀的作用,同时又有淤地坝拦沙的作用,具有特殊的功能。所谓植物柔性坝,是指在沟道内垂直水流方向种植若干行诸如沙棘等根系发达、自行更新能力强的植物,作为坝体框架,利用洪水挟带大量泥沙和植物干支阻水进行群体滞洪沉沙,进而形成具有拦沙、溢流或泄流功能的新的治理沟道的综合措施(毕慈芬等,1998)。

自20世纪90年代初提出植物"柔性坝"设想后,先后开展了拦沙机制分析、现场试验技术研发等工作(毕慈芬等,1999;毕慈芬等,2003;拾兵等,2000)。试验表明(毕慈芬等,2000),沙棘植物柔性坝坝系能改变沟道的输水输沙特性,削峰降低剪切力,使平衡输沙改为不平衡输沙;具有抬高侵蚀基准面、拦沙泄流、恢复生态多功能;拦截每年第一场高含沙洪水所挟带的粗泥沙的作用明显,年均淤积厚度可达0.3~0.4 m。植物柔性坝还可以明显增加土壤含水量,沙棘柔性坝沟道的土壤含水量约是对比沟的 2 倍(杨方社等,2013)。如果将植物柔性坝与刚性谷坊配置,其效果更好,能把暴雨洪水挟带的泥沙进行分选,粗泥沙被拦在柔性坝内,细泥沙淤积在刚性谷坊中(毕慈芬,2002)。毕慈芬等(2002)依据沙棘柔性坝的试验结果,进一步提出了构建以沙棘柔性坝坝系为主导的协调砒砂岩区水土资源可持续利用模式的设想。该模式由六大系统构成,即沟道人工森林生态系统、人工湿地系统和人工湖泊系统、坡面草被系统、沙棘产业开发系统、可持续发展管理系统。当然,对于生态极度脆弱的砒砂岩区,该设想的可行性及其相关技术问题仍然很多,需要研究。

植物柔性坝主要布设在沟头段,其苗木最优为 2~4 年生;总坝长占沟道总长度的22%,就是在沟头种植 1/5 沟长即可;以植物柔性坝坝系作为沟道治理的主要组成部分,与刚性的谷坊、骨干工程和微型水库配置,可形成拦截泥沙调控洪水的工程体系(毕慈芬等,2000)。随着植物生长,柔性坝规模处于不断变化中,根据试验(李怀恩等,2007),坝长每年约扩展 1 m,坝宽可扩展至满沟,坝高变化服从 Logistic 型生长函数关系,坝高在第3~4 年变化最快,至第 14 年开始缓变。目前,关于植物柔性坝的试验范围仍然有限,需要在覆土区、覆沙区、裸露区分别开展试验研究,探索不同的布设技术与模式。

4. 化学材料治理措施

国外一些国家从 20 世纪 30 年代开始研究利用便于机械化施工的胶结固结材料治理道路边坡水土流失的方法,40 年代开始得到快速发展(童彬等,2009),例如英国和以色列较早采用重油和橡胶混合物,美国采用水性环氧树脂乳化剂,荷兰采用合成树脂,苏联采用沥青乳化剂等。

从物质组成来看,目前的固结材料主要包括无机胶结材料、有机(高分子)胶结材料及有机-无机复合胶结材料三大类。也有分为无机类、有机类和生物酶类三大类型(樊恒辉等,2006)。无机胶结材料主要有水泥浆、水玻璃两大类;有机胶结材料则包括石油类产品(如乳化沥青等)、棉籽酚树脂(棉籽榨油厂的生产废料)、纸浆废液或草浆黑液或其他木质素溶液制成的固结材料(Wang Jing'e,et al.,2010)、水溶性高分子聚合物(主要是聚氨酯类和聚醋酸乙烯酯类)等。此外,还有其他类型的固结材料如利用工业废料或废塑料等。我国从 20 世纪 50 年代开始对边坡固结材料进行研究与示范,并取得了一定成果。

水泥浆用于护坡是仅仅利用了其喷洒在表面凝结固结后的覆盖作用(黄鹤等,2000)。然而水泥由于缺乏足够的水分而无法完全水化,生成的水化产物量少,只能形成薄且强度低的固结层。同时,硬化水泥浆体属于脆性材料,几乎没有柔性。暴露于空气中易受恶劣气候的影响,硬化水泥浆体很快就会发生干缩、龟裂,失去护坡的作用,所以现阶段很少单独使用水泥浆进行护坡。近些年,生态水泥或植生水泥固结材料得到很大发展,所谓植生水泥就是为了克服普通水泥混凝土不透水、缺乏生态性的缺点,而通过优化改良得到的一种兼具植物生长、高透水性和满足一定强度要求的新型混凝土(唐瑞等,2017;王俊岭等,2015;孟秀元,2017)。

在不少的古迹保护中,诸如硅酸钾 PS 类化学固结材料也得到了应用(何德伟等,2008;张宪朝,2011),例如敦煌研究院对硅酸钾(PS)固结材料进行了大量的室内试验研究,并成功地应用于石窟和土遗址加固试验。但此固结材料固化原理是由水玻璃失水后固化形成凝胶的,耐水性差,只适用于像敦煌这样降雨较少且比较干燥的地区。采用水玻璃改性固结材料可以根据不同环境的需要提高固结层的强度、抗水性和耐久性,而且施工方便、效果明显,但成本和制备工艺要求也相应提高。高矿化度盐水制备的固结材料固结条件要求高,固结强度不高且对环境造成盐碱化污染,因此还未被室外大面积施工推广使用。

高分子胶结材料是 20 世纪 60 年代发展起来的化学固结材料。王银梅等研究了 SH 新型固结材料并在敦煌和其他几个地点进行试验,结果表明固结层表面喷覆 SH 在沙层表面形成一定厚度的沙结皮能够起到固定流沙的作用,并且 SH 固结皮具有良好的固结强度、抗风蚀能力、耐水性、耐老化性、抗冻融稳定性、渗水性和透气性。

高分子聚合物吸水性树脂类胶结材料是当今化学固结材料的研究热点之一。许多国家都在研究开发高吸水性树脂,进行固结试验,已开发出的高吸水性树脂有淀粉接枝丙烯腈、淀粉接枝聚丙烯酸类、纤维素类、聚丙烯酸盐类、醋酸乙烯类等,并对其水土保持的功能进行了一些试验研究,例如冯浩等(2006)对聚丙烯酸、聚乙烯醇和脲醛树脂等材料减少坡面产流产沙及改良土壤物理特性方面做过系统研究。其他人对聚丙烯类等高分子固结材料的水土保持功能也做过一些应用研究(吴淑芳,2003;吴淑芳等,2004;员学峰等,2002,2005;庄文化等,2008;王银梅等,2018)。我国对高吸水性树脂的研究起步较晚,但也有数十家科研单位将高分子吸水树脂用于护坡。高分子聚合物因其成本很高、生产工艺及原料来源等方面也受到限制,未能广泛应用,另外一些有机高分子有毒也限制了其使用。

EN-1 是从国外引进的一种材料,可用于对修路现场的土壤结构进行改进,进而起到稳固土壤的作用,以达到防止水土流失,降低风尘。自 20 世纪 50 年代被发明之后,EN-1 不仅在国外已有了较多的应用,在我国也做了不少应用研究(单志杰,2010;丁小龙等,2012;邓伟军,2015)。通过在砒砂岩区的试验研究表明,在砒砂岩表面喷洒该种固结剂,可以提高砒砂岩风化土的工程力学特性。但是目前市场上推出的 EN-1 固化剂并不是一种促生材料,不能同时满足固土、抗蚀、促生和蓄水等综合性能要求,不适用于具有水力侵蚀、重力侵蚀和风力侵蚀交互耦合的侵蚀环境,也难以解决砒砂岩区沟道高边坡侵蚀治理的问题。

石油产品类固结材料就是喷洒适宜数量的石油产品在受侵蚀的土壤表面,借助固结材料的黏结作用使土壤颗粒固结起来。该技术往往和植物固结作用相结合达到"生物防治-化学防治"的共同效果。我国受沥青原料来源的限制,该技术不宜大面积推广应用。

有机-无机复合胶结材料是针对无机胶结材料柔韧性能差、缺乏保水性等缺陷,通过在无机材料中添加有机组分而形成的一类新型固结材料。李臻等以水玻璃为基础,通过对其改性或添加有机、无机胶凝剂进行复合,获得适于喷洒施工的液态高效复合固结材料。另外,由中国石油大学与中国石油兰州石化公司合作开发出的一种多功能乳状液膜固结材料,此法具有明显的集水和保墒增温、改善土壤结构、促进植物生长、抑制盐渍土表层积盐等作用。

化学固结与生物防治有机结合是防治水土流失的有效手段,但是目前已有固结材料或在耐久性、或在植物亲和性、或在成本方面存在较大的问题,难以满足水土流失治理生态修复实践的需求,也有少部分在应用过程中出现问题,同时在生产实践中也缺乏相应的施工技术标准和规范。所以,新型环保化学固结材料和水土保持技术的研制势在必行。

1.3.2.2　砒砂岩区综合治理模式

在多年的治理实践与探索中,先后提出了治理砒砂岩的一些单项的或综合的治理模式。例如,毕慈芬等(2003)提出的可持续发展的综合治理模式:以植物"柔性坝"拦沙工程为主体,以沟道淤地坝、"人工湿地"、"人工滩地"为沟底基本农田的主要组成部分,以骨干坝为依托,以微型水库为保证,形成支毛沟拦截粗沙,"人工滩地"、沟道坝地拦截细沙、坝与坝之间形成"人工湿地"、沟道坝地,增加天然径流入渗量,微型水库拦蓄全部剩余径流,达到粗细沙、水沙分治,使水沙平衡、生态平衡,达到可持续发展的目的。马超德等(2005)提出的沙棘治理砒砂岩的模式:盖顶、束腰、锁边、护坡、固沟。王愿昌等(2007)总结的砒砂岩区综合治理模式:构建三道防线,即梁峁坡防护体系、沟沿和沟坡防护体系、沟道防护体系,植物措施和工程措施相结合,既注重水土保持功能,又注意单项措施的经济效益。所谓治理模式就是综合治理措施或技术的配置方式,对于同类型区而言,应具有普适性、一般性与特殊性相衔接、可复制与可推广的特点。因此,无论何种模式,均需要通过实践应用而不断改进和完善。

总体来看,尽管几十年来针对砒砂岩侵蚀治理技术开展了一系列研究与实践,取得了一定的进展,但传统治理局部化、零散化、间断化,缺乏全区域尺度复合侵蚀阻控、极度退化生态治理为一体的系统综合解决方案与技术体系,在复合性侵蚀与多类措施有机匹配、阻控侵蚀与生态恢复多功能协调、生态效益与经济社会效益统筹等方面仍有许多亟待突破的科学问题与关键技术,还不能满足砒砂岩区生态综合治理的需求。其原因如下:一是对砒砂岩区治理技术的研究开展相对较晚;二是缺乏系统的、持续的研发经费投入;三是以往对砒砂岩区治理在国家生态环境建设、黄河粗泥沙治理中的关键地位及其重要性认识不足。随着我国生态文明建设重大战略的推进,砒砂岩区治理必将受到更多、更广泛的关注。以下基础问题及治理技术是迫切需要研究解决的。

(1)基于砒砂岩复合侵蚀机制的治理新技术。以往对砒砂岩复合侵蚀过程与机制研究涉及较少,而这正是有效治理砒砂岩区侵蚀的关键科学问题之一。因此,需要揭示水力、风力、冻融侵蚀交替发生发展过程特征及其变化规律,并在此基础上,利用侵蚀动力学、泥沙运动学、水土保持学、材料学等多学科交叉融合,研发阻控侵蚀、促进植被恢复为一体的多功能融合且适用于砒砂岩区的新技术、新方法,创新水土保持措施与技术。

(2)砒砂岩改性利用技术。砒砂岩具有无水坚如磐石、遇水烂如稀泥的特性,其难以作为修建淤地坝、谷坊等水土保持工程的建筑材料,严重制约了砒砂岩区水土保持与生态治理的发展,一直难以大规模实施有效拦截粗泥沙的淤地坝等工程措施。虽然目前提出了砒砂岩区的"柔性淤地坝"措施,但由于其主要适应于小沟道,规模小、标准低,难以应对大洪水,拦沙作用也相对有限。因此,必须将砒砂岩作为资源,利用新的思路和理论,研发对其改性的技术与途径,提高其结构强度和抗水化能力,解决在砒砂岩区修建淤地坝缺乏建筑材料的历史问题。

(3)砒砂岩区抗蚀促生综合治理途径与模式。研究砒砂岩区土壤侵蚀类型、空间分异性,砒砂岩区梁峁坡、坡面、沟道侵蚀地貌单元特征及其空间分异性,砒砂岩区植被类型、群落结构及其空间分异性,并深刻揭示砒砂岩区土壤侵蚀-植被-侵蚀地貌单元的耦合关系,集成砒砂岩区抗蚀促生、砒砂岩改性筑坝、植被建造等新技术,进一步研发砒砂岩区抗蚀促生综合治理技术措施体系与侵蚀地貌空间分异特征相适应的治理模式,为砒砂岩区治理探索有效的新途径。

(4)砒砂岩区综合治理与生态产业协同发展技术。为实现砒砂岩区治理的可持续性,保障治理与经济协同发展,使砒砂岩区当地农民摆脱"生态致贫"的困境,把生态治理与生态产业发展有机结合是非常重要的。根据砒砂岩区的治理技术发展及资源开发状况,研发集成砒砂岩质地土壤改良、沙地整治、砒砂岩改性、生物质资源利用等产业技术,通过生态恢复与林果产业发展相结合、工程治理与砒砂岩改性相结合,构建生态恢复-产业经济协同发展型模式,实现砒砂岩区"侵蚀治理—生态恢复—经济提升"的良性发展。

1.3.3 基于遥感的地貌形态特征量化方法

砒砂岩区复杂的侵蚀过程也就形成了其复杂的地貌形态,量化砒砂岩区地貌形态对于深化认识复合侵蚀规律、揭示砒砂岩区生态退化机制具有重要意义。

传统的地貌学识别与研究方法主要是依靠野外地形地貌的实地勘测和考察。很多研究者希望通过利用一些描述性的指标,如相对位置等,来对一些地貌信息进行确认,同时使用高低、缓陡等地形地貌指标来对地貌实体的定性化属性进行定义。这些研究方法的出现使得对于地貌特征信息的研究出现定位化和定量化的趋势(沈玉昌等,1982)。随着科学技术水平的不断发展,遥感技术在20世纪60年代逐渐兴起并迅速发展起来。作为一门基于地理信息系统、空间应用技术、全球定位技术的综合性探测技术,遥感在地貌学研究中的应用途径不断增加,其在地貌学研究中的地位也日益重要。

在地貌学研究中,地貌形态特征指标的提取方式方法也有了多元化的趋势,出现了利用遥感影像分析解译、数字高程模型DEM数据处理分析的研究方向。朱嘉伟、赵云章等在对黄河下游河流地貌进行定量化研究过程中就采用了遥感影像与GIS相结合的手段;在杨晓平对奉化江流域的地貌研究中,就利用了地面物体与波段、色调之间的对应关系和变化特征的规律。同时通过遥感图像的解译和多种地质地貌形态在影像上相对应的解译标志和分布特征,对研究区内水系的发育、地质构造和地表物质等对流域地貌的形成作用和影响方面做了分析与总结。

地貌形态特征的科学量化是地貌学、土壤侵蚀学等学科的研究热点。对砒砂岩区地貌形态特征进行科学量化可以为该区土壤侵蚀模型的构建提供重要参考,然而,目前,对砒砂岩区地貌形态特征的科学量化研究较少。目前,主要的地形量化指标包括地形起伏度、沟壑密度、高程标准差、平均坡度、面积高程积分(祝士杰,2013a;2013b)和地貌形态分形维数(朱永清,2006;龙毅等,2007;崔灵周等,2007;王民等,2008;范林峰等,2012;鲁克新等,2012;陶象武,2012;李利波,2012;闫冬冬等,2011;A. N. (Thanos)Papanicolaou, et al.,2012;Jon D. Pelletier,2007)等,以及其他地形量化方法(董有福等,2012;朱良君等,2013;John K. Hillier, et al.,2012;马锦娟,2012;马士彬等,2012)。其中,地形起伏度、沟壑密度、高程标准差和平均坡度是表达地形不同方面特征的单因子指标,不能综合地反映该区的地形特征。而地貌分形维数特别是地貌三维分形维数可以科学综合地反映区域地貌特征。地貌分形的研究已经有了相当程度的进展,但是仍然还存在有待深入研究的地方,如地貌分形维数的科学内涵、分形维数与地形内部特征的关系[A. N. (Thanos) Papanicolaou, et al. ,2012;Jon D. Pelletier,2007]、地貌离散化表达(如网格 DEM)导致的三维分形维数测算的不确定性问题、三维分形模型构建的合理性等。

在地貌量化分析中,三维分形信息维数是综合性量化指标,使用较广。DEM 是地形表达的最主要模型之一。地形量化、水文模拟和土壤侵蚀预测模拟等都使用 DEM 来模拟地形。DEM 表达地形具有尺度效应,随着尺度的增大,地形具有坦化趋势(汤国安等,2006;刘学军等,2007;杨族桥,2009;冷佩等,2010;刘红艳,2011;郭伟玲,2012)。DEM 尺度对于水文模拟、土壤侵蚀模拟的影响已经有了大量的研究成果。目前国际上已经达成共识:DEM 尺度对水文模拟、土壤侵蚀模拟都有重要影响(C. Higy, et al. ,1999;J. Wainwright,et al. ,2002;E. Amore, et al. ,2004;O. Cerdan, et al. ,2004;林凯荣等,2007;孙立群等,2008;王晓燕等,2011;张东海,2013)。基于 DEM 的地貌量化也已经取得了较多的研究成果(W. Henry McNab,1993;R. Pike,2001;汤国安等,2003;崔灵周等,2004;朱永清等,2005),但是,DEM 尺度对地形量化的影响研究相对较少(朱永清等,2005),且使用的 DEM 数据多数来源于地形图生产,分辨率较低。遥感技术在调查和监测中具有非常明显的优势,随着遥感技术的不断提高,尤其是近年来无人遥感小飞机的不断推广,使得在局部小区域开展高精度的遥感调查成为可能。砒砂岩区是重力侵蚀和水力侵蚀都异常严重的交互侵蚀区域,且色差多分布广,对该区的地貌量化尺度效应研究几乎仍是空白。因此,需要根据地貌信息提取与分析的需求,建立基于 GIS、RS、GPS 一体化的砒砂岩示范研究区地貌信息分析系统,实现地貌信息提取的自动化,分析过程的可视化,地貌显示的三维虚拟化;研发砒砂岩地貌参数提取关键技术,基于主流的空间数据库技术,设计并建立砒砂岩示范研究区地貌数据库;开展多维砒砂岩地貌数字表达关键技术研究。在此基础上,划分砒砂岩地貌类型和地貌分区,研究各分区和各类型的地貌特征,各种地貌类型形态组合特征,不同地貌部位地貌形态参数与侵蚀特征,进而研发具有自主知识产权的基于空间信息技术的砒砂岩示范研究区地貌信息分析系统,攻克地貌信息提取、模型分析和发展演化过程三维虚拟可视化关键技术,量化砒砂岩区地貌形态,深化认识砒砂岩区地貌空间分异规律。

1.4　研究内容与主要成果

1.4.1　研究内容与目标

1.4.1.1　主要研究内容

1. 砒砂岩侵蚀岩性机制

划分砒砂岩地貌类型及分区,研究各分区和各类型的地貌特征,各种地貌类型形态组合特征,不同地貌部位地貌形态参数与侵蚀;分析砒砂岩区的水文环境,研究砒砂岩降水入渗特性及其规律,以及不同覆盖度条件下产流机制及产流规律;分析典型区砒砂岩物理特性如级配组成、黏粒含量、pH 值、有机质、总氮、总磷、总钾、碱解氮、有效磷、有效钾、氧化物、矿物成分含量、微观结构特征、稳定性、抗渗性、抗剪强度等物理、化学和结构特性,研究砒砂岩侵蚀动力特性,为揭示砒砂岩侵蚀动力学机制提供基础数据;结合砒砂岩理化特性、工程力学特性分析及微观形貌与结构特征分析结果,揭示判断典型区砒砂岩侵蚀的岩性成因,从砒砂岩侵蚀过程中化学成分、矿物成分种类及含量变化,明晰砒砂岩侵蚀岩性机制。

2. 砒砂岩抗蚀促生技术

研制环境友好的高新抗蚀促生复合材料,使其在水中快速乳化,有很好的渗透性,且与不同表面结构和组成的砒砂岩具有很好的黏结性和包裹性,包裹后的砒砂岩具有很好的疏水性,且遇水不会松软泥化,保持良好的结构性和力学能力,大大提高其抗侵蚀性,为植被生长提供良好稳定的环境;研究砒砂岩抗蚀促生材料单体颗粒的表面处理技术,采用高效的表面包裹处理技术,通过抗蚀促生材料与砒砂岩单体颗粒表面形成较强的物理化学作用,在砒砂岩表面形成疏水性保护层,避免水分大量渗透进入单体颗粒内层而侵蚀砒砂岩,使得处理后的砒砂岩颗粒在抗侵蚀性方面大大增强;研究在不同地质条件、地形条件、地貌条件和气候条件下抗蚀促生材料施工主要工序的施工工艺,研制抗蚀促生材料制备的关键设备。

3. 砒砂岩改性筑坝技术

在砒砂岩及其风化物物理、化学、工程力学特性分析的基础上,结合淤地坝坝体的工程力学性能及其功能要求(如坝体的稳定性、透水性、滞洪拦沙等),研究砒砂岩及其风化物的固结特性、风化物的强度及变形特性、砒砂岩及其风化物作为筑坝材料应用的敏感因素,研发改性固结材料,形成基于砒砂岩改性的淤地坝筑坝材料制造技术;研究不同模拟使用条件下筑坝材料的黏结机制、耐久性的性能变化规律,研发砒砂岩改性的淤地坝修筑黏结技术及相应的工程措施,满足修筑淤地坝坝体的技术要求;研究砒砂岩改性材料碾压筑坝的关键工序施工条件和施工工艺,以及砒砂岩原岩改性材料制备的关键设备;开展砒砂岩改性筑坝技术示范应用研究,并提出砒砂岩改性材料筑坝设计及施工技术相关规程。

4. 砒砂岩区抗蚀促生措施立体配置技术集成与示范

研究抗蚀促生材料-工程-生物措施、坡面-沟道系统二元立体配置模式,形成治理措施体系、侵蚀地貌单元系统空间适配的二元架构的立体配置集成技术;建立砒砂岩区典型小流域抗蚀促生技术二元立体配置技术集成示范研究区;建设砒砂岩改性淤地坝示范工程,为在砒砂岩区利用改性材料建设淤地坝提供范例;开展示范研究区抗蚀促生技术示范研究区监测评估方法,评估示范研究区抗蚀促生效益,为砒砂岩区水土流失治理提供技术支撑。

1.4.1.2 研究目标

通过对基于抗蚀促生技术的砒砂岩侵蚀动力学机制和侵蚀岩性机制研究,揭示砒砂岩与抗蚀促生材料的亲和机制;研发砒砂岩抗蚀促生、砒砂岩原岩改性等核心技术,并建立示范工程;提出砒砂岩地区抗蚀促生措施立体配置模式,形成抗蚀促生技术集成系统,并建立示范区;探索砒砂岩生态治理与林果经济发展相结合的途径;建立砒砂岩地区抗蚀促生技术示范区监测评估方法和抗蚀促生综合效益评价模型,优化抗蚀促生综合治理措施配置模式,为我国水土流失严重区治理和黄河治理开发提供技术支撑。

1.4.2　主要成果

(1)辨识了砒砂岩区植物种类及其空间分布。通过对砒砂岩区植物及其生境的系统调查,辨识了砒砂岩区主要植物种类、形态特征及其生境分布,同时掌握了砒砂岩区人工植被建设现状,为治理砒砂岩区退化植被恢复和水土流失治理提供了更广的视野。根据植物调查、生境分析的丰富资料和基于砒砂岩治理与植被修复新理论,编撰了专著——《黄河中游砒砂岩区植物图鉴》。

(2)研发了砒砂岩地貌三维浏览与分析系统。结合 GIS 和遥感技术,基于无人机航拍的遥感影像,提取了地理系信息关键参数,设计了一种新的地形起伏指标,基于该指标构建了一个新的地貌形态三维分形维数 GIS 模型,使用该模型计算的分形维数能更准确地反映地形复杂度信息。从地貌成因、地形坡度内部差异方面分析了砒砂岩不同类型区的地貌形态三维分形空间变异规律及原因,揭示了该区地貌形态三维分形量化的尺度效应。基于 CASC2D-SED 的空间分布式流域模型,明晰了不同 DEM 分辨率在高分辨率区间对水文过程模拟的影响。

(3)辨识了砒砂岩区坡面空间结构特征。根据对砒砂岩区小流域内的典型坡面调查勘测,分析了不同类型坡面的特征及其发育形成机制,并据此将具有不同堆积类型和稳定特性的砒砂岩坡面划分为 8 个基本单元和 24 种坡面空间组合结构。覆沙砒砂岩的稳定角度主要分布在 35°±2°。黄土覆盖的砒砂岩坡面角度都小于黄土本身自然状态下的临界角度,稳定角度集中分布在 35°~45°。按照白色砒砂岩裸露坡面和红白交错且呈层状分布的裸露砒砂岩坡面两种类型分析,白色砒砂岩裸露坡面的角度分布在 35°~70°,红白交错层状分布裸露砒砂岩坡面的角度分布在 35°~45°。覆盖黄土砒砂岩区,由黄土垂直单元-红白相间砒砂岩不稳定单元-溜沙坡单元组成的坡面所占比例最高,达到 14.32%。在没有黄土覆盖的区域内,由红白相间砒砂岩不稳定单元-溜沙坡单元组成的坡面所占比例最高,达到 24.23%。

(4)认识到砒砂岩的矿物、化学成分不仅与其色别有关,而且与其所处区位也是有关的。砒砂岩含有丰富的石英、长石、黏土矿物和方解石,其中黏土矿物主要包括蒙脱石、伊利石、高岭土等,以石英含量最高,可达 50%以上,但仍明显低于其他岩石的含量;其次是钾长石、斜长石和蒙脱石,其含量相差较小。

砒砂岩的化学成分主要由 8 种组分构成,包括二氧化硅(SiO_2)、三氧化二铝(Al_2O_3)、三氧化二铁(Fe_2O_3)、氧化钙(CaO)和氧化镁(MgO)、氧化钠(Na_2O)、氧化钾(K_2O)和二氧化钛(TiO_2)。同样,砒砂岩的化学成分及其含量与砒砂岩色类、地层深度有关,但总体来说,SiO_2 的平均含量最高,其次是 Al_2O_3、Fe_2O_3、CaO 和 MgO,以 TiO_2 含量最低。

不同色类的砒砂岩,其矿物组成、化学成分及其含量会有很大差别,同时不同地层深度的砒砂岩所含的矿物组分及其含量也是不同的。总体来说,白、灰色系所含蒙脱石成分相对较低,其他色系的较高,而且埋藏越深蒙脱石含量越高;白、灰色系砒砂岩所含 Na_2O、氧化钾 K_2O 成分要比其他色系的高,但其与埋藏深度的关系并不大。

(5)揭示了砒砂岩侵蚀岩性机制。在自然干燥状态下,砒砂岩结构比较紧密,虽然不是致密结构，但是其强度相对较大，即所谓"无水坚如磐石"。砒砂岩的矿物组成、化学成分及其结构特征决定了其易侵蚀性。造成砒砂岩易侵蚀的矿物成因主要在于所含长石类、蒙脱石、碳酸盐类和高岭土等矿物的含量较高。钾长石、斜长石等长石类矿物解理和双晶发育，在干旱风大的水文环境下，极易风化，导致岩石结构被破坏，抵抗侵蚀能力减弱。蒙脱石是一种2:1型黏土矿物，它在风化带中相当稳定，干燥环境下不会导致岩体破坏，但其在形成过程中会发生阳离子置换，引起蒙脱石的晶格形变，使得蒙脱石晶胞带负电荷，外部水分子容易进入到蒙脱石晶层间，遇水时极易膨胀，导致岩体微结构的破坏；方解石和白云石等是碳酸盐矿物的主要成分，方解石的化学性质较为活泼，其抗风化能力弱，且遇到水后易与水中CO_2发生化学反应，被水流带走，从而减弱砂岩颗粒之间的胶结作用。因此，蒙脱石是导致砒砂岩遇水崩解的主要原因，钾长石、斜长石等是使砒砂岩易于风化的主要原因，方解石的弱胶结作用是导致砒砂岩抗蚀能力差的主要原因。另外，从化学成分来说，砒砂岩所含Na_2O、K_2O、CaO等的含量虽然较低，但它们的性质异常活泼，极易发生化学变化，遇水非常易于流失，导致岩体结构的破坏，降低砒砂岩的抗蚀能力。

从结构方面来说，砒砂岩结构组成有三大类：一是由结晶度较好的原生矿物石英、长石和碳酸盐组成的颗粒物；二是由蒙脱石、高岭石、伊利石、云母等次生黏土矿物组成的填充物，这些黏土物质填充在粗大颗粒间的孔隙中；三是颗粒物与颗粒物、颗粒物与填充物接触界面上的胶结物，这些胶结物质主要成分是游离氧化物（如游离氧化铁等），其矿物不同而粒径相差很大，颗粒之间接触不紧密，排列混乱，无一定的方向性，孔隙发育，其抗水蚀、风蚀能力差。

实际上，砒砂岩的崩解、溃散主要是由其岩体结构强度难以承受内部的蒙脱石遇水膨胀作用而引起的，加之砒砂岩内部的较多孔隙通道为水浸入到岩体内部提供了条件，而到了结冰的冬天，存留在砒砂岩孔隙中的水就会结冰膨胀，使砒砂岩结构遭到崩解破坏。

（6）构建了基于降尺度转换原理的砒砂岩区分布式水文评价模型及其评价指标体系。基于砒砂岩区水土流失规律及侵蚀因子观测分析，采用模糊隶属度函数对各指标的影响作用进行量化，结合示范研究区实际，在示范研究区多源信息数据库的支持下，应用地理信息技术与方法，选择主流的组件开发技术。通过创建由大尺度至小尺度的空间降尺度转换技术，建立了基于GIS的示范研究区综合效益分析与评估信息系统与模型，并进行了示范研究区综合治理效益分析与评估，为砒砂岩区水土流失综合治理二元立体配置模式优化提供了重要的基础数据。

（7）研发了抗蚀促生技术。提出了将化学固结措施和生物措施相结合的砒砂岩抗蚀促生理念，自主研发生产了环境友好型亲水性聚氨酯复合材料。该材料在短时间内可迅速渗透、凝胶、固结，实现分散的砒砂岩颗粒聚合，大幅提高颗粒间的黏结性能和整体性，形成具有良好力学性能的网状多孔性固结促生层。该材料不仅可防治砒砂岩侵蚀和水土流失，同时具备缓慢吸水和释水及保肥性能，促进种子发育和植物生长，实现植被的高效恢复，同时通过添加功能材料提高了其综合性能，其中抗压强度最大可提升600%左右。通过室内试验和现场示范工程应用，系统研究了抗蚀促生复合体的抗剪性能、表面硬度、渗透性、抗蚀性、水滴浸润性、紫外耐久性、抗降雨侵蚀及冲刷性能、促生性等基本性能。研究结果表明，当不同浓度的复合材料溶液喷洒到砒砂岩表面时，可以在风化松散的砒砂岩颗粒中进行浸润和渗透,对颗粒形成有效包裹,并很快在砒砂岩表面形成具有一定厚度(0.5~2.0 cm)的柔性保护层,显著提高了颗粒间的黏结性能、整体性和力学性能,水稳性指数明显提高,可从 0.2 增大到 0.8 以上,且随着复合材料浓度和喷洒量的增大而增大。较高浓度复合材料在固结时对颗粒的黏结性能较大,颗粒包裹的效果更好,在水中发生水蚀的速度慢,从而大幅提高抗水蚀性能。扫描电镜微观结构观察结果表明,砒砂岩原岩颗粒内部松散,黏结性差,颗粒形状棱角分明,无密集性;而经复合材料固结后,砒砂岩颗粒增大,表面粗糙,密集性高,颗粒间黏结力增大,且周边有一层透明的"薄膜"。

(8)揭示了抗蚀促生材料对植物萌芽能力影响的临界浓度。通过室内植物试验,研究了抗蚀促生材料浓度对喷施在砒砂岩区上的单子叶植物和双子叶植物萌发和发芽率的影响,并对其影响机制进行了分析。抗蚀促生喷施的浓度不同,对单子叶植物和双子叶植物发芽情况影响不同。对于单子叶植物,喷施的固化剂浓度低于 6% 时,可促进植物萌发和发芽,缩短发芽时间;对于双子叶植物,抗蚀促生材料的喷施均会抑制植物种子发芽时间和发芽率,且抑制效果随着其喷施浓度的增加而越发明显。试验结果表明,喷施的临界浓度为 4%~6%,且双子叶植物不宜使用大于 6% 的高浓度抗蚀促生材料。当喷施浓度超过 6% 后,土壤表层微观结构孔隙逐渐减小,渗水速率降低,进而影响植物种子的萌发和发芽率。

(9)研发了砒砂岩改性原理与技术,并开展了改性材料淤地坝建设示范应用,提出了改性材料淤地坝施工工法。为了抑制蒙脱石、高岭土和伊利石遇水膨胀的问题,揭示膨胀力学机制,构建了砒砂岩二元结构力学模型,建立了砒砂岩结构遇水、冻融破坏的数学方程,揭示了砒砂岩遇水溃散的机制,提出了改性原理,进而人为引入阳离子物质,增大蒙脱石等膨胀矿物晶层表面的电荷密度,减少膨胀源的自由膨胀率。通过开展不同阳离子物质抑制自由膨胀率作用大小的试验,比选了抑制性能相对最好的添加剂,从而达到了有效抑制砒砂岩膨胀的目的。改变砒砂岩易于膨胀分散、颗粒粗、黏性低等性能的改性材料主要有两类物质:一是膨胀抑制剂;二是胶结材料。

通过膨胀试验,先后对 $CaCl_2$、$NaCl$、$MgCl_2$、$NaOH$、KCl 等抑制蒙脱石自由膨胀率的效果进行了试验。试验结果证明,在砒砂岩中引入金属阳离子,增大晶体表面的电荷密度是能够减小砒砂岩自由膨胀率的。但是,用 $NaCl$ 作为改性添加剂是不合适的。相对来说,以 $NaOH$ 作添加剂,对各种颜色的砒砂岩改性效果都相对较好。

对淤地坝卧管、消力池的改性材料,主要是通过硅酸盐水泥等胶凝材料、改性砒砂岩和添加物组成的混合物,施工时加水拌和、适当养护即可。

改性材料淤地坝的施工工法内容主要包括施工准备、坝体施工、过水工程施工等几个工序。施工准备工作除常规的工作内容外,还需要选择用于坝体改性材料的原岩挖取场地,其不应在坝区内,同时也不能对环境造成较大影响,不能形成新的侵蚀区,对生态造成新的破坏。

通过现场力学性能的测试和实验室试验,测定了改性材料在筑坝碾压完毕后的湿容重、含水率、渗透系数、c、φ 等关键参数。击实试验表明,干密度随击实次数的增加而增加,在击实 65 次后,干密度可以达到 2 g/cm³,可以满足坝体干密度的要求。改性材料的最优含水率 $\omega_{op} = 11\%$,最大干密度 $\rho_{dmax} = 2.06$ g/cm³,含水率超过 11%,含水率增加时,击实干密度降低较快。

若保持最大干密度 $\rho_{dmax} \geqslant 1.95$ g/cm^3,则材料的含水率 $\omega_{op} = 6.8\% \sim 14.6\%$,均可满足要求;若压实系数 $R_d = 0.95$,最大干密度 $\rho_{dmax} = 1.96$ g/cm^3,则含水率 $\omega_{op} = 7.1\% \sim 14.2\%$,均可满足要求。根据坝体不同碾压层渗透性观测,各层都在 18×10^{-8} m/s 以下,符合淤地坝施工规范要求。另外,c、φ 值分别可以达到 $48 \sim 92$ kPa、$30.6° \sim 48.9°$。

(10)构建了砒砂岩区抗蚀促生二元立体配置模式并开展了试验示范。基于地貌学、水土保持学的基本原理,创建了抗蚀促生材料措施-工程措施-生物措施、坡面-沟道系统二元立体配置综合治理模式。所谓二元立体配置,是指根据砒砂岩区地形地貌、侵蚀特征,所构成的抗蚀促生材料措施-工程措施-生物措施有机组合的措施单元与坡面-沟道系统地貌单元相适配的水土流失治理与生态修复集成技术体系的架构。

把砒砂岩小流域按空间结构分为 5 个区,即较为平缓的梁峁顶(A)、70°以上的坡面(B)、35°~70°的坡面(C)、35°以下的坡面(D)、沟道(E),以此空间结构配置不同的治理措施。

梁峁顶地势平坦,主要是收集雨水,防治径流下坡对坡面造成冲刷,因此配以人工林和截流沟,其中人工林选择油松(A1)×沙棘(A3)。在对沟缘的维护上,采取的配置模式为在距离 2~3 m 沟缘处营造 2 行柠条(A2)护崖林带,距沟沿 1.5~2 m 挖截流沟(A0),并喷施浓度为 6% 以上的固化剂,称为固结隔水区。70°的坡面只喷洒浓度 6% 以上的固化剂,加以完全固化(B0),防止水蚀、风蚀等发生,称为固结隔水区;35°~70°的坡面采取生物措施与工程措施相结合的方式,包括沙棘(C1)×冰草(C2),主要是挖鱼鳞坑植树,林间挖浅坑条播草籽,喷施浓度为 4%~6% 的抗蚀促生材料,鱼鳞坑坑埂利用砒砂岩改性材料,称为抗蚀促生区;35°以下的坡面通常由坡面上部的沙土滑落堆积形成,土壤松软,适宜植物生长,因此配置植物措施为主,选择沙棘(D1)×冰草、披碱草(D2),坡脚为沙柳疏林,同时在坡面开挖水平沟种植沙棘,喷施浓度为 2%~4% 的抗蚀促生材料,称为促生滞水拦沙区。沟道治理措施包括生物措施,即沙柳、沙棘×冰草,以及在沟道内呈 V 形栽种沙柳(沙棘),在沙柳(沙棘)林行间挖浅坑撒播草籽,形成草林高低冠层配置的立体植物"柔性坝"。在示范区下游二老虎沟小流域的干流修建砒砂岩改性淤地坝,以用于拦沙造地。

通过试验观测表明,二元立体配置模式对于阻控砒砂岩侵蚀、促进植被恢复具有明显效果,可使试验小区径流量减少 70% 以上,减少泥沙 90% 以上,植被覆盖度达到 95%。通过 2014 年以来同期连续监测和遥感解译,试验示范区植被面积有明显增加,而裸露砒砂岩区的面积明显减少;强度以上侵蚀面积减少 12%~47%。

2 砒砂岩区地形地貌特征及其分异性

构建地貌形态分形 GIS 模型,分析砒砂岩区地形地貌特征及其分异规律,对于深化认识砒砂岩区土壤侵蚀规律、建立土壤侵蚀评价模型和探索砒砂岩区措施体系与流域侵蚀地貌单元体系高度匹配的综合治理模式均有重要意义。为此,本章结合 GIS 和遥感技术,基于无人机航拍影像,提取了砒砂岩区地理信息系统关键参数;设计了一种新的地形起伏指标,构建了一个新的地貌形态三维分形维数 GIS 模型,使用该模型计算的分形维数能更准确地反映地形复杂度信息;从地貌成因、地形坡度内部差异分析了砒砂岩不同类型区地貌形态三维分形空间变异规律及原因,研究了地貌形态三维分形量化的尺度效应;基于CASC2D-SED 的空间分布式流域模型,探讨了不同 DEM 分辨率在高分辨率区间对水文过程模拟的影响。

2.1 砒砂岩区关键地理信息系统

2.1.1 基础数据来源

收集的研究区基础数据主要包括地形地貌数据、气象数据、洪水泥沙数据、径流试验小区观测资料、土地利用规划图、水土保持径流泥沙测验资料、行政区划图、航空影像资料等,以土地利用、水土保持、土壤、三维地形、植被、气象、水文泥沙等资料为核心数据集建立本底数据库,为砒砂岩区地形地貌特征研究提供数据支撑基础。

2.1.1.1 Landsat 遥感数据

砒砂岩区地形复杂,很多区域采用常规手段是很难观测到相关数据的,因此利用遥感影像解译是获取多元数据的有效手段。为此,采用广泛应用于我国国土资源调查、生态环境遥感调查和监测的 Landsat5 TM 数据。该类型的数据具有较高分辨率、宽观测幅、高覆盖率、高性价比等优越性。分别选取 2000 年和 2010 年 7~10 月无云、清晰的 5 幅影像,相关参数见表 2-1、表 2-2。

表 2-1　Landsat5 卫星参数

卫星参数	Landsat5	卫星参数	Landsat5
发射时间	1984 年 3 月	覆盖周期	16 d
卫星高度	705 km	扫幅宽度	185 km
半主轴	7 285.438 km	波段数	7
倾角	98.2°	机载传感器	MSS、TM
经过赤道的时间	上午 9:30	运行情况	在役服务

表 2-2 Landsat5 卫星波段信息

Landsat5	波段	波长（μm）	分辨率（m）	主要作用
Band 1	蓝绿波段	0.45~0.52	30	用于水体穿透,分辨土壤、植被
Band 2	绿色波段	0.52~0.60	30	分辨植被
Band 3	红色波段	0.63~0.69	30	处于叶绿素吸收区域,用于观测道路/裸露土壤/植被种类,效果好
Band 4	近红外波段	0.76~0.90	30	用于估算生物量,对道路辨认效果不如 TM3
Band 5	中红外波段	1.55~1.75	30	用于分辨道路/裸露土壤/水,在不同植被之间有好的对比度,且有较好的穿透大气、云雾的能力
Band 6	热红外波段	10.40~12.50	120	感应发出热辐射的目标
Band 7	中红外波段	2.08~2.35	30	对于岩石/矿物的分辨很有用,也可用于辨识植被覆盖和湿润土壤

2.1.1.2 地形数据

地形数据主要来源于国际科学数据服务平台提供的 ASTER GDEM 空间分辨率 30 m 的 DEM 数据。使用 ArcGIS 软件的图像镶嵌功能和裁剪功能生成研究区 DEM 数据。部分 30 m 分辨率 DEM 数据来源于国际科学数据服务平台。

2.1.1.3 降雨数据

部分降雨资料采用 TRMM 3B43 数据集(2004~2013 年),是 TRMM 卫星资料和其他资料合成的月降雨量,空间分辨率为 0.25°×0.25°,单位为 mm。TRMM 是人类用卫星第一次从空间对大气进行观测的卫星,可以获得雨云内部的详细结构,且覆盖面广,相对基于气象站点资料进行内插的结果,在空间分布上更加可信(张喜旺,2009)。虽然该数据空间分辨率相对较低,但对高强度降雨的发生时间具有较好的指示作用。目前,在南北纬 50°内任何区域均可以获得此数据。

2.1.1.4 NDVI 数据

归一化植被指数(NDVI)与植被的分布密度呈线性关系,是植物生长状态的最佳指示因子,在世界范围内得到了广泛应用。虽然 NDVI 在一定程度上受植被活力和土壤背景的影响(S. M. De Jong,1994),但仍然可以很好地指示植被在时空上的相对变化(T. N. Carlson,et al.,1997),因此在土壤侵蚀的相关研究中常被用于研究保护性植被覆盖(S. K. Jain, et al., 2002;E. Symeonakis, et al., 2004)。本书采用 MODIS 植被指数产品 MOD13Q1,为 250 m 空间分辨率的 16 d 合成产品,非常高的观测频率使其在有云覆盖时也可以提供相关数据。从而形成时间序列,监测植被时空变化。

2.1.1.5 侵蚀产沙数据

输沙量为一定时段内通过河流某一断面的泥沙质量,也反映了其上控制区域的侵蚀产沙状况。采用水利部发布的《中国河流泥沙公报》中的黄河干流控制水文站实测的月、年输沙量数据,以及黄河干流、重要支流控制水文站实测的年输沙量数据,其中干流的采用位于砒砂岩区下游的龙门水文站水沙资料,支流的选取位于砒砂岩区的黄河一级支流皇甫川、窟野河出口控制断面的皇甫、温家川2处水文站的水沙资料。

2.1.1.6 其他辅助数据

1951~2001年全国各站点的气象数据,以及2010年、2014年、2015年的气象数据,主要包括降雨量、气温等,来源于中国气象科学数据共享服务网。

全国1:25万土地覆盖数据,主要应用于遥感影像解译后的对比验证,来源于中国科学院资源环境科学数据中心。

全国1:400万土壤类型数据,来源于中国科学院资源环境科学数据中心。

研究区域各县的统计年鉴,来源于国家和地方统计局。

研究区相关的图件数据和专题数据,包括行政区划图、土地利用图、交通、水利及砒砂岩类型分区图等基础地理数据。通过将这些纸质资料进行扫描矢量化,形成该研究区的矢量数据。这些矢量数据为研究区的图面控制、数据对比分析提供参考和支持。

2.1.2 外业数据采集与处理

外业数据主要采用低空无人机采集。低空无人机遥感平台系统主要包括高分辨率光学数码相机拍摄系统和无人机飞行载具两大部分。

所采用的无人机是Avain-P型固定翼无人机,其参数信息见表2-3。选择Avain-P型固定翼无人机相较于其他型号的具有多项优势,包括:①无人机飞行任务可预先在室内规划好;②其拥有60~90 min的滞空时间,这是相较于其他无人机的绝对优势;③该型无人机的飞行控制系统可以建立飞行高度,设定拍摄照片的分辨率;④Avain-P的野外操作方便,同时也便于携带;⑤具有较强的抗风能力,可在3~4级风的天气条件下保持有效的正常飞行。

表2-3 Avain-P UAV 基本规格

参数名称	参数规格	参数名称	参数规格
翼展	1.6 m	巡航速度	65 km/h
长度	1.03 m	光学酬载	高画质数字相机
高度	0.35 m	起飞方式	弹射绳及弹射架
最大起飞重量	4.3 kg	回收方式	降落伞
建议操作相对高度	AGL:100~500 m	动力系统	无刷电动马达
有效飞行高度	AMSL:2 500 m	动力电源	锂电池组
最大滞空时间	60~90 min		

无人机平台所搭载的传感器设备为SONYILCE-7R高分辨率数码相机,像素数达到7 360×4 912,像素尺寸为0.004 8 mm×0.004 8 mm(见表2-4)。

表 2-4　SONYILCE-7R 相机检校参数

序号	检校内容	检校值
1	相机焦距	35.584 1 mm
2	像主点 x_p	−0.160 8 mm
3	像主点 y_p	0.108 4 mm
4	径向畸变系数 K_1	−3.641 54×10⁻⁵
5	径向畸变系数 K_2	1.110 92×10⁻⁷
6	径向畸变系数 K_3	5.748 11×10⁻¹¹
7	偏心畸变系数 P_1	−1.176 7×10⁻⁵
8	偏心畸变系数 P_2	−1.958 6×10⁻⁵
9	CCD 非正方形比例系数	−1.108 7×10⁻⁴
10	CCD 非正交性畸变系数	7.513 4×10⁻⁵

通过地面控制系统软件规划飞行线路,该系统可以实时展示无人机飞行姿态、速度、风速、动力、航向以及传感器工作时间等信息。通过无线电通信技术实现地面飞行控制站与无人机飞行控制系统之间的指令传达。地面控制系统的功能包括:①监督和控制无人机飞行状态;②设定无人机控制系统参数及传感仪器参数;③调节转换无人机飞行模式;④回收与检查飞行任务剩余时间与飞行数据;⑤实时监测飞行时的风速、风向、电压等参数。

分别于 2013 年、2015 年、2016 年和 2018 年在砒砂岩区皇甫川流域二老虎沟开展航拍作业,连续监测研究区地貌及下垫面变化,获取了 1∶1 000 比例尺的光学航空影像,并完成了等高线、DEM 和正射影像的制作(见图 2-1)。

2015 年同时获取了 1∶500 比例尺的遥感影像。利用热红外成像仪分别在早上、中午、下午拍摄了 1∶500 比例尺的热红外影像,用于分析 1 d 内的地表温差变化,并在实地利用手持热红外仪器验证设备获取不同植被类型的温度验证数据(见图 2-2)。

同时,开展了土地利用、土壤理化等信息的外业调查工作,调查的内容主要包括土地利用、植被类型、土壤侵蚀、土壤质地和土壤含水率等。采集土壤样品,分析土壤质地、土壤容重、土壤有机质、土壤渗透性等。在研究区不同类型坡面布设 200 个标桩,以用于调查土壤侵蚀情况,同时实测砒砂岩的导水率等(见图 2-3)。

2.1.3　砒砂岩区地貌三维浏览与分析系统

研发的砒砂岩区地貌三维浏览与分析系统集成了地形三维漫游、数据存储、隐藏/显示、视角调整、分析和处理、动态阴影、模型对象查找等多种功能于一体(见图 2-4、图 2-5),其中三维漫游功能是上述所有功能的基础。三维漫游功能首先实现了系统中所有数据的展示,其中的数据包括系统已有的数据和用户后期整合加载的数据。所有的数据将通过浏览窗口显示在用户面前。由于所有的地图数据采用三维仿真模型显示,因此地图数据的显示比传统的二维地图显示将更加直观,其读图难度将大大降低,即使没有经过专业的地理学培训,也能快速掌握读图要领,便于广大不同用户的使用。

(a)相控基站 (b)相控测量

(c)准备起飞 (d)飞行控制

(e)立体成像 (f)等高线制作

(g)1:1 000比例尺影像 (h)1:500比例尺影像

图 2-1 研究区域光学影像

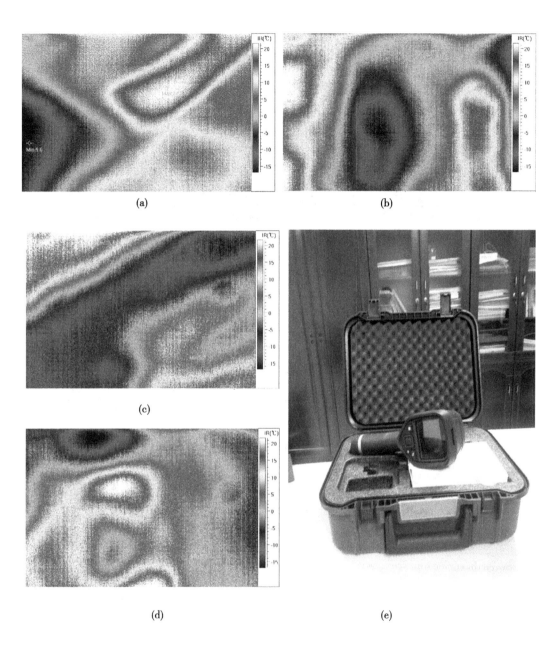

图 2-2 部分热红外影像及验证设备

(a)土壤样品采集 　　　　　　　　　　　(b)土壤湿度采集

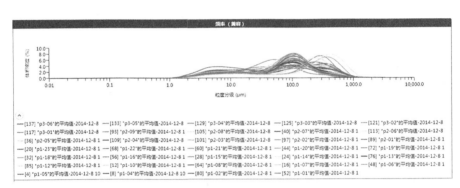

(c)土壤样品分析

(d)标桩测量土壤侵蚀 　　　　　　　　　(e)导水率测量

图 2-3　土地利用、土壤侵蚀、土壤理化信息调查

图 2-4　系统登录界面

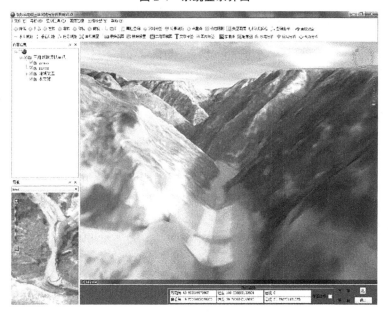

图 2-5　系统主窗口

　　通过动态阴影功能的实现,可以设置阴影半径,然后通过拖动时间轴改变具体的时间,从而观测在 1 d 内不同时段的采光变化。

　　图 2-6 为动态阴影窗口。通过模型对象查找工具,用户可以在对象名称文本框中输入需要查找的对象,如果存在分组情况,在所在图层组文本框中输入该对象所属图层组名称。

2.1.4　三维地形地貌量测与坡度分析系统

　　在浏览过程中该系统可以实时进行动态查询与测量,查询功能可以提供属性表查询和实现实时标签,测量功能有助于开展地学研究工作。

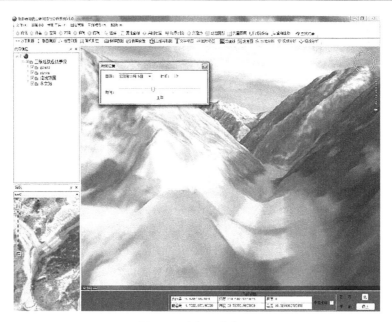

图 2-6　动态阴影窗口

2.1.4.1　测量功能

系统提供的测量功能总共有水平测量、垂直测量、任意测量和面积测量 4 种测量方式。任意测量不同于水平测量和垂直测量功能,任意测量可以测量三维仿真模型中的任何角度、任何两点之间的直线距离。

2.1.4.2　坡度分析功能

系统提供了针对研究区三维地貌的坡度分析功能,使用者可以使用该功能对重点区域进行坡度方面的研究。通过 3 种显示方式表达坡度因素,分别是图形颜色、箭头指示、图形颜色加箭头指示(见图 2-7)。

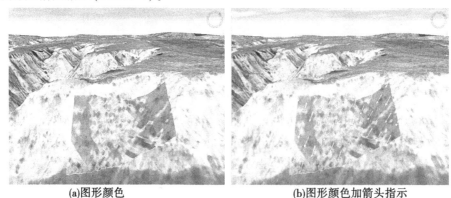

(a)图形颜色　　　　　　　　　　　　　　(b)图形颜色加箭头指示

图 2-7　坡度不同显示方式

2.1.4.3　等高线分析功能

系统提供了等高线分析的功能,可以实时显示研究区高程情况(见图 2-8)。

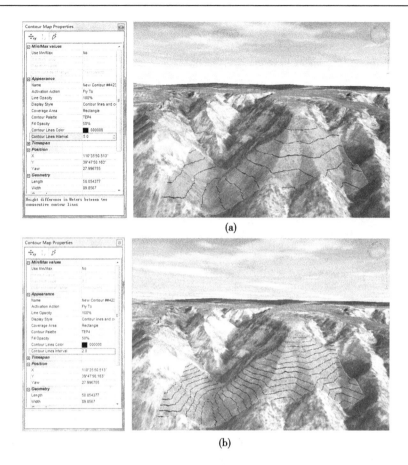

图 2-8　不同的等高线间隔

2.1.4.4 视域、视线分析功能

本系统提供了不同视域、视线分析功能,这也是三维地貌系统中常用的功能,图 2-9 为视域图举例。

2.1.4.5 三维场景添加功能

该系统的添加功能包括添加兴趣点、添加新图层、添加三维实体等。例如,通过兴趣点功能可以设置文字的字体、字形、字号等属性;通过添加新图层功能,系统将自动添加新的地物几何属性,并添加至系统数据库中;利用添加 3D 实体功能,可以通过属性窗口对添加后的 3D 模型设置其名称、大小,以及 X、Y、Z 轴缩放比例等,并实现对 3D 模型的复制、剪切、粘贴操作。

另外,研发的关键地理信息系统设计的分析结果展示与输出系统,具有范围选择、快照输出场景功能,以及二维导航、坐标查询等其他功能。通过范围选择功能可选择某一范围内包含的所有模型,然后可对其进行相应的操作,如修改属性、移动等;快照输出场景功能可以实现在输出场景照片前,设置需要输出图片的像素。系统的二维导航功能可以让使用者很方便地了解当前浏览的三维场景在整个研究区所处的位置信息;坐标查询功能可以让使用者查询想要的坐标位置点,其中设置的状态栏实时显示改点的经纬度以及高度信息。

图 2-9　视角为 53.0° 的视域图

2.2　地貌形态三维分形特征量化方法

目前,地貌三维分形量化存在问题主要包括三个方面:一是地形模拟问题;二是三维分形模型结构问题;三是地形数据尺度问题。地形模拟方法主要有 DEM、TIN 等表面三维模型,另外也包括堆积立方体、三棱柱和四棱柱等真三维模拟方法。有的地形模拟方法本身存在误差,如地形模拟使用立方体堆积表达地貌体,地形模拟不准确(Andrea Bolongaro Crevenna,et al.,2005),因为地貌某点的高程很少正好是立方体边长的整数倍。已有三维分形模型结构有的也存在不合理性,如地形起伏量计算时使用了坡度标准差指标(崔灵周等,2004)。坡度标准差对于相对平整的斜坡地形不太合适,会导致计算的起伏量接近零,明显不合理。另外,地貌量化中地形数据的尺度问题较少被考虑。众所周知,DEM 地形数据具有尺度效应,基于不同尺度地形数据的量化结果不具有可比性。因此,地形数据的尺度效应成为地貌量化空间变异分析的瓶颈之一。

针对目前地貌量化存在的问题,从地形模拟、模型优化和地形尺度三个方面提出了解决思路:①四棱柱模型模拟地貌体是较为适合计算三维分形的方法;②新的地形起伏量指标可优化三维分形信息维数 GIS 模型;③地貌量化具有最佳地形尺度;④地貌量化空间变异分析的瓶颈是地形尺度阈值。基于提出的地貌量化解决思路、GIS 技术和分形理论,开发地貌三维分形量化软件,进而利用该软件量化功能实现了砒砂岩区二老虎沟小流域多尺度地貌特征的精量化。

2.2.1　坡度提取与波段合成

在基于提出的地貌形态三维分形维数测算模型计算三维分形维数时,需要获取每个分形盒子内地形的高程标准差和平均坡度数据。为了在计算每个分形盒子内地形标准差的同时准确地计算每个分形盒子内的平均坡度,可以将 DEM 数据和坡度数据进行波段合并,使分形扫描算法简单可行。图 2-10 显示了砒砂岩区的位置、类型分区及坡段合成结果。

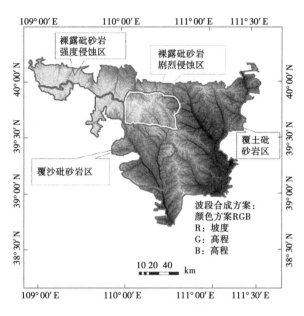

图 2-10 砒砂岩区 DEM、坡度合成影像

2.2.2 流域划分与地形信息统计

为探索砒砂岩区的地貌形态三维分形空间分异规律,需要将研究区划分成若干子区域,并分别测算每个子区域的三维分形维数。使用 ArcGIS 软件的水文分析工具将砒砂岩区划分成 274 个集水区(小流域),应用 ArcGIS 软件统计计算各类型区内小流域的地形起伏信息(见表 2-5)。

表 2-5 砒砂岩区小流域划分情况及各类型区地形量化指标

类型区	面积 (km²)	流域个数	高程标准差均值	坡度变异系数			
				平均坡度 (°)	最小值	最大值	平均值
裸露强度侵蚀区	2 823.13	59	49.187 1	7.649 3	0.533 9	0.641 2	0.595 6
裸露剧烈侵蚀区	1 720.77	18	49.004 5	8.604 3	0.549 5	0.624 1	0.584 9
覆土区	8 432.42	135	65.836 1	11.886 5	0.497 8	0.748 8	0.580 1
覆沙区	3 709.18	62	44.975 1	6.901 9	0.536 0	0.719 3	0.625 3

覆土区的高程标准差最大,为 65.836 1;覆沙区的最小,为 44.975 1;裸露区的居中。高程标准差反映了某一区域某点高程与该区域平均高程值的差异程度,高程标准差大,说

明高程波动的范围就越大,地形也就越不平坦。因而,从砒砂岩不同分区高程标准差的统计可以看出,以覆土区的地形起伏最大,而覆沙区的相对较小,裸露区的介于两者之间。

2.2.3　地貌形态三维分形模型

2.2.3.1　地貌形态三维分形维数测算方法

数字模拟对地貌的表示方法有数字高程模型(DEM)、不规则三角网(TIN)、三棱柱与四棱柱模型等。为了方便三维分形扫描,使用四棱柱模型表达地貌体。

用边长为 DEM 栅格像元整数倍的正方体盒子扫描三维地貌体。如果扫描盒子全部被填充,则称为实体盒子;如果扫描盒子内包含地形表面的则称为面盒子或特征盒子。考虑到特征盒子内地形信息量不一样,故根据分形信息维数的测算原理,结合三维分形扫描,提出砒砂岩区地貌形态三维分形维数 GIS 模型:

$$D_{3i} = \lim_{r \to 0} \left[I(r_3)/\ln r_3 \right] \tag{2-1}$$

$$I(r_3) = -\sum_{i=1}^{N(r_3)} P_{3i}(r_3) \ln P_{3i}(r_3) \tag{2-2}$$

$$P_{3i}(r_3) = \left[m_{iri}(r_3)/M_{IR}(r_3) \right] \tag{2-3}$$

$$M_{IR}(r_3) = \sum_{i=1}^{N(r_3)} m_{iri}(r_3) \tag{2-4}$$

式中:D_{3i} 为地貌形态分形信息维数;$I(r_3)$ 为地貌特征信息量;$m_{iri}(r)$ 为尺度为 r 时的第 i 个盒子内的地形起伏量;$M_{IR}(r_3)$ 为分形体在特征尺度为 r_3 时的地形起伏总量;$P_{3i}(r_3)$ 为第 i 个扫描盒子内地形起伏量占地形起伏总量的概率;r 为分形盒子的边长;r_3 为分形立方体的边长,r_3 主要是强调三维性。

地形起伏量 $m_{iri}(r)$ 的计算是模型的关键。在砒砂岩地貌形态三维分形模型中,引入设计的地形起伏量化新方法,作为地形起伏量 $m_{iri}(r)$ 的表达式,其计算式为

$$M_{IR}(r_3) = JS_{td} \tag{2-5}$$

式中:S_{td} 为高程标准差;J 为平均坡度。

地形起伏量是表征地貌特征的重要参数,用其作为分形扫描盒子内地貌形态信息含量是合理的,相比使用扫描盒子内小立方体高程的标准差、等高线的含量等指标能更准确地表征各分形盒子所含地貌特征间的差异。

2.2.3.2　地貌形态三维分形模型算法

基于 ESRI 的 ArcEngine 组件,在 Visual Studio 2010 集成开发环境下,用 C#语言开发砒砂岩区地貌形态分形维数测算模型的实现软件。

软件的核心算法概括起来包括如下几个步骤:

(1)将地形分形实体在投影面上,按盒子边长划分成 $N \times M$ 个区域。

(2)遍历区域中的所有像元值(高程值),统计高程最大值、最小值。

(3)用分形盒子垂向扫描 $N \times M$ 区域的每个区域,若该盒子为特征盒子,记录盒子数,并统计盒子内地形的高程标准差和平均坡度,计算地形起伏信息量。

(4)移动到下一个区域,执行(2)、(3)步骤,直到所有区域扫描完毕,计算地形起伏信息量累计和,该尺子下的扫描计算结束。

（5）改变分形尺子大小，执行（1）~（4）步骤。

（6）对分形尺子的对数$[\ln(r)]$和地貌特征信息量$I(r_3)$做线性回归分析，回归直线的斜率即为地貌分形体三维维数。

2.2.4　砒砂岩区地貌三维分形特征量化参数

2.2.4.1　扫描盒子尺子设定

通过统计砒砂岩区274个小流域发现，274个小流域的最大高差都小于400 m。因此，可用的分形尺子范围为60~400 m。因为使用分辨率为30 m的ASTER-GDEM数据，至少为2×2个像元才能产生三维地形，而超过最大高差则变为二维分形计算。进行三维分形扫描计算时，按照间隔为一个像元的宽度等间隔设置尺子，即30 m。

2.2.4.2　确定无标度区间

通过对分形尺子的对数$\ln(r)$和地貌特征信息量$I(r_3)$的线性回归分析发现，在90~360 m内相关系数都可以达到0.999以上，因此做空间对比分析时，将分形尺子范围归一化到90~360 m。

2.2.5　地貌三维分形量化尺度效应

地貌三维分形维数表达的是地形地貌的复杂度信息，且其随着地形尺度的增大而减小。根据三维分形测算结果，随着 DEM 尺度的降低，三维分形维数呈线性降低趋势，见图2-11。三维分形维数从1.909迅速降低到1.708。从数值上看数值减小的不大，但由于三维分形维数的区间主要在1.0~2.0，其减小0.2，对应的地形复杂度其实已经大大降低，约降低10.5%。

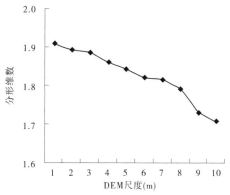

图2-11　不同尺度下的三维分形维数

为了研究地貌三维分形量化在不同空间尺度上的变化情况，将2~32 m尺度区间以1 m作为间隔，形成31种分辨率的DEM数据，使用原像元边长的1/4基于最邻近点方法重新采样。使用重新采样后的DEM构建四棱柱模型模拟地貌体，对各尺度下的地貌体分别进行三维分形量化。

结果表明（见图2-12），2~3 m尺度分形量化结果很接近；4~6 m尺度分形量化结果逐渐降低；7~11 m尺度分形量化结果基本保持在一个水平，分形维数区间为1.967~1.981；12~22 m尺度分形量化结果逐渐降低；23~32 m尺度分形量化结果在1.707~1.752，出现抖动变化，但地形复杂度已经大大降低。其抖动的原因主要有两个方面：一是采用了降低四棱柱底面边长模拟地貌体方法，会致使分形盒子数量较少而降低了地形统计自相似性；二是分形区间不一致等。当然了，至于哪一方面起主导作用，目前还不易确定。为进一步研究地貌三维分形尺度效应，可扩大无人机航拍范围，获取更多更大范围的多尺度DEM数据，进而深入研究地貌量化的尺度效应。根据汤国安研究成果（2006），黄土沟壑区地形尺度阈值为 5 m,结合研究区量化结果,3 m 可作为该区最佳的地形量化尺度。

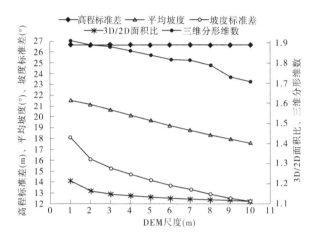

图 2-12　多指标地貌量化尺度效应

对其他地形量化指标也进行了尺度效应分析,均表明三维分形维数和平均坡度尺度效应最明显,呈线性降低趋势,坡度标准差和表面积与投影面积比指标也呈降低趋势,但基本呈凹形曲线,即降低得越来越慢。

2.2.6　三维分形维数与其他地貌量化指标尺度效应关系

为进一步研究地貌三维分形量化指标与其他单因子指标的关系,根据研究结果绘制各指标与三维分形维数关系曲线,见图 2-13。

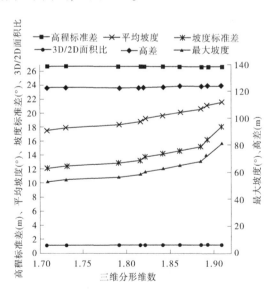

图 2-13　地貌量化指标间关系

由图 2-13 知,平均坡度、坡度标准差随着三维分形维数的增加而增加,两者都可以作为地形复杂度指标。高差、高程标准差不随分形维数而变化。因此,可以将地形量化指标分成两类:一类是地形复杂度指标;另一类是地形起伏程度指标。前者包括三维分形维数、平均坡度、坡度标准差及表面积与投影面积比(3D/2D);后者包括高程标准差和高差,其中高差也称为地形起伏度。

在地貌量化单因子指标中,平均坡度、坡度标准差及表面积与投影面积比三个指标具有尺度效应,高程标准差和高差两个指标不具有尺度效应。前三个指标可称为地形复杂度指标,后两个指标称为地形起伏程度指标。

2.3 地貌形态三维分形特征空间分异性

2.3.1 地貌形态三维分形专题制图与数据统计

应用开发的三维分形软件计算砒砂岩区 274 个小流域的三维分形维数,并统计不同砒砂岩类型区的三维分形维数(见表 2-6)。

表 2-6 小流域三维分形维数、高程信息及坡度信息

类型区	小流域个数	三维分形维数				
		最小值	最大值	平均值	标准差	变异系数
裸露强度侵蚀区	59	1.713 8	1.865 4	1.785 4	0.030 0	0.016 8
裸露剧烈侵蚀区	18	1.744 9	1.809 7	1.774 8	0.016 8	0.009 5
覆土区	135	1.683 6	1.836 3	1.765 9	0.027 2	0.015 4
覆沙区	62	1.692 3	1.948 6	1.796 6	0.037 4	0.020 8

根据表 2-6 统计,砒砂岩区的地貌形态三维分形维数在 1.683 6~1.948 6,其中以裸露砒砂岩区、覆沙砒砂岩区的分形维数较高,最大值 1.948 6 就出现在覆沙砒砂岩区,其次的 1.865 4 出现在裸露砒砂岩区的强度侵蚀区。由此说明,裸露区、覆沙区的地形破碎程度要大于覆土区。

图 2-14 是基于分级统计专题制图方法,利用 ArcGIS 软件制作的砒砂岩区地貌形态三维分形空间变异专题图。由分形维数空间分布看,其规律与表 2-6 是一致的。裸露砒砂岩区、覆沙砒砂岩区是分形维数高值发布区,覆土砒砂岩区是分形维数低值分布区。同时,整个覆沙区的分形维数基本上都是高值分布区,而裸露区有呈碎片化的现象。总体来说,裸露砒砂岩区、覆沙砒砂岩区较为破碎,尤其是整个覆沙区的地形都较为破碎。

2.3.2 地貌形态分形特征空间变异特征

地貌三维分形维数反映了地貌形态的综合复杂度信息。

2.3.2.1 覆土砒砂岩区

该区地表覆盖物主要为黄土,沟谷中大多都出露有砒砂岩,出露面积在 30% 以上。覆土砒砂岩区沟谷水系十分发育,土壤侵蚀以水蚀为主,因此该区地貌多呈黄土丘陵沟

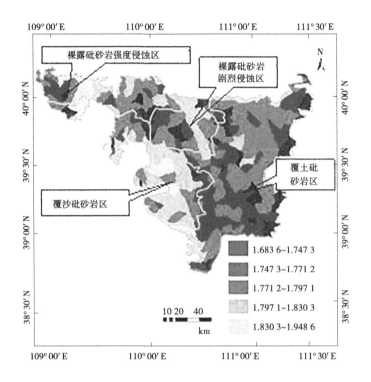

图 2-14　砒砂岩区地貌形态三维分形空间专题图

壑。虽然该区地形高程标准差平均值和平均坡度分别为 65.836 1、11.886 5,相对其他类型偏大,但是该区的地形坡度内部差异较小,坡度变异系数的平均值仅为 0.580 1,地形类型相对较为单一,且除坡顶外,基本上都属于陡峭的坡面和沟坡。所以,该区大部分小流域三维分形维数较其他类型区偏小,即整体上该区地形复杂度相对其他两区的偏小。

2.3.2.2　覆沙砒砂岩区

　　该区砒砂岩掩埋于风沙地貌之下,土壤侵蚀以风蚀为主,形成部分沙丘、薄层盖沙和砒砂岩相间分布的地貌形态。虽然整体上该区地形高程标准差平均值(44.975 1)和平均坡度(6.901 9)相对其他类型区都偏小,但是,该区地形坡度内部差异较大,其中沙丘和砒砂岩相间分布的地貌特征增加了该区地形坡度的内部差异,坡度变异系数的平均值为0.625 3。因此,该区地貌形态三维分形维数整体上较大,即该区地形复杂度相对其他两区的偏大。

2.3.2.3　裸露砒砂岩区

　　该区地表基本上无黄土、风沙覆盖,或者覆盖有极薄的黄土或风沙,砒砂岩在沟谷和坡面都有出露,裸露面积在 70% 以上,沟谷水系发育,土壤侵蚀以水蚀为主,复合侵蚀严重,因此地貌多呈岗状丘陵。裸露砒砂岩强度侵蚀区、剧烈侵蚀区的坡度变异系数的平均值分别为 0.595 6、0.584 9。

　　通过上述分析可见,就坡度变异性来说,覆土砒砂岩区(0.580 1)<裸露砒砂岩区(0.595 6、0.584 9)<覆沙砒砂岩区(0.625 3),由此反映了各区地形的差异。裸露砒砂岩

区地貌形态三维分形维数均值为 1.780 1,大于覆土砒砂岩区均值 1.765 9,而小于覆沙砒砂岩区均值 1.796 6。就是说,裸露砒砂岩区的地形破碎程度大于覆土砒砂岩区而小于覆沙砒砂岩区,不过从分形维数统计值而言,裸露砒砂岩区和覆沙砒砂岩区的地形破碎程度相当,而且裸露砒砂岩区的破碎程度与覆沙砒砂岩区的更为接近。

通过统计砒砂岩区 274 个小流域地貌形态三维分形量化与地形信息,从地形坡度内部差异方面分析了砒砂岩不同类型区的地貌形态三维分形空间变异的规律。研究表明,覆土砒砂岩区主要是水力侵蚀塑造地形,虽然高差、高程标准差及平均坡度都比较大,但该区地形坡度变异较小,变异系数均值为 0.580 1,地形较单一,所以该区地貌形态三维分形维数均值为 1.765 9,相对其他区域的偏小;在覆沙砒砂岩区,沙丘和砒砂岩相间分布的地貌特征增加了该区地形的内部差异,坡度变异系数均值为 0.625 3,所以该区地貌形态三维分形维数均值较大,为 1.796 6。不过应当说明的是,DEM 是地形离散化的表达,其空间分辨率和高程分辨率对三维分形扫描测算有一定影响,因此分析结果也可能存在一些偏差。

2.3.3 CASC2D-SED 模型的 DEM 尺度效应

研究产流模型与 DEM 尺度之间的效应,对于提高砒砂岩区治理效益评价的精度、定量分析砒砂岩区水文环境特征都是有意义的。本项研究重点以 CASC2D-SED 模型为对象。

2.3.3.1 CASC2D-SED 模型

CASC2D-SED 模型是一个具有物理基础的空间分布式流域模型,可以模拟随时空变化的水文过程,如降雨、截流、下渗、Horton 坡面产流和河道径流。该模型核心模块主要包括 5 部分:①降雨计算,分均匀降雨和分布式降雨两种情况,一个雨量站采用前者,多个雨量站采用后者;②截流计算,根据土地利用类型推求;③下渗计算;④坡面汇流计算;⑤河道汇流计算。

1. 下渗计算

下渗计算,采用 Green-Ampt 方程计算流域每个栅格上的下渗率,其计算式为

$$f = K_a \left(\frac{H_e M_d}{F} + 1 \right) \tag{2-6}$$

式中:f 为下渗率,cm/h;K_a 为土壤导水率,cm/h;H_e 为毛管水头;M_d 为土壤缺水量,cm^3/cm^3;F 为累计下渗深度,cm。

2. 坡面汇流计算

坡面汇流计算,采用扩散波的二维显示有限差分计算。描述坡面流的方程包括连续方程、动量方程和曼宁阻力方程。

连续方程为

$$\frac{\partial h_0}{\partial t} + \frac{\partial q_x}{\partial x} + \frac{\partial q_y}{\partial y} = e \tag{2-7}$$

式中:h_0 为地面径流的深度;q_x、q_y 分别为 x、y 方向上的单宽流量;e 为超渗降雨量。

二维扩散波动量方程为

$$\begin{cases} S_{fx} = S_{ox} - \dfrac{\partial h_0}{\partial x} \\ S_{fy} = S_{oy} - \dfrac{\partial h_0}{\partial y} \end{cases} \tag{2-8}$$

式中：S_{ox}、S_{oy} 分别为 x 和 y 方向的坡度比降；S_{fx}、S_{fy} 分别为 x 和 y 方向的坡底摩阻比降。

　　曼宁阻力方程为

$$Q = \frac{1}{n} A R^{\frac{2}{3}} S_f^{\frac{1}{2}} \tag{2-9}$$

式中：R 为水力半径；S_f 为阻力坡度；n 为曼宁糙率系数。

　　3. 河道汇流计算

　　河道汇流计算，采用扩散波的一维显式有限差分方法计算。

　　连续方程为

$$\frac{\partial A}{\partial t} + \frac{\partial Q}{\partial x} = q_0 \tag{2-10}$$

式中：A 为水流断面面积；Q 为河道流量；q_0 为旁侧入流或出流。

　　一维扩散波动量方程

$$\frac{\partial y}{\partial x} = (i_0 - i_f) \tag{2-11}$$

式中：i_0 为河底比降；i_f 为摩阻比降；y 为河底水深。

　　通过无人机航测获得研究 DEM 数据和高分辨率影像，然后通过 GIS 的水文分析和遥感解译获得模型所需的主要空间数据，如地形、河网和土地利用类型数据。

　　利用 Visual Studio2010 平台官方提供的源代码进行编译生成可执行的 CASC2D-SED 模型程序。

2.3.3.2　CASC2D-SED 模型参数获取及率定

　　CASC2D 模型径流模拟参数包括土壤饱和水力传导度、毛管水头、土壤缺水量、植物截流深度及河道的宽度、深度、糙率等。

　　模型参数的率定遵循先调整水量再调整过程、先调整峰值再调整峰现时差的原则，最后采用试错法率定参数。饱和水力传导度和毛管水头决定洪峰的大小，同时也影响流量大小。河道糙率决定洪峰是提前还是滞后。

　　经率定，模型取用的土地利用、土壤属性参数分别见表 2-7、表 2-8。

表 2-7　土地利用参数

土地利用类型	类型序号	植物截流深	河道糙率	土地覆盖与管理因子	水土保持措施因子
草地	1	2.000	0.05	0.072	1
裸地	2	1.000	0.05	0.072	1
稀疏灌木	3	2.000	0.05	0.036	1
人工草地	4	2.000	0.05	0.072	1

表 2-8 土壤类型参数及颗粒组成

土壤类型	序号	侵蚀因子	饱和水力传导度	毛管水头	沙粒	粉砂	黏粒
黄土	1	0.20	2.210	29	0.415	0.575	0.011
砒砂岩堆积	2	0.20	1.120	27	0.545	0.454	0.002
白色砒砂岩	3	0.19	0.874	21	0.650	0.348	0.002
红色砒砂岩	4	0.19	0.874	21	0.559	0.438	0.003

2.3.3.3 模拟效果与 DEM 的尺度效应

针对已有研究使用的基础 DEM 分辨率大多较小的情况,基于 CASC2D-SED 模型,使用 2~20 m 的 DEM 分辨率区间的 11 组数据,做研究区的水文模拟效应分析。DEM 分辨率对水文模拟的影响主要涉及径流量的模拟精度、洪峰流量、洪峰到达时间(峰现时间)、水文过程线等几个方面。同时探讨多种 DEM 分辨率下水文模拟中的参数率定。

水文模拟参数包括洪峰流量、径流量、峰现时间及流量过程线等。绘制洪峰流量、峰现时间、径流量与 DEM 分辨率的关系(见图 2-15)。

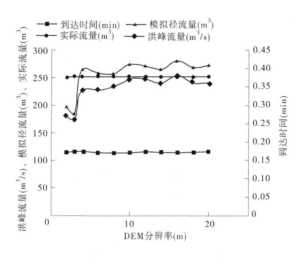

图 2-15 水文模拟结果随 DEM 分辨率变化关系

在 2~20 m 区间,径流量和洪峰流量的变化出现了波动现象,不过从整体上仍表现出洪峰流量与径流量都随分辨率的降低而增大的趋势。

在 DEM 采样过程中,各种分辨率的 DEM 与实际地形的拟合程度并不是连续变化的,如 DEM 分辨率提高 1 m,其与实际地形的拟合程度并非就一定提高。这可能就是径流量和洪峰流量变化出现波动现象的原因。峰现时间稍有变化,但变化不明显,这与已有研究成果有些差别,例如有研究认为,随 DEM 分辨率降低,峰现时间会有所提前,对此还需要进一步研究两者的响应关系。对于各种分辨率下的水文模拟结果,洪峰流量、峰现时间都小于实际值,而径流量则在实际监测径流量之间波动。对于分辨率 2~3 m 的 DEM,模拟的洪峰流量、径流量明显小于 4~20 m 的分辨率,需要重新率定参数。

　　根据水文过程的模拟结果,绘制多种 DEM 分辨率下的水文过程线(见图 2-16)。DEM 分辨率位于 2~3 m 与 4~20 m 的水文过程线差别是比较大的,主要差别是在 2~3 m 范围内的模拟径流量明显降低。DEM 分辨率处于 4~20 m 范围的水文过程线变化不明显。

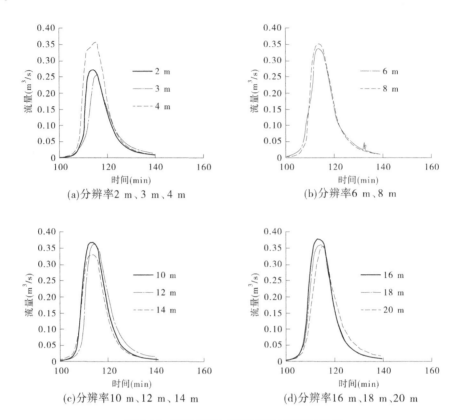

图 2-16　不同 DEM 分辨率下的流量过程线

　　总体来说,使用 CASC2D-SED 模型对砒砂岩区二老虎沟小流域多分辨率下分布式水文模型的模拟结果表明:①在 2~20 m 的 DEM 分辨率区间内,模拟的洪峰流量和径流量随 DEM 分辨率降低呈波形上升趋势,总体上,随着分辨率的降低模拟的洪峰流量和径流量增加;②DEM 分辨率对模型参数率定有重要影响,一定的 DEM 分辨率区间可以共用相同的水文参数,超过这个区间则必须重新率定;③DEM 分辨率对模型的模拟效率有较大影响,随着 DEM 分辨率的增加,模拟效率迅速降低;④在 2~20 m 的 DEM 分辨率区间,随着分辨率的增加,水文模拟精度并未明显提高,这可能与土壤特性、土地利用的空间异质性以及地表水流的数学模拟方法等有较大关系;⑤地理数据包含空间维、属性维和时间维,本研究只分析了空间维精度(DEM 分辨率)的问题,对于属性维(如土壤属性)和时间维的效应问题未涉及,有待通过改进数据采集手段,获取三个维度上高精度地理数据对模拟效应开展更为广度的分析。

2.4 砒砂岩治理示范区地貌图集

砒砂岩治理试验区为二老虎沟小流域。结合 GIS 和遥感技术,基于无人机航拍的遥感影像,编制了比例尺为 1:1 000 的地貌图集,主要包括地貌类型图、土地利用现状图、坡度图、水系图和水土保持措施图等(见图 2-17),提取了地理信息系统关键参数,为研究砒砂岩的水土流失规律和抗蚀促生技术提供数据支持。

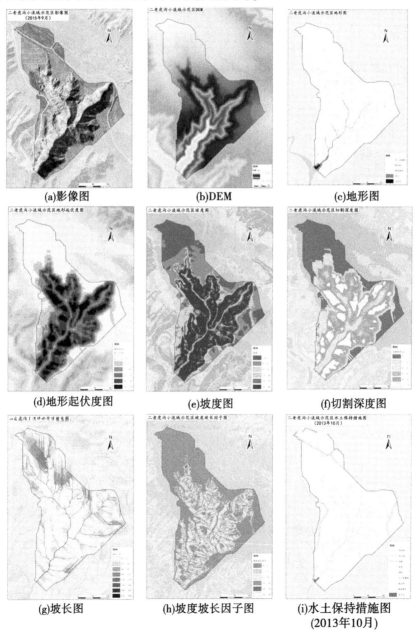

(a)影像图 (b)DEM (c)地形图

(d)地形起伏度图 (e)坡度图 (f)切割深度图

(g)坡长图 (h)坡度坡长因子图 (i)水土保持措施图 (2013年10月)

图 2-17　砒砂岩治理试验区地貌图集

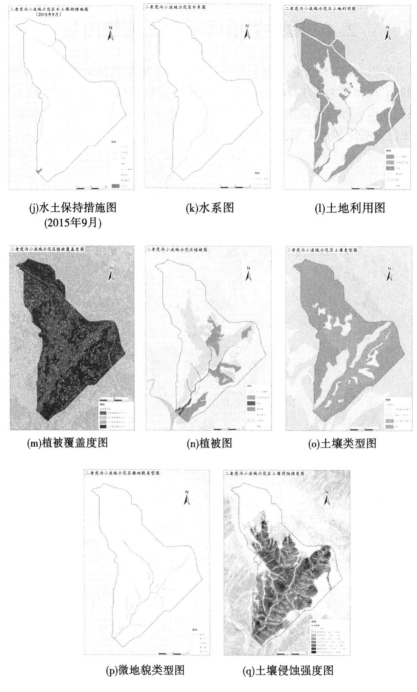

(j)水土保持措施图
(2015年9月)

(k)水系图

(l)土地利用图

(m)植被覆盖度图

(n)植被图

(o)土壤类型图

(p)微地貌类型图

(q)土壤侵蚀强度图

续图 2-17

3 砒砂岩区水文环境及侵蚀过程

砒砂岩区地处我国中纬度西风带,属于从暖温带向中温带过渡的区域,具有特殊的水文环境,形成了脆弱的生态系统和多动力复合的侵蚀类型,气候、植被、侵蚀相互关系复杂,对生态治理带来了极大挑战。研究砒砂岩区侵蚀的水文环境特征,揭示砒砂岩区侵蚀过程的响应关系,对于科学配置砒砂岩区生态治理措施、有效恢复植被和阻控土壤侵蚀具有很大意义。为此,本章基于水沙定位观测资料、土壤侵蚀模拟试验和多元遥感信息解译的方法,分析了砒砂岩区特殊的水文环境特征、水沙变化过程,开展了砒砂岩坡面产流产沙过程试验,揭示了砒砂岩区植被—降雨—侵蚀耦合关系,为砒砂岩区生态综合治理技术研发提供应用基础支撑。

3.1 砒砂岩区水文环境

砒砂岩区位于中国北方的内陆腹地,远离海洋,降水量较少,处于干旱半干旱区,水文环境和气候特征复杂。每年一般从 11 月开始进入冬季,持续到翌年 3 月,长达 5 个月;夏季为 6~8 月,是砒砂岩区的主要降雨期,但是其降雨少且集中,洪水陡涨陡落且产沙多含沙量高;春秋两季为过渡性季节,分别为 4~5 月和 9~10 月,是风蚀发生的集中期。全区具有冬季漫长严寒,春季风大雨少且蒸发强烈,夏季短促温热降水集中的气候特点。

3.1.1 气温

根据中国气象局发布的 1981~2015 年砒砂岩区各站点累计年均气象数据统计,区域年均温度基本上变化于 6~9 ℃,年均气温自东南向西北逐渐降低(见图 3-1)。区域内无霜期 135~165 d,年均日照时数为 2 875.9~3 150.0 h,年蒸发量为 1 127.4~1 432.9 mm。

如果用皇甫川流域沙圪堵气象站年均气温数据(其中 2006~2010 年沙圪堵气象数据缺失,用薛家湾气象站年均气温数据代替)反映砒砂岩区近几十年的气温变化(见图 3-2)可以看到,该地区年均气温在 6~9 ℃波动,自 20 世纪 60 年代至 2000 年呈现出总体上逐渐升高的趋势,2000 年以后则有所回落,但仍高于 20 世纪 80 年代中期以前的水平。根据孙特生等(2012)的研究,皇甫川流域气温存在约 21 年尺度的变化周期,处于不断的波动变化之中。在 20 世纪 90 年代末期,平均气温达到最高,在 9 ℃以上,但在其之后,气温从最高处持续下降。

3.1.2 降水

砒砂岩区属于温带半干旱区,降水量较少。受地理位置、地形地貌、水汽来源等因素的影响,区内降水分布很不均匀。根据中国气象局发布的 1981~2015 年累计年均降雨量数据做出的区域内降雨量等值线图看(见图 3-3),砒砂岩区降雨量自东向西、自南向北逐

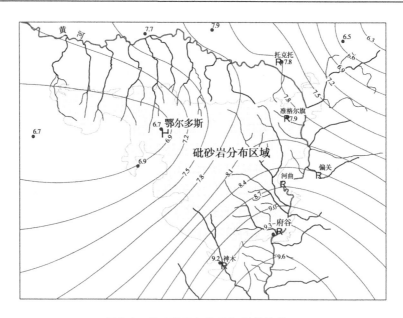

图 3-1　砒砂岩区年平均气温等值线图

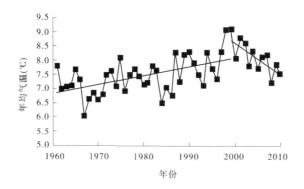

图 3-2　皇甫川流域沙圪堵气象站年均气温变化

渐减少,府谷、神木区域年均降雨量约 400 mm,准格尔旗附近约 390 mm,鄂尔多斯市附近仅约 370 mm。砒砂岩主要分布区鄂尔多斯市降雨量年际变化比较大,例如 20 世纪 70 年代、80 年代降雨量分别为 322 mm、317 mm,1991～2000 年只有 306 mm。

　　显然,砒砂岩区基本上位于黄河流域 400 mm 等降水量线的界带上,为少雨区,属于典型的由半湿润向干旱半干旱气候、由林灌植被向草原植被过渡的区域,也就决定了其生态系统的脆弱性,如果植被一旦遭受破坏,很难得以恢复,那么该区域的土壤侵蚀将会变得更为剧烈。

　　作为说明砒砂岩区降雨量离散程度大的例子,表 3-1 是 2015 年以前砒砂岩区代表雨量站降水特征值。流域内降水的显著特点是降水量少且变差系数大,为 0.2～0.4,10 个雨量站有一半的在 0.3 以上,流域丰水年降水量可达枯水年降水量的 4～7 倍。

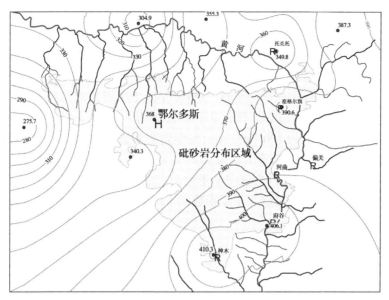

图 3-3 砒砂岩区年平均降雨量等值线图

表 3-1 砒砂岩区代表雨量站降水特征值

河流名称	站名	观测年份	年数	年均雨量（mm）	最大年雨量（mm）	相应年份	最小年雨量（mm）	相应年份	C_v
毛不浪沟	图格口格	1958~1975 1982~2005	50	254.8	416.3	1958	70.2	1965	0.33
黑赖沟	哈拉汉图壕	1970~2005	50	290.2	436.0	1958	166.4	2005	0.27
西柳沟	柴登壕	1965~1971 1973~2005	40	240.0	537.7	1967	108.3	1971	0.33
西柳沟	高头窑	1964~2005	42	266.4	544.1	1994	104.0	1965	0.36
西柳沟	龙头拐	1964~2005	50	292.7	518.9	1994	137.2	1965	0.31
罕台川	耳字壕	1980~2005	26	284.2	475.1	1998	63.8	2000	0.38
清水河	石湾子	1965~1974 1976~1988 2000~2005	39	375.2	533.5	1978	111.4	1994	0.26
清水河	清水河	1970 1972~1974 1976~2005	34	406.5	539.8	1988	223.6	1993	0.19
纳林川	沙圪堵	1965~1970 1972~1974 1977,1979 1980~1984 1986~2005	49	400.0	693.8	1961	160.8	1965	0.28
窟野河	乌兰木伦河	1986~1996 1998~2005	49	339.5	519.8	1961	219.5	2000	0.23

注:摘自《鄂尔多斯市水文手册》。

3.1.3　干旱指数分布

用干旱指数综合反映砒砂岩区干旱程度。干旱指数通常定义为年蒸发量和年降水量的比值,当干旱指数小于1时,表示该区域蒸发能力小于降水量,气候湿润;当干旱指数大于1时,表示该区域蒸发能力大于降水量,气候干旱。干旱指数越大,干旱程度就越严重。半湿润带干旱指数为1.0~3.0,半干旱带干旱指数为3.0~7.0,干旱带干旱指数大于7.0。砒砂岩区降水量一般为200~500 mm,而年均蒸发量为1 300~2 000 mm,蒸发能力远大于降水量。图3-4是根据砒砂岩区及其周围11个气象站点数据,通过插值得到的砒砂岩区干旱指数等值线图。砒砂岩区干旱指数在东南部约为2.8,为半湿润区域的边缘,至西北达到5.0以上,为半干旱区。干旱指数从东南向西北增大,大部分砒砂岩区属于半干旱区。

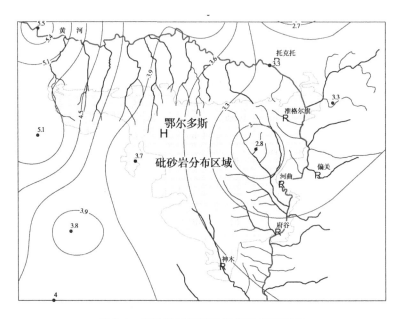

图3-4　砒砂岩区气候干旱指数等值线图

3.2　砒砂岩区河川径流变化

砒砂岩区分布有窟野河中上游、孤山川、清水川、皇甫川,以及十大孔兑的上游部分河段,而这些河流均是黄河泥沙的主要来源支流,以水少沙多、沙粗峰高为其突出的水沙特征,其变化对于砒砂岩区的水文环境特征具有很大影响,从另一方面来说也是对砒砂岩区水文环境演变的反映。

3.2.1　径流量变化

以皇甫水文站代表皇甫川流域径流量的变化,以温家川水文站代表窟野河径流量的变化(见图 3-5)。

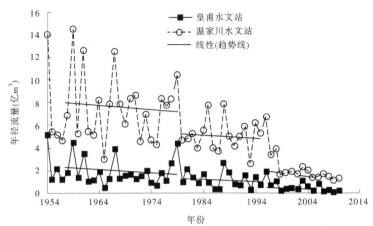

图 3-5 皇甫水文站、温家川水文站年径流量变化过程

从 20 世纪 50 年代至 2010 年,皇甫和温家川两处水文站的径流量变化趋势比较一致,总体上一直处于减少的趋势中。其中,1954~1979 年径流量最丰,1980~1999 年径流量出现第一次明显减少,2000~2010 年径流量出现第二次明显减少。径流量的变化与人类活动的影响关系密切。1980 年后,两个流域水土保持措施,如退耕还林还草、荒山造林、坡改梯和水库、塘坝、淤地坝等的修建,以及大量水利工程的建设、工农业用水迅速增加、煤矿开采等诸多原因,使得流域内径流量显著减少。根据《黄河泥沙公报》分析,2008~2011 年皇甫水文站断流时间分别达到 276 d、336 d、348 d 及 365 d。从有实例资料至 2015 年,皇甫川每年平均断流 151 d,2000~2015 年平均断流天数达到 311 d。径流量的锐减可能与同期流域降水量的变化也有一定的关系。王随继等(2012)采用累计距平法说明了 1979~2010 年皇甫川流域降水量有所减少,采用累计量斜率变化率法定量分析了皇甫川流域径流变化的潜在因素,认为在不考虑气温及蒸发影响的情况下,皇甫川流域降水与人类活动在 1980~1997 年贡献率分别为 36.43% 和 63.57%,在 1997~2008 年贡献率分别为 16.81% 与 83.19%。赵广举等(2013)的分析认为,皇甫水文站降水量变化对径流量的贡献率约为 30%,人类活动的贡献率约为 70%。

3.2.2 洪峰流量变化

分别以皇甫水文站及温家川水文站为代表,分析皇甫川和窟野河的洪峰流量变化趋势。皇甫川和窟野河流域处于温带半干旱区,最大洪水年际间变化较大,如温家川水文站 1959 年的最大洪峰流量达到 14 100 m³/s,是近年来洪峰流量较低的 2008 年 89.8 m³/s 的 150 多倍(见图 3-6),是 2015 年洪峰流量 508 m³/s 的近 28 倍。从变化趋势看,1997 年以前没有明显的变化趋势,但自 1997 年之后最大洪峰流量显著减小,尤其是温家川水文站减少更为明显,其间除 2003 年出现了一次 2 000 m³/s 以上的洪峰流量外,其他年份的最大洪峰流量大多不足 1 000 m³/s。

从洪水发生的次数看,金双彦等(2013)根据皇甫水文站 1954~2012 年水文资料的统计分析,以大于 100 m³/s 为洪水的标准,其间共发生 270 场洪水,1954~1959 年年平均为 3.5 次,20 世纪 60 年代 5.8 次、70 年代增至 6.2 次、80 年代 5.9 次、90 年代 4.3 次,2000~ 2009 年仅 2.5 次。

出现洪峰流量大幅减少的原因有待进一步分析,但洪峰流量的变化是复杂的。例如,温家川水文站的减少是有实测资料以来最多的,但皇甫水文站在该时段的平均最大洪峰流量却基本上与 20 世纪 70 年代以前的水平相近。皇甫水文站的这种变化到底是阶段性的还是趋势性的,也有待更长时间的观测分析。

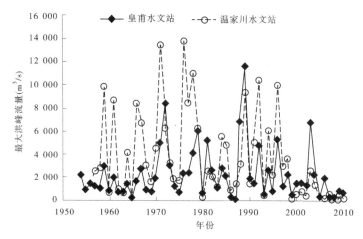

图 3-6 皇甫水文站、温家川水文站各年最大洪峰流量变化

3.3 砒砂岩坡面产流产沙规律试验研究

3.3.1 产流产沙过程人工模拟降雨试验

砒砂岩坡面人工模拟降雨侵蚀产沙试验在水利部黄土高原水土流失过程与控制重点实验室土壤侵蚀试验大厅进行。试验坡面坡度为 20°,分别模拟不同降雨强度及植被覆盖度变化对坡面侵蚀产沙的影响。人工降雨采用下喷式自动模拟降雨系统。设计的 3 种试验降雨强度分别是 20 mm/h、50 mm/h 和 80 mm/h,每次降雨历时 60 min。采用狗牙根模拟草本植被,植被覆盖度分别设置为 0(裸坡)、10%、30% 和 50%。

试验土槽尺寸为 5 m×1 m×0.6 m。试验用土是从内蒙古准格尔旗二老虎沟小流域野外试验点采集的砒砂岩原岩。首先将试验用土过 10 mm 孔径的筛子,采取分层填、分层压的方法填土,砒砂岩试样土的密实度控制在 1.5 g/cm³。

3.3.1.1 植被覆盖度对产沙的影响

比较不同降雨强度、不同植被覆盖度条件下坡面产沙量的变化可知,20 mm/h 降雨强度下,裸坡产沙量明显大,而植被覆盖度 10%、30%、50% 的三个坡面上产沙量较小,并且产沙量比较接近;50 mm/h 降雨强度下,裸坡和植被覆盖度 10% 坡面上产沙量大,而植被覆盖度 30% 和 50% 的两个坡面上产沙量比较小;80 mm/h 降雨强度下,裸坡与植被覆盖度 10%、30%的坡面上产沙量趋势比较一致,而植被覆盖度 50%的坡面上产沙量比较小。由此说明,植被与降雨对产沙的影响具有耦合关系,降雨强度越大,有效减少侵蚀所需要的植被覆盖度越高;不同的降雨强度所对应的减蚀植被覆盖度临界是不相同的。

从试验过程地形变化情况看,无植被条件下,坡面发育有明显的切沟,而有植被的坡面仅发育有细沟,植被覆盖度越高,细沟发育的强度越弱(见图 3-7、图 3-8)。

图 3-7 裸坡、10%、30%植被覆盖度坡面试验前地形

图 3-8 裸坡、10%、30%植被覆盖度坡面试验后地形

根据图 3-9~图 3-11 的产沙量变化过程分析,在 3 个试验雨强下,4 类下垫面的产沙过程均呈现出随降雨历时延长,产沙量先增加,达到一定峰值后又有所降低,之后呈现出波动,并达到动态相对稳定的趋势。但是,在相同降雨条件下,植被覆盖度越高,出现峰值的时间相对来说越滞后,就是说植被覆盖度越低,峰值出现得越早。另外,降雨相同条件下,植被覆盖度越高,则峰值越低,也进一步证明植被对砒砂岩坡面具有减蚀减峰的作用。试验表明,降雨强度越大,在相同的植被条件下,产沙量过程的峰值也越高,且各植被条件下沙峰出现时间也相对约滞后,其中在 80 mm/h 的降雨条件下,裸露坡面的产沙量仍未达到明显的峰值,10%、30%植被覆盖度的产沙量较其他两个雨强的增加了数倍,例如较 20 mm/s 的增加了 20 多倍。以上分析说明,降雨—植被—土壤的侵蚀产沙过程具有非线性耦合的特征,而且存在复合临界关系。

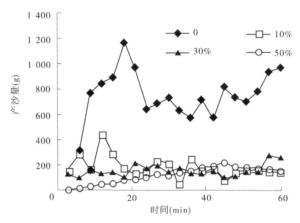

图 3-9 20 mm/h 降雨强度下不同植被覆盖度坡面产沙过程

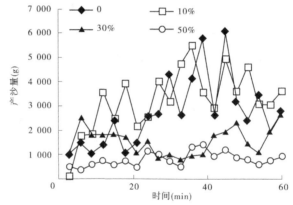

图 3-10 50 mm/h 降雨强度下不同植被覆盖度坡面产沙过程

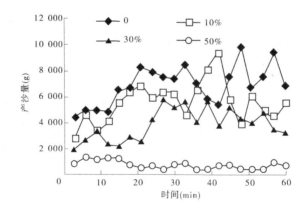

图 3-11 80 mm/h 降雨强度下不同植被覆盖度坡面产沙过程

总体来说,植被对砒砂岩坡面侵蚀产沙具有显著影响,但是正如前述,从减蚀作用而言,不同降雨强度对应有不同的植被覆盖度阈值。在试验边界条件下,降雨强度为 20 mm/h 时,植被覆盖度 10% 以上对产沙就有明显的控制作用;在 50 mm/h 降雨强度条件下,植被覆盖度达到 30% 以上时对产沙有明显的控制作用;在更大雨强时,如对于降雨强度达 80 mm/h 的降雨,植被覆盖度必须达到 50% 左右才对坡面产沙有明显的控制作用。当降雨强度超过植被对坡面保护作用的阈值时,植被对侵蚀产沙的控制作用显著降低。

3.3.1.2 不同降雨强度对产沙的影响

在相同植被覆盖度条件下,对比分析不同降雨强度下同一坡面上产沙量的变化表明,随着降雨强度的增大,坡面上产沙量明显增加(见图 3-12～图 3-15)。随着降雨强度的增大,产沙量明显增多,但变化过程是复杂的。20 mm/h 降雨强度条件下,坡面产沙量随时间变化并不大;50 mm/h 和 80 mm/h 降雨强度条件下,坡面产沙量极不稳定,这是由于在降雨强度较大时,随着降雨时间的增加,砒砂岩坡面将产生一定的破坏,造成切沟,从而会产生更多的泥沙;切沟趋于稳定时,产沙量也会趋于相对稳定。

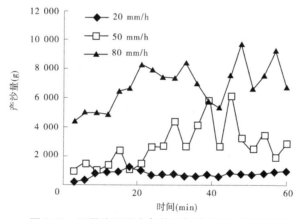

图 3-12 不同降雨强度条件下裸坡坡面上产沙过程

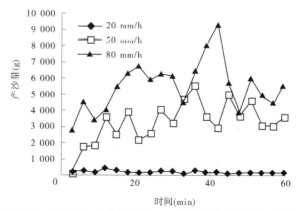

图 3-13 不同降雨强度条件下 10% 植被覆盖度坡面上产沙过程

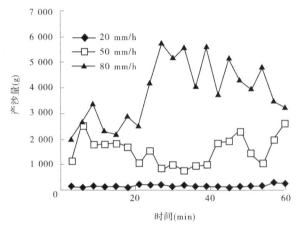

图 3-14　不同降雨强度条件下 30% 植被覆盖度坡面上产沙过程

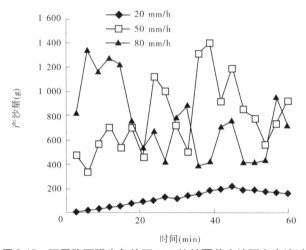

图 3-15　不同降雨强度条件下 50% 植被覆盖度坡面上产沙过程

3.3.2　产流产沙过程野外原位试验

与室内试验相结合,在野外原状砒砂岩坡面上开展了径流冲刷试验,不过该试验实际上是在风化程度比较低的砒砂岩坡面上进行的。如果砒砂岩坡面地表 2 m 以下岩层干燥完整,且没有植物根系存在,则可认为砒砂岩的风化程度相对较低,以此作为判断标准选择试验小区的布设位置。

在白色、红色砒砂岩层上分别建立一个坡面试验小区,坡面长 5 m、宽 1 m,坡度为 20°。试验的供水装置由储水箱、控制阀门、流量计、溢流箱、冲刷槽等组成,与一般冲刷试验控制水流的方法相同。试验流量分 3 级,分别为 1.67 L/min、4.16 L/min 和 6.67 L/min,相当于 20 mm/h、50 mm/h 和 80 mm/h 的降雨强度。为保证试验坡面质地的一致性,不同流量的试验都在同一个坡面上进行,每次试验后对坡面进行重新清理,处理受到侵蚀破坏的表层。每级流量试验重复做一次,试验前保持坡面表层的含水量体积比约为 25%。用环刀取样,采用烘干法实测白色砒砂岩和红色砒砂岩的干密度分别约为 1.52

g/cm^3、1.51 g/cm^3。

每一流量级的试验时间均设定为 50 min,每 5 min 取一次测样。在坡面自上而下的 0.5 m、1.5 m、2.5 m、3.5 m 和 4.5 m 处各设置 1 个测量断面,每个测量断面选择 3 个具有代表性的测量点,测量断面水流平均流速、流宽等参数。利用径流桶收集所有径流和泥沙。采用烘干法测量泥沙量,采用染色法测定流速,用直尺直接测量流宽。由于坡面上水流深度很小,不易直接准确测量,故由实测流量、流速和流宽推算平均流深。

3.3.2.1 坡面产流量变化特征

在砒砂岩区,径流是坡面产沙的主要动力,而且由于砒砂岩坡度陡,径流入渗、灌缝还会引起陡坡的重力侵蚀。因此,试验分析砒砂岩坡面产流规律对于揭示坡面侵蚀产沙机制是很有意义的。

根据坡面产水量及过流面积的测量,可以计算出白色、红色原状砒砂岩坡面的径流入渗率分别为 18.9 mm/h 和 47.0 mm/h。可以看出,尽管两个试验小区相邻,但是其入渗率却有着比较大的差别,白色砒砂岩坡面的入渗率相对低,仅约红色砒砂岩坡面的 40%。

在试验坡度和坡长的条件下,两处不同色别砒砂岩的试验坡面均有着相同的流速-流量关系,即坡面平均流速都随流量的增加而增大。根据前人的研究,对于坡面流,流量和坡度是影响坡面流速的最主要因素,流速与流量之间呈幂函数关系,一般形式为

$$v = kq^m \tag{3-1}$$

式中:v 为坡面流流速;k 为系数;q 为坡面流单宽流量;m 为指数。

由于试验设计的坡度相同,因此流量是坡面水流流速的主要影响因素。试验表明:两种砒砂岩坡面上的平均流速与流量之间均呈现幂函数关系(见图 3-16)。

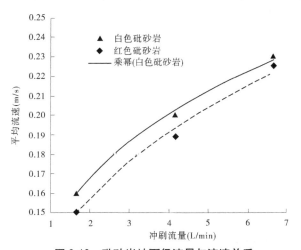

图 3-16 砒砂岩坡面径流量与流速关系

3.3.2.2 坡面产沙量变化过程

从砒砂岩坡面的侵蚀产沙过程看,两种砒砂岩产沙量变化过程比较一致,都是由大变小,最后趋向于相对稳定(见图 3-17)。在试验初始阶段 10 min 以内,产沙量随流量增大而增大。在试验流量达到 4 L/min 以上的较大流量条件下,红色砒砂岩产沙量一般大于白色砒砂岩。但是,在试验流量级为 1.67 L/min 时,由于红色砒砂岩坡面入渗强度比白

色砒砂岩坡面上的大,导致红色砒砂岩坡面上产流量比白色砒砂岩坡面上的小,因而其产沙量也比白色砒砂岩坡面上产沙量小。砒砂岩坡面水流含沙量与产沙量的变化过程相似,也呈现由大变小,最后趋向于相对稳定。通过比较两类砒砂岩坡面,红色砒砂岩水流含沙量明显大于白色砒砂岩。

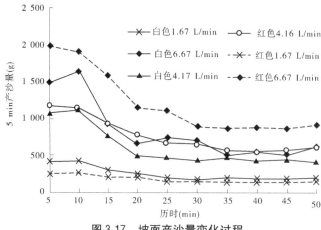

图 3-17　坡面产沙量变化过程

3.4　砒砂岩区降雨—植被—侵蚀耦合关系

上述试验表明,降雨—植被—侵蚀具有明显的耦合关系。降雨、植被与侵蚀之间关系的研究是地表过程中重要的科学问题。砒砂岩区降雨量少且时空分布不均,植被稀少且退化严重,侵蚀剧烈且多动力复合,形成的降雨—植被—侵蚀耦合关系也非常复杂。基于砒砂岩区 TRMM 降雨数据和 MODIS 250 m NDVI 的分析方法,研究砒砂岩区降雨、植被对侵蚀产沙的影响关系,揭示降雨—植被—侵蚀产沙耦合机制,对于优化砒砂岩区生态综合治理措施,促进生态修复具有很大意义。

3.4.1　数据来源及预处理

应用的数据主要包括降雨数据、NDVI 数据和水文泥沙数据,数据来源及处理方法同前述 2.1 节,此处不再赘述。

3.4.2　研究方法

3.4.2.1　降雨—植被耦合指数

在土壤侵蚀影响因子中,降雨是重要的自然资源之一,也是引起土壤侵蚀的主要动力因素。然而,并非所有降雨都能产生侵蚀,当降雨可以形成足够大的径流且能够搬运泥沙时才是侵蚀性的降雨(Y. Xie,et al.,2002)。在确定侵蚀性降雨指标时,Wischmeier 等排除了小于 12.7 mm 的降雨,但 15 min 内达到 6.4 mm 的降雨除外(W. H. Wischmeier,et al.,1978)。国内学者王万忠对侵蚀性降雨标准进行了研究,探索引起土壤侵蚀的临界值,发现黄土地区侵蚀性的一般降雨量标准为 9.9 mm,即认为在小于该临界降雨量条件下所产生的侵蚀很小,是可以忽略不计的(王万忠,1985)。

　　植被是生态环境的重要构成部分,是生态效能的功能体和防止或降低水土流失的积极因素。研究表明,任何形式的植被覆盖都在不同程度上具有抑制水土流失的能力(蒋定生,1997)。严重破坏地表植被的不适宜土地利用方式必将加剧水土流失的发生。因此,当其他条件不变时,植被覆盖越好,防护水土流失的能力越强,土壤侵蚀量与植被覆盖应该呈现负相关关系。在一定的研究区内,土壤侵蚀的影响因素中除降雨与植被外,其他的可以认为是在较长时间内相对固定不变的,因此可以利用降雨与植被构建反映该地区相对侵蚀大小的耦合指数。研究区属于黄土地区,侵蚀性降雨的一般雨量标准为 9.9 mm,构建耦合指数前,先将降雨量减去该雨量标准,得到对产生侵蚀具有实质影响的那部分降雨量,即

$$R_i = \begin{cases} r_i - 9.9 & r_i > 9.9 \\ 0 & r_i \leq 9.9 \end{cases} \tag{3-2}$$

式中:r_i 为一年中第 i 个月的实际降雨量;R_i 为减去侵蚀性降雨量之后第 i 个月的降雨量。

　　然后对降雨量进行标准化处理,用于反映年内的相对大小,即式(3-3)、式(3-4):

$$\hat{R}_i = \frac{R_i}{\overline{R}} \tag{3-3}$$

$$\hat{N}_i = \frac{N_i}{\overline{N}} \tag{3-4}$$

式中:R_i 和 N_i 分别为第 i 个月的平均降雨量和 $NDVI$ 值;$\overline{R}$、$\overline{N}$ 分别为全年平均降雨量和 $NDVI$ 值;$\hat{R}_i$ 和 $\hat{N}_i$ 分别为利用全年均值标准化后的值,若其值为1,代表全年的平均降雨和植被覆盖状况。

　　对于一个确定的地区,在保持其他条件不变的情况下,降雨越多,水土流失量就会越大,呈正相关关系;植被覆盖越好,水土流失量就会越小,呈负相关关系。因此,定义降雨—植被耦合指数 RV(Rainfall-Vegetation Index) 为

$$RV_i = \hat{R}_i - \hat{N}_i \tag{3-5}$$

式中:RV_i 为第 i 个月的耦合指数值;其他符号含义同前。

　　当 RV 值为 0 时,表示降雨的侵蚀作用和植被的抗蚀作用都处于全年的平均水平;当 RV 值大于 0 时代表降雨的侵蚀作用相对居于主导地位,植被的抗蚀作用相对处于次要地位;当 RV 值小于 0 时,则代表植被的抗蚀作用相对处于主导地位,而降雨的侵蚀作用相对处于次要地位。因此,该指数可以反映年度内侵蚀产沙能力的相对大小。由于是对年度均值的标准化,因此年际间不具有可比性。

3.4.2.2　降雨和植被分布参数

　　土壤侵蚀发生的主导驱动因子是降雨侵蚀力和植被覆盖度,当侵蚀性降雨出现在植被保护能力较强的时段,水土流失较少;反之,出现在植被覆盖较差的时段时,水土流失就会很严重(张岩等,2001)。因此,侵蚀的产生受降雨和植被的匹配模式的影响,与降雨和植被的年内分布密切相关。相关研究表明,黄土地区每年平均约有 6 次降雨可以产生土

壤侵蚀,为汛期降雨次数的 14%,仅为年总降雨次数的 7%;每年平均能产生土壤侵蚀的降雨量为 140 mm,为汛期降雨量的 38.6%,仅为年总降雨量的 26.4%(王万忠,1983)。这说明许多小的降雨不能产生侵蚀,同时侵蚀量也受降水集中程度的很大影响。峰度系数是表征概率分布曲线在均值处峰值高低的特征量,其反映的是相对于正态分布某一分布的尖锐程度。当峰度系数为正时,表示该分布是相对尖锐的;当峰度系数为负时,表示该分布是相对平坦的。因而,也可以将其用于反映降水的集中程度。

在 Microsoft Excel 中推荐的计算峰度系数公式如下:

$$KU = \frac{n(n+1)}{(n-1)(n-2)(n-3)} \sum \frac{x_i - \bar{x}}{S} - \frac{3(n-1)^2}{(n-2)(n-3)} \tag{3-6}$$

式中:KU 为降水峰度系数;n 为样本个数;x_i 为第 i 个样本的值;$\bar{x}$ 为样本均值;S 为标准偏差。

偏斜度是表征统计数据分布偏斜方向及程度的度量,亦可称为偏态系数,其反映的是某分布以均值为中心的不对称程度。当偏斜度值为正时,表示某分布的不对称部分更趋向正值;当偏斜度值为负值时,表示某分布的不对称部分更趋向负值(或结果大于 0,说明分布为正偏;结果小于 0 则为负偏)。Microsoft Excel 中推荐的计算式如下:

$$SK = \frac{n}{(n-1)(n-2)} \sum \left(\frac{x_i - \bar{x}}{S}\right)^3 \tag{3-7}$$

利用 KU 和 SK 分析降水和植被的年内分布及匹配模式。

3.4.3 降雨—植被—侵蚀耦合关系

3.4.3.1 降雨与植被的匹配关系

从 MODIS MOD13Q1 产品中提取研究区 $NDVI$ 时间序列,并选取 2004~2013 年每月对应的 $NDVI$ 值,与 TRMM 3B43 数据集提取的降雨时间序列匹配(见图 3-18)。由于受气候等自然条件的影响,10 年植被生长过程略有不同,但变化不大,基本上都是从 4 月开始生长,7~8 月达到顶峰,随后开始衰退。而降雨则明显不同,虽然降雨大都集中在 6~9 月,但无论是从降雨的集中程度还是从最大降雨出现的时间看,都存在很大的随机性。2013 年降雨集中程度最高,6~9 月降雨量占年降雨量的 91.10%;2011 年降雨最为分散,6~9 月降雨量占年降雨量的 63.60%。最大降雨量 6~9 月均有发生,其中 7 月 4 次、8 月 5 次、9 月 1 次。由砒砂岩区多年平均降雨量与多年平均 $NDVI$ 的匹配关系可以看出(见图 3-19),最大降雨量出现在 7 月,而植被生长的峰值出现在 8 月,就是说植被生长峰值较降雨量峰值具有滞后效应。虽然 7 月和 8 月的降雨量相当,但 8 月的植被保护作用更强,因此 7 月侵蚀的风险要比 8 月的高。

通过计算砒砂岩区降雨与 $NDVI$ 每年的峰度系数和偏斜度分析表明(见图 3-20),植被 $NDVI$ 的峰度系数基本处于-1.1~0.41,偏斜度基本为 0.42~0.66,$NDVI$ 的波动幅度不大;相对于植被 $NDVI$,降雨的峰度系数和偏斜度均比 $NDVI$ 的大,且波动明显,说明砒砂岩区降雨的集中程度和年内分布的年际变化都还是比较显著的。由于砒砂岩区的天然植被覆盖度很低,大多不足 30%,同时降雨量少,多在 400 mm 左右,因而也说明,砒砂岩区降雨量的波动还不足以引起植被覆盖度大的变化。

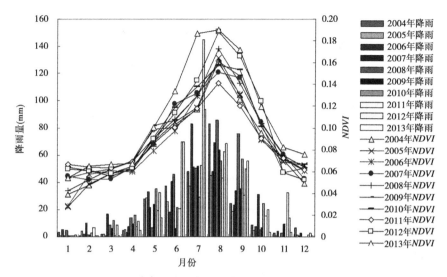

图 3-18 砒砂岩区降雨年内分布与 *NDVI* 变化过程匹配关系

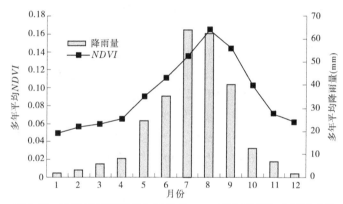

图 3-19 砒砂岩区降雨多年均值与 *NDVI* 多年均值年内匹配关系

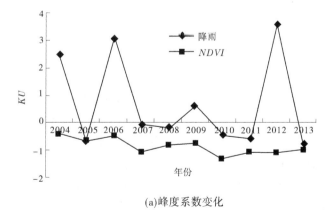

(a)峰度系数变化

图 3-20 砒砂岩区降雨与 *NDVI* 的峰度系数和偏斜度

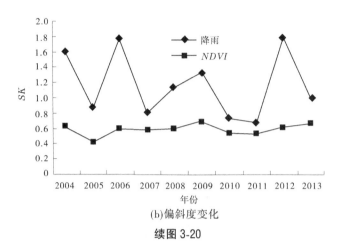

(b)偏斜度变化

续图 3-20

3.4.3.2　耦合指数与实际输沙量的对比

利用 2004~2013 年的降雨与 *NDVI* 数据,计算每月降雨量和 *NDVI* 的均值,并根据式(3-5)计算降雨—植被耦合指数 *RV*(见图 3-21),其中 7 月的 *RV* 值最高。结合图 3-19 可以看出,10 年砒砂岩地区 7 月平均降雨量最高,但植被的保护作用并非最强,因此存在侵蚀产沙的风险也最大。

根据《中国河流泥沙公报》和砒砂岩地区下游黄河干流第一个水文控制站龙门断面的水沙监测结果分析,多年平均输沙量的年内分配最多的也是 7 月(见图 3-21),与耦合指数 *RV* 的分配规律相同。尤其在汛期,耦合指数 *RV* 曲线与实际输沙量曲线非常相似。进行相关分析后可知,耦合指数 *RV* 与实际输沙量的相关系数为 0.84,也可以说明其对输沙量具有很好的指示作用。相关研究表明,黄土地区每年引起侵蚀的降雨多为汛期降雨的少量部分,占汛期雨量的 38.6%(王万忠,1983)。因此,降雨—植被耦合指数可以很好地反映研究区侵蚀产沙风险的相对大小。图 3-21 表明,砒砂岩地区侵蚀产沙多发生在 6~9 月,且根据多年统计数据显示,6~9 月多年平均输沙量占全年输沙量的 80%,因此该时段内降雨与植被匹配模式将在很大程度上影响研究区的侵蚀产沙量。从图 3-21(b)可以看出,多年平均输沙量在 3 月出现一个小峰值。相关研究表明,该地区 3~5 月风力侵蚀占主导地位,尤其是粒径相对较小的覆土砒砂岩受风力影响较大,其侵蚀模数超过了水力侵蚀和重力侵蚀。另外,由于 3 月砒砂岩地区植被仍未开始生长,处于干枯状态,因而少量集中的降雨也可能产生较大的侵蚀。而降雨—植被耦合指数 *RV* 仅考虑了月降雨量和平均 *NDVI*,因此对于过小的降雨产生的侵蚀不敏感,同时也没有考虑风力作用的影响,从而导致图 3-21(a)在 3 月没有产生类似的小峰值。然而从研究区全年时段看,降雨—植被耦合指数 *RV* 仍然可以很好地反映整体的侵蚀产沙状况。

3.4.3.3　影响侵蚀产沙的因素

降雨是土壤侵蚀的主要动力,而植被是抑制侵蚀的积极因素,因此两者对于侵蚀产沙均具有重要的作用。以砒砂岩地区皇甫川流域和窟野河流域出口的水文站输沙量反映砒砂岩地区的整体侵蚀产沙状况,并提取研究区 2004~2013 年每年的累计降雨量(见图 3-22),虽然 2012 年累计降雨量最大,输沙量也最大,但从整个序列数据看,并非降

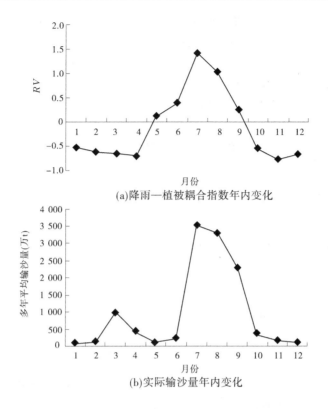

(a)降雨—植被耦合指数年内变化

(b)实际输沙量年内变化

图 3-21　降雨—植被耦合指数与实际输沙量对比

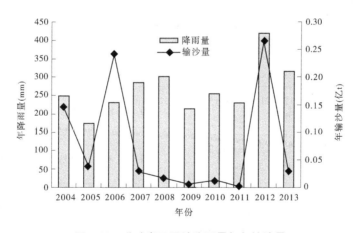

图 3-22　砒砂岩区累计降雨量与年输沙量

雨量越大输沙量就越大。如在 2004~2013 年 10 年中排名第 8 的 2006 年降雨量,其产生的输沙量却仅次于 2012 年;2013 年的降雨量仅小于 2012 年,但产生的输沙量却很小。因此,侵蚀产沙并不完全取决于降雨量。显然,侵蚀产沙量与降雨和植被的匹配模式密切相关,即与降雨和植被年内分布的集中程度和偏斜程度有关。

将影响侵蚀产沙的与降雨和植被相关的变量(x_1 为累计年降雨量、x_2 为 NDVI 均值年累计值、x_3 为降雨峰度系数、x_4 为降雨偏斜度、x_5 为 NDVI 峰度系数、x_6 为 NDVI 偏斜度）与年输沙量 y 做相关分析，其中降雨量的单位取 mm，输沙量单位为万 t。统计结果表明（见表 3-2），年输沙量 y 与累计年降雨量 x_1 呈正相关关系；而与 NDVI 呈负相关关系；与降雨峰度系数 x_3 和降雨偏斜度 x_4 相关程度最高，分别达到 0.94 和 0.87，且呈正相关关系；与 NDVI 的分布参数也呈正相关关系。

表 3-2　年输沙量与相关影响参数的相关系数矩阵

变量	y	x_1	x_2	x_3	x_4	x_5	x_6
y	1.00						
x_1	0.43	1.00					
x_2	−0.14	0.67	1.00				
x_3	0.94	0.38	−0.21	1.00			
x_4	0.87	0.34	−0.11	0.94	1.00		
x_5	0.33	−0.46	−0.60	0.40	0.54	1.00	
x_6	0.21	0.44	0.46	0.39	0.52	0.09	1.00

将年输沙量 y 按 4 种情况建立回归模型：①仅考虑年累计降雨量和 NDVI；②考虑年累计降雨量和 NDVI，并增加降雨峰度系数和偏斜度；③考虑年累计降雨量和 NDVI，并增加 NDVI 分布参数；④考虑年累计降雨量和 NDVI，并同时增加降雨和 NDVI 分布参数。回归结果见表 3-3。

表 3-3　年输沙量与相关影响参数的回归模型

自变量	回归模型	R^2	R_a^2	F	Sig
x_1,x_2	$y=1.433x_1-461.656x_2+693.651$	0.523 4	0.387 2	3.843 3	0.074 8
$x_1,x_2,$ x_3,x_4	$y=0.068x_1+23.712x_2+64.157x_3-$ $34.229x_4+5.246$	0.899 8	0.819 6	11.224 8	0.010 3
$x_1,x_2,$ x_5,x_6	$y=1.528x_1-296.450x_2+176.245x_5-$ $3.748x_6+501.673$	0.668 8	0.403 9	2.524 4	0.168 7
$x_1,x_2,x_3,$ x_4,x_5,x_6	$y=-0.038x_1+284.335x_2+85.566x_3-$ $80.435x_4+90.794x_5-528.622x_6-100.283$	0.974 4	0.923 2	19.024 1	0.017 4

虽然侵蚀产沙的主要活跃因素是降雨和植被，但仅考虑降雨量和 NDVI 时，修正判定系数 R_a^2 仅为 0.387 2，拟合效果并不显著。上述分析可知，在分析时段内，植被的年内变化在年际的波动并不明显，说明其抗侵蚀作用年际间变化不大，侵蚀产沙量很大程度上取决于降雨，但年降雨量的增加并不一定导致侵蚀产沙量的增加。

考虑降雨量和 NDVI，并增加降雨的分布参数后，修正判定系数 R_a^2 达到 0.819 6，拟合效果得到显著的提高;考虑降雨量和 NDVI,并增加 NDVI 的分布参数后,修正判定系数 R_a^2 仅达到 0.403 9,拟合效果提高不明显。这说明相对于植被年内防护作用的变化,降雨的年内分布模式对侵蚀产沙的影响更大,因此降雨量、降雨集中程度和偏斜度在侵蚀产沙过程中起到关键作用。

如果既考虑降雨量和 NDVI,又同时增加降雨和 NDVI 分布参数,修正判定系数 R_a^2 则可达到 0.923 2,拟合效果提高非常明显。与前两个模型对比可以说明侵蚀产沙是降雨与植被年内匹配模式共同作用的产物,虽然植被年内变化不明显,但仍会有一定的变化,结合降雨的年内分布,当强降雨遇到较低的植被覆盖时会产生较强的侵蚀。

另外,该地区起主导作用的侵蚀方式除水蚀外还有风蚀。风蚀在全年时段均有发生,但主要出现在春季和秋季,尤其是在 3~5 月,引起的侵蚀产沙量最大。在空间上,砒砂岩地区各地因自然条件的差异两种侵蚀方法的影响不同,大部分地区仍以水蚀为主,并与重力侵蚀交互作用,而风蚀主要发生在东西向的高地貌之间,形成南北两个风沙区(唐政洪等,2001);在时间上两种侵蚀方式存在明显的季节性主导作用(冯国安,1997)。正是由于两种侵蚀方式在时空上的交替复合作用,进一步加剧了该地区的水土流失。

砒砂岩区属于典型的水力、风力和冻融复合侵蚀类型,上述对降雨—植被—侵蚀耦合关系的分析,未能分别考虑降雨—植被耦合对不同类型侵蚀的影响规律,为此有待进一步剥离不同类型的侵蚀过程,深化认识砒砂岩区风力侵蚀、冻融侵蚀对降雨、植被变化的响应关系。

另外,值得对水沙变化驱动因子分析方面进行讨论的是,从以上分析可以认识到,水沙变化不是仅取决于降雨量多少,也不会仅仅取决于降雨强度,与降雨量的时程分配也有很大关系。就是说,在相同降雨量及雨强条件下,雨型不同,完全可以产生不同的水沙过程,侵蚀产沙量可能有很大差异。因此,在分析产流产沙规律及水沙变化趋势中,应当重视雨型的影响。

4 砒砂岩侵蚀岩性机制

砒砂岩是由砂岩、砂页岩和泥质砂岩构成的岩石互层,其矿物成分复杂,结构独特,决定了其"无水坚如磐石、遇水烂如稀泥"的岩性特征。揭示砒砂岩侵蚀岩性机制,是研发砒砂岩改性技术、抗蚀促生技术的重要应用基础性课题。为此,本章通过现场勘测、岩性分析和理论模式构建等方法,进一步辨识了砒砂岩矿物、化学成分、养分及其与砒砂岩色系和埋藏深度的关系,探明了砒砂岩微观形貌和结构特征,分析了砒砂岩密度、级配、结构、矿物组成和化学特性等属性对侵蚀的影响,建立了砒砂岩结构力学模式和数学表达,揭示了砒砂岩侵蚀力学机制,为砒砂岩区生态治理技术创新奠定了理论基础。

4.1 砒砂岩物化特性

4.1.1 试验方法

从准格尔旗暖水乡砒砂岩区二老虎沟、圪秋沟和敖包塔小流域随机抽样,采集表层不同颜色和不同深度的砒砂岩样品,即分别采集了紫色、白色、粉色、灰色等 4 种颜色的砒砂岩表层样品,将其散装 35 件,共重 2 000 kg;采集 0、2 m、10 m 深度的砒砂岩样品 52 件,共重 3 000 kg(见图 4-1)。

(a) (b)

图 4-1 野外取样工作

依据土工试验相关行业技术标准,采用灌砂法现场测试砒砂岩密度,采用筛分法分析砒砂岩级配;先对砒砂岩进行水泡,然后进行筛分;依据土壤-pH 值的测定的相关行业技术标准,采用电位法测定 pH 值;用 X 射线衍射仪(日本理学,D/max-2500PC)分析砒砂岩矿物成分,用日本电子株式会社(JEOL)生产的 JSM-6700F 型扫描电子显微镜分析微观形貌。

测定各类化学物质的方法分别为:用盐酸一次脱水滤液比色法测定二氧化硅,用 EDTA 容量法析出氧化铁,用锌盐回滴法测定氧化铝,用 EDTA 容量法分析氧化钙、氧化镁,用火焰光度法测定氧化钾、氧化钠,用二安替比啉甲烷比色法测定二氧化钛,利用蒸馏法分析碱解氮,利用碳酸氢铵浸提–流动分析仪测定速效磷,用醋酸铵浸提火焰光度法测定速效钾,用酸消解–流动分析仪测定全氮,用酸消解–流动分析仪测定全磷,全钾则用酸消解–ICP 方法测定,用重铬酸钾法测定有机质。

4.1.2 砒砂岩几何特性

砒砂岩的颗粒大小及其组成对砒砂岩的力学特性有着很大影响,同时粒度成分与其抗风化能力和渗透能力关系密切。37 组次砒砂岩试样的颗分表明,不同组次的级配有很大差异,中值粒径 d_{50} 变化于 0.015~0.40 mm,非均匀系数在 1.5~2.4,相对来说组成不均匀,其砂粒和粉粒含量较大,黏粒含量较少,见图 4-2。

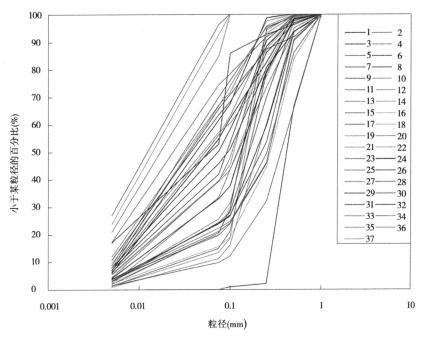

图 4-2 砒砂岩颗粒级配曲线

4.1.3 砒砂岩重力特性

表征重力特性的主要参数包括湿密度、干密度、含水率、孔隙率、休止角等。

4.1.3.1 砒砂岩密度

分析砒砂岩物理特性是研发抗蚀促生、砒砂岩改性材料的重要基础支撑。岩石密度是岩石固相、液相和气相基本集合相的单位体积质量,与岩石组成矿物及岩石的结构有关,按岩石含水状况不同分为天然密度和干密度。从现场测验的砒砂岩密度结果看,该批砒砂岩试样的干密度差别不大,其值均在 1.36~1.58 g/cm³,见表 4-1。砂岩的岩石密度范围多为 2.20~2.71 g/cm³。因此,砒砂岩的孔隙率相对较大,其结构密实性远远小于一般砂岩。一般而言,砒砂岩的密实度越小,其孔隙率越大,强度也会越低,塑性变形和渗透性会越大。

表 4-1　现场测试砒砂岩干湿密度

编号	特征	湿密度(g/cm³)	干密度(g/cm³)	含水率(%)	孔隙率(%)
1	白掺少量红	1.56	1.45	7.9	35.9
2	红色散状	1.81	1.58	14.9	32.8
3	青灰色散状	1.64	1.48	11.0	36.4
4	红色散状	1.74	1.56	11.6	32.4
5	白色散状	1.73	1.50	15.2	37.8
6	红色散状	1.65	1.36	21.1	33.1

4.1.3.2　砒砂岩休止角

一般用水下休止角或自然休止角作为表征固体物质(如泥沙等)颗粒的重力特性。水下休止角是指固体物质颗粒在静水下堆积的坡面倾角,与固体物质颗粒粒径、级配、形状有关。对于具有黏性的泥沙颗粒来说,水下休止角还会与黏性有关;自然休止角是指固体物质散粒体在自然堆放时能够保持稳定状态时所形成的斜坡与水平面之间的最大角度,即稳定角度。此处主要分析砒砂岩颗粒的自然休止角。

在砒砂岩坡面取样后,去除砒砂岩试样中的植物根系等杂物,分别在实验室和野外现场测定砒砂岩的自然休止角(见图 4-3)。从测定结果看,实验室内测得的砒砂岩自然休止角为 35.2°,略小于其相应的野外坡面的自然休止角。

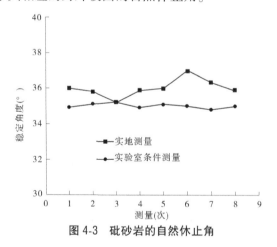

图 4-3　砒砂岩的自然休止角

在调查中发现,不少尚处于发育阶段的溜沙坡的自然休止角集中分布在 34.9° ~ 35.1°,平均为 35°,这与实验室测得的砒砂岩颗粒的自然休止角接近。

从理论上来说,在自然条件下,砒砂岩风化颗粒在坡脚堆积时坡面与水平面形成的最大倾角小于 35°时,坡面处于相对稳定的状态;当坡面角度大于 35°时,则坡面会发生滑塌,处于不稳定状态。在野外测量的坡度也有大于 35°的稳定坡面,经分析发现,除岩体自身结构性稳定因素外,主要是因为在砒砂岩质地土壤中有植物根系,根系在一定程度上也起到了固结作用。

4.1.4 砒砂岩矿物组成

对 4 类颜色的砒砂岩进行 X 射线衍射(XRD)分析表明,砒砂岩中含有丰富的石英、长石、黏土矿物和方解石,见表 4-2。10 m 深处的紫色砒砂岩石英含量为 7.5%~12.5%,蒙脱石含量为 24.5%~31.0%,钾长石含量为 18.0%~25.5%,斜长石含量为 15.5%~21.5%,方解石含量为 8.5%~12.0%;2 m 深层的红色砒砂岩含石英 15.0%~31.0%,蒙脱石 17.5%~27.5%,钾长石 15.0%~25.0%,斜长石 15.0%~27.5% 和方解石 3.0%~10.0%;表层的红色砒砂岩含有石英 13.0%~25.0%、蒙脱石 15.5%~22.5%、钾长石 22.5%~25.0%,斜长石 17.5%~22.5% 和方解石 10.0%~20.0%。另外,砒砂岩的岩石成分还有绿泥石,是红色砒砂岩主要的胶结矿物之一,但其含量较低。

表 4-2 砒砂岩矿物组成

深度 (m)	颜色	特征值	石英含量 (%)	长石含量(%)		黏土矿物含量(%)			其他含量(%)		
				钾长石	斜长石	蒙脱石	伊利石	高岭石	方解石	白云石	赤铁矿
0	紫色	最小值	14.5	12.5	10.0	5.0	1.0	2.0	10.0	1.0	1.0
		最大值	45.0	22.5	32.5	25.0	3.0	4.0	25.0	5.0	1.0
		平均值	30.9	16.4	18.2	16.1	1.4	2.7	10.4	1.6	1.0
	白色	最小值	38.0	15.0	10.0	5.0	1.0	2.0	2.0	1.0	1.0
		最大值	55.0	22.5	25.0	10.0	1.0	2.0	15.0	3.0	1.0
		平均值	44.6	19.4	16.3	7.5	1.0	2.0	6.8	1.5	1.0
	红色	最小值	13.0	22.5	17.5	15.5	1.0	1.0	10.0	1.0	1.0
		最大值	25.5	25.0	22.5	22.5	2.0	3.0	20.0	2.0	1.0
		平均值	18.7	23.3	19.2	16.7	1.3	2.3	15.8	1.3	1.0
	灰色	最小值	21.5	17.5	12.5	17.5	1.0	3.0	2.0	1.0	—
		最大值	39.5	20.0	20.0	27.5	1.0	4.0	2.0	3.0	—
		平均值	30.5	18.8	16.3	22.5	1.0	3.5	2.0	2.0	—
2	紫色	最小值	15.0	15.0	10.0	27.5	2.0	5.0	2.0	1.0	1.0
		最大值	26.0	30.0	17.5	30.0	2.0	7.5	5.0	3.0	3.0
		平均值	20.3	21.7	13.3	29.2	2.0	5.8	3.0	1.7	2.0
	白色	最小值	19.5	15.0	15.0	10.0	1.0	2.0	2.0	1.0	1.0
		最大值	47.5	25.0	25.0	17.5	2.0	3.0	10.0	3.0	1.0
		平均值	33.2	19.5	21.0	14.5	1.2	2.6	5.0	1.8	1.0
	红色	最小值	15.0	15.0	15.0	17.5	1.0	2.0	3.0	1.0	1.0
		最大值	31.0	25.0	27.5	27.5	1.2	3.0	10.0	2.0	1.0
		平均值	24.3	20.0	21.3	22.5	1.3	2.5	5.3	1.3	1.0
	灰色	最小值	30.1	14.8	12.7	19.2	0.7	2.1	7.4	1.5	—
		最大值	36.4	16.2	15.7	22.0	1.3	2.8	9.2	2.5	—
		平均值	33.2	15.6	14.1	20.8	1.0	2.5	8.5	2.0	—

续表 4-2

深度(m)	颜色	特征值	石英含量(%)	长石含量(%)		黏土矿物含量(%)			其他含量(%)		
				钾长石	斜长石	蒙脱石	伊利石	高岭石	方解石	白云石	赤铁矿
10	紫色	最小值	7.5	18.0	15.5	24.5	1.5	3.0	8.5	1.5	1.0
		最大值	12.5	25.5	21.5	31.0	2.0	5.5	12.0	2.5	1.0
		平均值	10.2	21.5	19.5	28.2	1.8	4.5	9.3	2.0	1.0
	白色	最小值	31.5	11.5	15.0	15.0	1.0	1.0	6.5	2.0	—
		最大值	41.0	17.5	21.5	20.5	1.0	1.5	10.0	2.0	—
		平均值	37.5	14.8	18.2	18.3	1.0	1.3	8.1	2.0	—
	红色	最小值	5.0	12.5	12.0	31.5	1.0	7.0	15.5	2.0	1.0
		最大值	9.5	18.0	17.5	37.0	1.0	8.5	20.0	3.5	1.0
		平均值	7.5	15.0	15.3	34.4	1.0	8.0	18.3	2.8	1.0
	灰色	最小值	32.5	10.5	10.5	17.5	1.0	1.5	7.5	1.0	—
		最大值	41.0	15.0	15.5	22.5	1.0	2.5	13.5	2.0	—
		平均值	38.7	12.5	13.0	20.1	1.0	2.2	10.3	1.2	—

进一步分析表明,不同色类的砒砂岩其矿物组成会有很大差别,同时不同地层深度的砒砂岩所含的矿物组分及其含量也是不同的。从平均值看,砒砂岩的石英含量以无色系的白色、灰色的含量最高,与埋藏深度的关系却不大;砒砂岩的蒙脱石含量与色系、埋藏深度都有关系,在表层灰色的相对最高,而在表层以下,均以紫色、红色砒砂岩的相对最高,表层以下砒砂岩的高岭石含量最高的也是紫色、红色,但在不同深度不同色系砒砂岩的伊利石的含量差别不是太大。

总体来说,以有色系如红色的砒砂岩所含的方解石含量相对比较高,与埋藏深度的统计关系不是太明显。

蒙脱石属于黏土类矿物,是砒砂岩基体中最主要的胶结物质。蒙脱石的最大特征是吸收水分后体积会发生膨胀,成为砒砂岩遇水溃散的膨胀源。高岭石是一种含水的铝硅酸盐,其化学组成为 $Al_4(Si_4O_{10})(OH)_8$,属于晶体属三斜晶系的层状结构硅酸盐矿物,为砒砂岩中的胶结物质之一,但是该物质吸水性强,遇水迅速软化并产生膨胀,同时失去胶结能力,且具有很强的可塑性。绿泥石是一种层状结构硅酸盐黏土矿物,粒度尺寸一般小于 0.01 mm,具有和蒙脱石相近的膨胀性能,遇水软化丧失胶结能力,也是砒砂岩的膨胀源之一。

另外,除表 4-2 统计的岩石成分外,砂岩还含有另外一种铝硅酸盐类矿物,即绿泥石。绿泥石和蒙脱石、高岭石等在一定的条件下都极易风化。其在湿热条件下,经过长期的风化作用会分解为氧化硅和氧化铝。

黑云母也是砒砂岩的矿物成分之一,是层状结构,其柔软而有弹性的成层薄片为含水的铝硅酸盐,是砒砂岩中的胶结物质之一。

此外,砒砂岩中起到胶结作用的还包括 Fe_2O_3 等常见的胶结矿物。黑云母性质比较稳定不易风化,但是在一定的酸碱环境下也能游离出 K_2O 和部分 SiO_2,并通过水化而变成水云母,最后变为高岭石,在碱性条件下还可变为蒙脱石。黑云母的稳定性较低,风化时常转变为水云母或绿泥石,最终也会变为高岭石及含水氧化物。

4.1.5　砒砂岩化学组成

岩石是矿物成分的集合体,而化学成分是矿物组成的物质基础,矿物成分的特征与其化学成分密切相关。矿物的化学成分是可变的,为确保组分分析的严谨性,做样品化学成分分析是必要的。

砒砂岩化学成分分析表明(见表4-3),砒砂岩的化学成分主要有 SiO_2、Fe_2O_3、Al_2O_3、CaO、MgO、TiO_2、K_2O 和 Na_2O 等8种化学物质,其中二氧化硅(SiO_2)的平均含量最高,达到55.1%～64.3%,大多环境下的砒砂岩所含其量基本上都在50%左右;其次是三氧化二铝(Al_2O_3)、三氧化二铁(Fe_2O_3)、氧化钙(CaO)和氧化镁(MgO)的平均含量,分别为11.3%～16.4%、2.2%～8.3%、2.4%～8.0%和1.6%～4.8%,与 SiO_2 的含量相比,要低很多;再次是氧化钠(Na_2O)和氧化钾(K_2O)的含量较低,分别为2.2%～3.9%和1.3%～2.5%;二氧化钛(TiO_2)的含量是最低的,仅为0.4%～0.8%。

表 4-3　砒砂岩化学成分

深度（m）	颜色	特征值	不同化学成分含量（%）							
			SiO_2	Fe_2O_3	Al_2O_3	CaO	MgO	TiO_2	K_2O	Na_2O
0	紫色	最小值	54.2	2.6	7.7	2.2	1.0	0.2	0.3	2.4
		最大值	66.6	7.8	14.1	9.9	6.1	0.9	2.3	3.3
		平均值	56.9	5.9	13.4	4.9	4.0	0.6	1.9	2.8
	白色	最小值	59.5	2.6	10.8	2.7	1.7	0.3	1.8	2.9
		最大值	68.9	3.0	12.7	5.1	2.6	0.4	2.4	3.4
		平均值	64.3	2.8	12.1	3.4	2.1	0.4	2.0	3.1
	粉色	最小值	48.0	3.5	9.0	8.4	1.3	0.3	1.6	2.9
		最大值	57.0	6.3	13.0	11.2	6.3	1.0	1.8	3.6
		平均值	53.2	5.6	11.3	8.0	3.5	0.6	1.7	3.2
	灰色	最小值	55.3	4.7	14.1	2.2	1.6	0.4	2.3	2.7
		最大值	56.8	4.3	14.5	2.6	4.0	0.6	2.3	2.9
		平均值	56.0	4.5	14.3	2.4	4.3	0.5	2.3	2.8
2	紫色	最小值	47.2	7.8	15.9	2.6	1.0	0.5	1.7	2.1
		最大值	59.3	8.8	16.8	2.7	5.9	0.7	2.0	2.3
		平均值	53.3	8.3	16.4	2.6	2.6	0.6	1.8	2.2
	白色	最小值	56.5	3.9	12.0	2.7	2.2	0.4	1.7	3.0
		最大值	62.1	4.4	16.3	3.0	2.5	2.5	2.5	3.4
		平均值	59.8	4.1	14.2	2.9	2.4	0.5	2.1	3.2
	粉色	最小值	57.0	5.5	14.4	2.4	1.0	0.6	1.9	2.6
		最大值	63.6	6.7	16.0	2.9	3.1	0.7	2.3	3.1
		平均值	60.8	5.9	15.1	2.7	1.6	0.6	2.1	2.8
	灰色	最小值	59.7	3.8	13.7	2.2	3.5	0.3	2.1	2.8
		最大值	58.1	4.5	15.2	3.5	4.6	0.7	2.8	3.7
		平均值	59.0	4.2	14.5	2.8	4.2	0.5	2.5	3.1

续表 4-3

深度（m）	颜色	特征值	不同化学成分含量（%）							
			SiO_2	Fe_2O_3	Al_2O_3	CaO	MgO	TiO_2	K_2O	Na_2O
10	紫色	最小值	52.3	6.0	15.1	2.7	4.2	0.5	1.1	3.2
		最大值	57.5	8.2	15.9	3.2	5.4	0.8	1.5	3.7
		平均值	55.1	7.2	15.4	3.0	4.8	0.7	1.3	3.5
	白色	最小值	60.8	2.7	12.2	2.5	2.8	0.2	2.3	3.6
		最大值	65.4	3.8	13.2	3.1	3.6	0.4	2.7	4.3
		平均值	63.1	3.3	12.8	2.8	3.2	0.3	2.5	3.9
	粉色	最小值	51.3	7.5	15.1	2.2	2.7	0.7	1.7	2.8
		最大值	56.8	9.0	16.3	3.0	3.5	1.0	2.0	3.5
		平均值	54.6	8.2	15.8	2.6	3.2	0.8	1.8	3.1
	灰色	最小值	56.2	3.8	14.4	2.8	3.7	0.3	2.1	2.7
		最大值	61.5	5.1	15.5	3.5	4.4	0.6	2.5	3.5
		平均值	59.7	4.4	14.6	3.2	4.1	0.5	2.3	3.2

同样,砒砂岩的化学成分及其含量与砒砂岩色类、地层深度有关,但总体来说,SiO_2 的平均含量最高,其次是 Al_2O_3、Fe_2O_3、CaO 和 MgO,以 TiO_2 含量最低。总体来说,白色、灰色的砒砂岩所含 Na_2O、K_2O 成分要比其他色别的高,而其与埋藏深度的关系并不大;紫色、红色砒砂岩所含的 Fe_2O_3 含量最高,且其含量随埋藏深度增加而增加。

上述分析表明,砒砂岩所含化学物质种类多,也基本上为人们所认识。但是,对于砒砂岩所含各种化学物质的百分比的不确定性却缺乏认识。砒砂岩的化学物质含量是与砒砂岩空间分布、砒砂岩色系等都是有一定关系的,不能简单说砒砂岩的化学物质含量是多少,而要说明其岩性环境。因此,不同研究者所得到的砒砂岩化学物质含量之所以有一定甚至是有很大差别,其原因恐怕也正在于此。其实,前述分析也说明,不同环境下的砒砂岩矿物质含量也是有很大差别的。

4.1.6 砒砂岩养分含量

从试验结果看,二老虎沟砒砂岩的 pH 值为 8.91～10.04,属碱性,有机质含量在 0.15%～0.78%,全氮含量在 0.017%～0.054%,全磷含量在 $3.5×10^{-6}$%～$1.9×10^{-5}$%,全钾含量在 $9.07×10^{-5}$%～$2.75×10^{-4}$%,速效磷含量在 0.10～0.91 mg/kg,速效氮含量在 39.6～53.8 mg/kg,速效钾含量在 27.3～80.8 mg/kg,见表 4-4。

表 4-4　表层砒砂岩养分含量

颜色	特征值	pH 值	有机质（%）	全氮、磷、钾（%）			速效氮、磷、钾（mg/kg）		
				氮	磷	钾	氮	磷	钾
紫色	最大值	10.04	0.78	0.054	9.5×10^{-6}	2.75×10^{-4}	53.8	0.31	78.5
	最小值	8.91	0.17	0.017	3.5×10^{-6}	9.07×10^{-5}	42.4	0.10	55.2
	平均值	9.51	0.44	0.026	6.6×10^{-6}	2.04×10^{-4}	47.9	0.20	62.8
	范围	>8.50	<0.60	<0.05	<0.040	<0.60	30~60	<3	40~85
	等级	六级	六级	六级	六级	六级	五级	六级	四级
白色	最大值	9.56	0.47	0.037	7.7×10^{-6}	2.60×10^{-4}	53.8	0.60	80.8
	最小值	8.97	0.18	0.018	6.4×10^{-6}	1.84×10^{-4}	39.6	0.25	62.3
	平均值	9.20	0.28	0.026	6.9×10^{-6}	2.11×10^{-4}	47.1	0.41	74.8
	范围	>8.50	<0.60	<0.05	<0.040	<0.60	30~60	<3	40~85
	等级	六级	六级	六级	六级	六级	五级	六级	四级
红色	最大值	9.15	0.20	0.036	1.9×10^{-5}	2.42×10^{-4}	50.9	0.91	52.6
	最小值	9.00	0.15	0.020	5.9×10^{-6}	9.22×10^{-5}	48.1	0.69	27.3
	平均值	9.08	0.17	0.030	1.2×10^{-5}	1.67×10^{-4}	49.5	0.77	44.8
	范围	>8.50	<0.60	<0.05	<0.040	<0.60	30~60	<3	40~85
	等级	六级	六级	六级	六级	六级	五级	六级	四级
灰色	最大值	9.40	0.46	0.026	1.1×10^{-5}	2.18×10^{-4}	43.9	0.64	71.5
	最小值	9.30	0.20	0.020	5.8×10^{-6}	1.87×10^{-4}	42.4	0.38	52.7
	平均值	9.35	0.33	0.023	8.3×10^{-6}	2.03×10^{-4}	43.2	0.51	58.2
	范围	>8.50	<0.60	<0.05	<0.040	<0.60	30~60	<3	40~85
	等级	六级	六级	六级	六级	六级	五级	六级	四级

　　按全国土壤养分含量分级标准六级制判别,砒砂岩 pH 值、有机质、全氮、全磷、全钾和速效磷为六级,速效氮为五级,速效钾为四级,可以看出,砒砂岩总体养分含量非常低,很难满足植被生长需要。因此,砒砂岩区植被覆盖度相当低,生态退化严重。同时也正因如此,也是最难以治理的区域,仅靠一般常规的植树造林方法是很难见效的,必须突破现有治理技术,针对砒砂岩岩性、化学特征研发抗蚀促生新技术,进而才能实现阻控侵蚀、促进植物生长的综合治理目标。

　　根据表 4-4 的分析数据,如果按色彩分类,从砒砂岩碱性强度上来看,由高至低排序的话,紫色>灰色>白色>红色;平均有机质含量由高到低的排序基本上是一致的,即紫色>灰色>白色>红色。

　　在当地的气候及自然条件下,长石易于风化,蒙脱石遇水膨胀及方解石易分解,都使本来胶结较弱的砒砂岩更是易于侵蚀,岩体抵御水流冲刷的能力也非常低,从而引起水土流失,土壤养分随之急剧减少。

4.1.7 砒砂岩微观形貌

图 4-4 为砒砂岩在光学显微镜下的形貌。

(a)白色砒砂岩块体

(b)红色砒砂岩块体

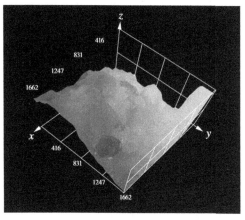

(c)白色砒砂岩表面3D光学显微扫描

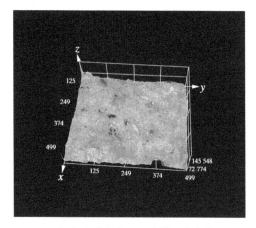

(d)红色砒砂岩表面3D光学显微扫描

图 4-4 砒砂岩的光学显微分析

从图 4-4(a)可以清晰地看到白色砒砂岩中含有大量的发育良好、色泽白净透明的石英,同时砒砂岩基体主要是由各种颗粒状晶体构成的,晶体间界限特别明显,仅仅靠粒度更小的亲水性弱胶结黏土矿物胶结在一起。结合 XRD 的矿物组成分析及相关岩相知识可以判知,白色砒砂岩中绝大部分是颗粒状晶体,其中白色透明的是石英、钠长石及深红色的是钾长石,其构成了砒砂岩的骨架。颗粒状晶体间依靠更为细小的颗粒状或片状的黏土矿物胶结在一起,如蒙脱石(晶体表面分布的大量白色粉末状固体)及黑云母,同时其基体存在大量的孔隙结构,这也是砒砂岩结构强度低的根本原因。图 4-4(c)为块体白色砒砂岩表面 3D 光学显微扫描后的形态,可以发现白色砒砂岩中以白色透明的颗粒状石英晶体为主,同时除有白色钠长石晶体外,还含有极少量的颜色较深的钠长石和钾长石颗粒状晶体。砒砂岩的这些颗粒状晶体间主要依靠黏土物质(蒙脱石等)胶结在一起。图 4-4(b)的红色砒砂岩也由大量的颗粒状晶体构成,颗粒状晶体间界限特别明显,也仅仅是靠粒度更小的亲水弱胶结膨胀黏土矿物胶结在一起的。然而与白色砒砂岩不同的是,颗粒状晶体主要是由石英、红色的钾长石和颜色较深的钠长石组成的,这是砒砂岩呈现红色的原因。红色砒砂岩颗粒状晶体间主要是依靠蒙脱石和黑云母等亲水且弱胶结的矿物胶结在一起的。图 4-4(d)为红色砒砂岩表面 3D 光学显微扫描后的形态,可以发现红色砒砂岩中为石英与钠长石、钾长石粒状晶体共存,整体呈红色,颗粒状晶体间通过白色蒙脱石和红色氧化铁矿物等弱胶结矿物胶结在一起。然而,相比于白色砒砂岩基体来说,红色砒砂岩的基体孔隙率小。

综上可知,砒砂岩实际上是由石英、钠长石和钾长石等颗粒状晶体组成骨架的,靠蒙脱石、氧化铁及黑云母等亲水性弱胶结物质的胶结作用、晶体间的摩擦作用、颗粒物支撑作用和机械咬合作用而形成的固体混合物。因此,这些起胶结作用物质的稳定与否也就直接关乎砒砂岩的稳定性。

4.2 砒砂岩侵蚀机制

砒砂岩遇水容易崩解、软化,主要与其矿物组成、透水性、孔隙、裂隙的发育程度有关。粒度成分、胶结物成分和类型对崩解的影响尤为显著,因其决定着砒砂岩块体的孔隙性、透水性和凝聚力。以下着重从砒砂岩的岩性方面揭示其侵蚀机制。

4.2.1 砒砂岩基本特性对侵蚀的影响

4.2.1.1 砒砂岩的密度及微观结构对侵蚀的影响

岩石密度是其基本集合相(包括固相、液相和气相)的单位体积质量,与岩石组成及岩石结构有关。

如上述分析,砒砂岩的干密度差别不大,其值均为 $1.36 \sim 1.58$ g/cm^3,小于一般情况下的砂岩密度 $2.20 \sim 2.71$ g/cm^3。因此,砒砂岩孔隙率大,强度小,塑性变形和渗透性大。从砒砂岩微观结构的形貌看,地层中泥岩的结构相对砂岩致密,孔隙相对较小,透水性相对较弱,在砂岩的底部形成一层相对的隔水层,见图 4-5。泥岩属于塑性地层,黏粒含量高,能够形成滑动面,为形成滑坡、崩塌等重力侵蚀提供了岩体结构条件。

4.2.1.2 砒砂岩级配对侵蚀的影响

砒砂岩颗粒大小对其力学性质有很大影响。一方面,等粒结构的岩石强度比非等粒结构的高,且抗风化能力强,相应地也就不容易被侵蚀。另一方面,细粒结构的砒砂岩强度比粗粒结构的砒砂岩强度高。

基岩的级配与岩石的抗风化能力和渗透能力紧密相关。矿物成分相同时,等粒结构的岩石要比不等粒结构的岩石抗风化能力强,这主要是由于等粒结构的胀缩性比不等粒结构岩石的胀缩性均一。

(a)地表　　　　　(b)2 m

(c)10 m

图 4-5　不同深度的砒砂岩样品微观结构形貌

　　根据赵焕勋等(1988)得出的土壤颗粒粒径与风速的关系知,粒径 0.250~0.500 mm 土壤颗粒的起沙风速为 4.78 m/s;0.100~0.250 mm 颗粒的起沙风速为 4.25 m/s;0.070~0.100 mm 颗粒的起沙风速为 3.39 m/s;小于 0.070 mm 颗粒的起沙风速为 3.03 m/s。准格尔旗地区风力大,每年日均风速大于 5 m/s 的天数为 12~74 d,而砒砂岩颗粒粒径小于 0.1 mm 的含量平均约有 60%,因此在如此气候条件下,裸露砒砂岩的风化速率较快,风化物抗风蚀性就较差。

4.2.2　砒砂岩矿物组成对侵蚀的影响

　　表层砒砂岩水蚀、风蚀均较严重,长石等风化产物在表层积累,方解石在长期的水蚀作用下,与 CO_2 和 H_2O 反应而减少,并产生可溶性的碳酸氢钙 $Ca(HCO_3)_2$,导致岩石破坏。因此,深层砒砂岩中钾长石和斜长石等长石含量低于表层,而方解石含量高于表层。

　　研究表明,砂岩单轴抗压强度 UCS 的降低主要受石英和黏土矿物的比例控制,干燥砂岩的 UCS_{dry} 与饱和砂岩的 UCS_{sat} 差异在富含黏土的砂岩中可高达 78%,而硅质砂岩的强度只相差了 8%。与普通的土壤相比,砒砂岩质地土壤的石英含量较低而蒙脱石含量较高,这是砒砂岩力学性能较差的另一个原因。

　　岩石中的石英在风化过程中往往转变为黏土矿物,但砒砂岩表层石英含量高于其内部,而黏土矿物含量较低。这是因为黏土矿物颗粒小、结构松散,具有较好的亲水性,使它们容易被水冲走,因此在降雨后,表层黏土矿物随雨水进入深部岩体,造成内层黏土矿物成分增加。风化会降低砒砂岩的密度,使得岩石强度降低,最终导致砒砂岩崩解。此外,由于黏土矿物具有一定黏性,导致黏土矿物含量高的岩层易发生蠕变,尤其是在雨季,岩石强度被地下水削弱,加剧了边坡变形,引起重力侵蚀。

砒砂岩中蒙脱石的含量在黏土矿物组分中含量最高,因此蒙脱石对砂岩的影响大于其他黏土矿物组分。蒙脱石是在风化或沉积环境中产生的,这种矿物在风化带中是相当稳定的,一般不会在干燥的环境中造成岩体破坏,一旦遇水即可发生膨胀。按照关于膨润土试验的相关行业技术规程所推荐的方法分析,白色砒砂岩和红色砒砂岩中的蒙脱石膨胀容可分别达到 5.2 mL/g 和 5.1 mL/g,体积可膨胀约 150%,对岩体产生巨大压力。在降雨期,蒙脱石发生膨胀,岩石微结构被破坏。因此,为研发砒砂岩改性技术,需要从如何改善砒砂岩溃散的角度出发,研究如何有效抑制蒙脱石的膨胀等性质,使砒砂岩岩性结构趋于稳定;从而通过改性,使砒砂岩成为修建淤地坝的建筑材料。

4.2.3　砒砂岩化学组成对侵蚀的影响

黏土矿物具有很强的阳离子交换能力,由地下水变化而引起的阳离子吸附交换是引起岩石性质变化的第一步。在自然界中,黏土矿物颗粒往往带有负电荷,阳离子吸附交换的能力可以通过阳离子交换总量和各阳离子交换量来表示。岩土中主要的交换性阳离子有 Ca^{2+}、Mg^{2+}、K^+、Na^+、H^+ 和 Al^{3+},测定这些阳离子交换量有助于了解岩土工程性质。

砒砂岩中 Na_2O、K_2O 和 CaO 总的平均含量为 8.6%,虽然其含量远低于其他组分的含量,但这些成分化学性质活泼,在适当的气候条件下,在局部形成富集或被水流带走,从而使岩石的孔隙逐渐增大,化学风化作用加强,最终导致岩体结构破坏。岩石的化学风化程度受多种因素控制,如地形地貌、岩性、降雨等气候特征,而岩石中性质活泼的化学成分是影响岩石风化的重要因素。砒砂岩中化学成分的风化顺序为:$CaO>Na_2O>K_2O$、Fe_2O_3、MgO。根据测试 4 种不同颜色砒砂岩样品中的 Fe_2O_3 含量分析发现,紫色和粉红色砒砂岩中的 Fe_2O_3 含量高于白色和灰色砒砂岩,这一结果表明,紫色和粉红色的砒砂岩以铁质胶结为主,而白色和灰色的砒砂岩以蒙脱石、黑云母等胶结为主[见图 4-4(a)]。氧化铝主要出现在黏土矿物中,氧化铝含量低说明黏土矿物含量低,岩石风化程度高。在水土泥质化作用后,内层砒砂岩黏土矿物含量较高,因此随着深度的增加,砒砂岩中 Al_2O_3 呈增加趋势,而 CaO 呈下降趋势,表明方解石在水蚀过程中发生了水化反应。此外,Al_2O_3、Fe_2O_3 的含量随深度增加呈先增加后减少趋势。但是对于红色砒砂岩,则是随深度增加,Al_2O_3、Fe_2O_3 的含量却是增加的。此现象的出现也可能是铁铝成分从表层风化砒砂岩部分进入中间层砒砂岩,进而沉积在岩石裂缝和孔隙处所引起的。

砒砂岩的最大 pH 值为 10.26,最小值为 8.91,平均值为 9.49,呈极强碱性。由于雨水的 pH 值通常小于或等于 7,因此砒砂岩中由雨水形成的裂隙水和孔隙水,与岩石中较活泼的化学成分发生了反应。随着水的迁移,反应要不断地达到新的平衡,使得该反应一直循环进行,导致岩石的裂缝和孔隙逐渐扩大,岩石的风化程度逐渐加强。这个过程是缓慢的,但对砒砂岩结构的破坏是巨大的,从而导致砒砂岩的力学性能降低。

4.2.4　砒砂岩侵蚀岩性机制分析

砒砂岩粒度成分、胶结物成分和类型对其遇水崩解、遇风分散的特性有着重要影响,因为这些因素决定着岩石块体的孔隙性、透水性和凝聚力。

首先假设:①岩石是由许多个颗粒通过粒间的物质胶结在一起的。②这些组成岩石的微观颗粒为圆形颗粒。那么,砒砂岩岩性侵蚀过程可概化为图4-6。

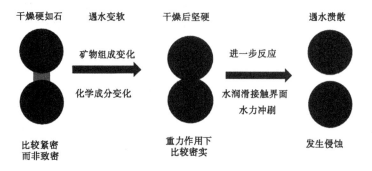

图4-6　砒砂岩岩性侵蚀过程示意图

在微观上,岩石本身在连接性质、胶结类型、胶结物成分和连接程度等方面存在着差异,使得岩石的物理力学性质也在较大的范围内存在差异。一般以硅质、铁质为胶结物的岩石强度较高,而钙质和黏土质胶结的强度较低,且抗水能力亦差。砒砂岩的沉积环境是在还原或氧化条件下的湖相碎屑岩沉积,碎屑岩沉积物中颗粒胶结的牢固程度直接影响岩石的抗风化性、抗侵蚀性。砒砂岩颗粒间的连接方式是以胶结连接为主,胶结物成分是黏土矿物和方解石。在自然干燥状态下,砒砂岩结构比较紧密,虽然不是致密结构,但是其强度相对较大,即是人们所说的"无水坚如磐石"。在砒砂岩刚与水接触时,由于砒砂岩的胶结物黏土矿物本身的亲水性比较强,遇水发生反应,使砒砂岩胶结物失去胶结作用,致使矿物颗粒的应力产生变化,从而使岩石原结构产生破坏。方解石的主要成分是$CaCO_3$,在氧和二氧化碳的作用下易于产生化学侵蚀作用,使得岩石的孔隙逐渐变大,从而降低了岩石的物理力学性质。此时,砒砂岩在自身重力的作用下,颗粒之间的接触是比较紧密的,干燥状态下颗粒之间相互接触,有一定的密实度,还有相对较大的硬度。砒砂岩进一步与水接触时,一方面水会继续侵蚀砒砂岩的胶结物,其不稳定成分会进一步发生反应;另一方面水润滑砒砂岩颗粒间的接触面,使其相互间的摩擦力减小,易于发生滑动,最终引发崩解侵蚀。

从宏观上来说,雨季结束后,包气带孔隙系统中的相对湿度很高,其中的部分湿气可在裂隙表面及其内侧一定范围内的粒间孔隙内凝结为液态水,并缓慢溶解与其接触的矿物。随着溶解总量的增加及粒间或晶内水分的蒸发,粒间溶液饱和指数升高并逐渐趋于饱和。到旱季末,随着蒸发量的进一步增大,还会有部分组分以$CaCO_3$、K_2CO_3及Na_2CO_3等盐的形式从溶液中沉淀出,充填于粒间孔隙或残余晶体内。与易溶组分析出相伴的是风化过程形成的黏土矿物及Fe、Al的氧化物,并在原地及其附近的淀积。在降水时,溶解部分已析出的组分被水分带入饱水带,而颗粒间及颗粒内溶液的液相组分则通过浓度梯度驱动分子扩散等方式渗入水中,并随之进入下层砒砂岩内,与未被侵蚀的矿物接触,使侵蚀不断向下层砒砂岩发展。

在风蚀和水蚀的共同循环作用下,表层砒砂岩少了黏土矿物的胶结作用,颗粒间的连接减弱甚至消失,稳定性极差,当6~10月汛期来临则造成大量水土流失,这就是砒砂岩遇水溃散如泥的发生机制。

上述过程随季节周期循环。在该循环过程中,地表水溶性成分和黏土矿物不断减少,而成岩矿物的结构破坏程度将不断增加。

4.2.5 砒砂岩溃散几何模型

砒砂岩在结构组成上可以划分为三类(见图4-7):①石英、长石和碳酸盐等结晶较好且较粗大的颗粒物,这些颗粒物组成了砒砂岩的骨架;②蒙脱石、高岭石、伊利石、云母等风化黏土物质组成的填充物,这些黏土矿物的尺寸比颗粒物细小,属粉粒细粒黏土物质,填充在颗粒物之间的孔隙中;③颗粒物与颗粒物、颗粒物与填充物接触界面上起黏合连接作用的胶结物,这些胶结物主要是游离氧化物(如氧化铁等)。从砒砂岩的矿物组成、颗粒分布、胶结形式及溃散机制上不难看出,砒砂岩主要是以原生矿物石英、长石、碳酸盐等颗粒物为骨架,次生黏土矿物蒙脱石、高岭石、伊利石、云母等为填充物,游离氧化物(氧化铁等)和填充物为胶结物的多孔隙特殊泥岩、泥砂岩。

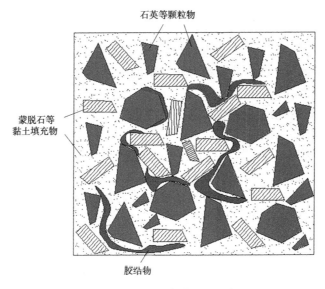

图4-7 砒砂岩的物理组成

砒砂岩的崩解、溃散主要是由其岩体结构强度难以承受内部的膨胀作用而引起的,而且该膨胀作用的来源有多种。其一,砒砂岩颗粒物之间填充的黏土填充物——蒙脱石具有遇水强烈膨胀作用,当外部有大量的水侵入岩体内部时,砒砂岩便会因内部蒙脱石的强烈膨胀而溃散。此种情况下,可以建立起以黏土矿物蒙脱石等为膨胀源,以游离氧化铁将石英、长石、碳酸盐等颗粒物胶结在一起组成的包裹物为约束环的砒砂岩结构物理模型(见图4-8),此模型将砒砂岩的结构概化为由膨胀物和胶结物所构成的二元架构体系。其二,砒砂岩属于颗粒支撑大孔隙渗透式结构,岩体的孔隙率较高,内部存在较多孔隙通道,当有少量水侵入到岩体内部,而又不足以使蒙脱石发生强烈膨胀,破坏砒砂岩的结构时,这些水便会存留在砒砂岩内部的孔隙中,待到冬天,气温变化较大,出现冻融时,这些孔隙水便会结冰膨胀,在冰胀的作用下,砒砂岩结构遭到破坏,同时在风力等外部因素作用下发生崩解。

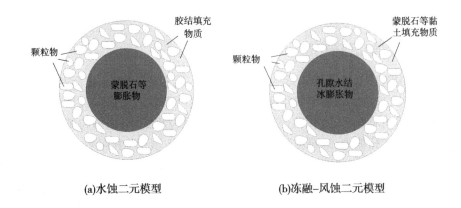

(a)水蚀二元模型　　　　　　(b)冻融-风蚀二元模型

图 4-8　砒砂岩的几何模型

4.2.6　砒砂岩结构力学模型

根据砒砂岩二元结构模型,可以建立砒砂岩的力学模型,建立模型时做如下简化:

(1)将蒙脱石或冰等膨胀源简化为形状规则的圆形,膨胀应力在沿圆周各个方向上均匀分布。

(2)将胶结物和颗粒物组成的包裹物简化为约束环,约束环是一个均质的,沿圆周各处厚度和约束力均相同的圆环。

这样,就可以将砒砂岩的膨胀问题转化为弹性力学中的圆环受均布压力的问题。

图 4-9 为所建的砒砂岩结构力学模型。图 4-9 中, a 为膨胀源半径; b 为自膨胀源中心到包裹物质外表的半径; q_1 为沿圆周均匀分布的膨胀力; q_2 为沿约束环圆周均匀分布的外层包裹物所提供的约束力。因此,可以得到以下边界条件:

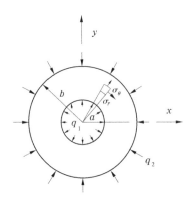

图 4-9　砒砂岩结构力学模型

$$
\begin{cases}
\sigma_r = \dfrac{A}{r^2} + B(1 + 2\ln r) + 2C \\[2mm]
\sigma_\theta = -\dfrac{A}{r^2} + B(3 + 2\ln r) + 2C \\[2mm]
\tau_{r\theta} = 0
\end{cases}
\tag{4-1}
$$

这里的应力与极角无关,于是

$$
(\sigma_r)_{r=a} = -q_1, (\sigma_r)_{r=b} = -q_2
\tag{4-2}
$$

将式(4-2)代入式(4-1)可得

$$
\begin{cases}
-q_1 = \dfrac{A}{a^2} + B(1 + 2\ln a) + 2C \\[2mm]
-q_2 = \dfrac{A}{b^2} + B(1 + 2\ln b) + 2C
\end{cases}
\tag{4-3}
$$

式(4-3)中存在 3 个待定系数,而边界条件只有两个。这是一个圆环形问题,还需考虑虚位移的单值条件。设环向位移为 w,$w = 0$;设径向位移为 u,u 的取值与极角无关,所以由弹性力学知识可得几何方程:

$$
\varepsilon_r = \frac{\mathrm{d}u}{\mathrm{d}r}, \varepsilon_\theta = \frac{u}{r}, \gamma_{r\theta} = 0
\tag{4-4}
$$

将平面应变物理方程代入式(4-4),则有

$$
\frac{\mathrm{d}u}{\mathrm{d}r} = \frac{1+\nu}{E}\left[(1-\nu)\sigma_r - \nu\sigma_\theta\right]
\tag{4-5a}
$$

$$
\frac{u}{r} = \frac{1+\nu}{E}\left[(1-\nu)\sigma_\theta - \nu\sigma_r\right]
\tag{4-5b}
$$

将应力分量的表达式代入式(4-5a)中,并对其进行积分可得:

$$
\frac{u}{r} = \frac{1+\nu}{E}\left\{-\frac{A}{r^2} + B\left[2(1-2\nu)\ln r - 1\right] + 2C(1-2\nu)\right\} + D
\tag{4-6}
$$

D 为积分常数,继续代入式(4-5b)中,则有

$$
\frac{u}{r} = \frac{1+\nu}{E}\left\{-\frac{A}{r^2} + B\left[2(1-2\nu)\ln r + (3-4\nu)\right] + 2C(1-2\nu)\right\}
\tag{4-7}
$$

由式(4-6)和式(4-7)可以看出,由两者算出的同一点的位移 u 是不相同的,这说明对多连域出现了位移的多值解。显然,可以根据位移的单值性条件,上述两个位移的表达式需一致,因此必须有 $B = 0$、$D = 0$。因此,可得径向位移表达式为

$$
\frac{u}{r} = \frac{1+\nu}{E}\left[-\frac{A}{r^2} + 2C(1-2\nu)\right]
\tag{4-8}
$$

因此,由式(4-1)可以得出

$$
\sigma_r = \frac{A}{r^2} + 2C, \sigma_\theta = -\frac{A}{r^2} + 2C, \tau_{r\theta} = 0
\tag{4-9}
$$

可由边界条件,将 $B = 0$ 代入式(4-3)可得

$$\begin{cases} A = -\dfrac{a^2 b^2 (q_1 - q_2)}{b^2 - a^2} \\ C = \dfrac{a^2 q_1 - b^2 q_2}{2(b^2 - a^2)} \end{cases} \tag{4-10}$$

把 A、C 值代入式(4-9),并由 $\varepsilon_x = 0$,则可得承受内、外均匀压力的砒砂岩中蒙脱石外层约束环的 Lame 应力公式为

$$\begin{cases} \sigma_r = \dfrac{q_1 a^2 - q_2 b^2}{b^2 - a^2} - \dfrac{(q_1 - q_2) a^2 b^2}{(b^2 - a^2) r^2} \\ \sigma_\theta = \dfrac{q_1 a^2 - q_2 b^2}{b^2 - a^2} + \dfrac{(q_1 - q_2) a^2 b^2}{(b^2 - a^2) r^2} \\ \sigma_x = \nu(\sigma_r + \sigma_\theta) \end{cases} \tag{4-11}$$

或者

$$\begin{cases} \sigma_r = -\dfrac{\dfrac{b^2}{r^2} - 1}{\dfrac{a^2}{b^2} - 1} q_1 - \dfrac{1 - \dfrac{a^2}{r^2}}{1 - \dfrac{a^2}{b^2}} q_2 \\ \sigma_\theta = \dfrac{\dfrac{b^2}{r^2} + 1}{\dfrac{b^2}{a^2} - 1} q_1 - \dfrac{1 + \dfrac{a^2}{r^2}}{1 - \dfrac{a^2}{b^2}} q_2 \end{cases} \tag{4-12}$$

如果只考虑内圆膨胀力 q_1,不考虑约束力,即令 $q_2 = 0$,则有

$$\begin{cases} \sigma_r = -\dfrac{\dfrac{b^2}{r^2} - 1}{\dfrac{b^2}{a^2} - 1} q_1 \\ \sigma_\theta = \dfrac{\dfrac{b^2}{r^2} + 1}{\dfrac{b^2}{a^2} - 1} q_1 \end{cases} \tag{4-13}$$

可见,σ_r 总是压应力,σ_θ 总是拉应力。同时,可以得到平面应变轴对称问题的径向位移公式为

$$u = \frac{1 + \nu}{E} \left[(1 - 2\nu) \frac{(q_1 a^2 - q_2 b^2) r}{b^2 - a^2} + \frac{(q_1 - q_2) a^2 b^2}{(b^2 - a^2) r} \right] \tag{4-14}$$

若只考虑内圆膨胀力 q_1,不考虑约束力,即 $q_2 = 0$,则可以得到砒砂岩在膨胀力作用下,沿径向发生的位移 u 为

$$u = \frac{(1 + \nu) \left[(1 - 2\nu) r + \dfrac{b^2}{r} \right] a^2}{(b^2 - a^2)} \frac{q_1}{E} \tag{4-15}$$

或

$$u = \frac{\dfrac{(1+\nu)}{b^2}\left[\dfrac{(1-2\nu)\,r}{b^2} + \dfrac{1}{r}\right]}{\left(\dfrac{b^2}{a^2} - 1\right)}\frac{q_1}{E} \tag{4-16}$$

以上式中:u 为径向位移;ν 为泊松比;E 为弹性模量;a 为膨胀物厚度;b 为膨胀物圆心到包裹物外层厚度;r 为半径,取值范围为 $a \leqslant r \leqslant b$。

根据式(4-16),可以求出在膨胀物与胶结物界面上任意一点处由膨胀力作用所引起的位移量 Δu 与膨胀物半径 a 之间的比值:

$$\frac{\Delta u}{a} = \frac{(1+\nu)\left[(1-2\nu) + \left(\dfrac{b}{a}\right)^2\right]}{b^2\left[\left(\dfrac{b}{a}\right)^2 - 1\right]}\frac{q_1}{E} \tag{4-17}$$

建立的砒砂岩结构力学模型也为实现对砒砂岩的改性提供了基本原理。综合式(4-13)和式(4-17)可见,增加砒砂岩的抗侵蚀性,或改变其遇水成泥、遇风溃散的特性,可以通过两个途径来实现:一方面是对内圆膨胀物进行改性,抑制减小内圆的膨胀力 q_1;另一方面就是改变外部约束环包裹物的性质,增大约束环的约束力。

5　砒砂岩抗蚀促生关键技术

　　由于砒砂岩遇水溃散如泥的特性,在砒砂岩区生态治理中,采用常规的水土保持措施往往是难以取得有效阻控侵蚀、恢复植被的效果,为此研发新的治理措施与技术是非常迫切和需要的。本章系统介绍了基于抗蚀促生新理念,研发的抗蚀促生新材料、新技术,包括抗蚀促生材料研发原理与生产流程,抗蚀促生机制,抗蚀促生材料的阻控侵蚀、修复植被、环境安全,以及工程力学等方面的性能,抗蚀促生工程施工工法等,为砒砂岩区生态治理提供一套新技术。

5.1　抗蚀促生材料研发

　　在前述有关章节对砒砂岩侵蚀岩性、化学机制研究的基础上,首次提出了将生态环保型高分子化学材料和生物措施有机结合的砒砂岩区生态综合治理的抗蚀促生新理念,研发了抗蚀促生新材料。抗蚀促生材料可在短时间内迅速渗透、凝胶、固结,实现了对分散的砒砂岩颗粒有效聚合,形成具有良好力学性能的网状多孔性固结促生层,不仅可防治砒砂岩侵蚀,同时具备缓慢吸水、释水和保肥性能,能促进种子发育和植物生长,高效实现植被的恢复。

5.1.1　抗蚀促生材料原理与合成工艺

5.1.1.1　抗蚀促生材料研发原理

　　根据抗蚀促生的理念,研发的材料应该同时具有阻控侵蚀、促进植被生长的功能,能够解决在砒砂岩上难以长树长草的问题。因此,抗蚀促生材料研发的原理是利用亲水性聚氨酯材料,通过对异氰酸酯、聚醚多元醇及多种功能性改性材料在特定温度、时间、配比条件的控制剂优化,聚合得到的改性亲水性聚氨酯复合材料,即能够满足生态治理功能需求的抗蚀促生材料。

　　从化学过程来说,抗蚀促生材料的生成反应机制就是聚氨酯树脂的固化反应,其应用机制是遇水固化时的反应机制。异氰酸酯与羟基的反应机制及抗蚀促生材料的生成反应机制用下式表示:

$$R'-N=C=O + R-O-H \longrightarrow R'-NH-COOH \tag{5-1}$$

$$(5-2)$$

聚醚多元醇有一元、二元、三元乃至多元,不同元代表分子中不同的羟基数即官能度。两个二官能度分子聚合,理论上可聚合成高分子长链,但实际上同一个分子中的两个官能团其活性不尽相同,不同配比则会产生不同的分子分布。

抗蚀促生复合材料呈淡黄色乃至褐色油状体,密度约为 1.18 g/cm^3,固含量约为85%,且不含重金属等有害成分,黏度为 500~800 Pa·s,是以水为固化剂,与水反应可以生成具有良好力学性能的多孔性弹性固化体(见图 5-1),与土壤的黏接力好,具有很好的抗径流冲刷作用,且通过对鱼和白鼠的毒性研究表明,其对有机体不会造成伤害,具有高度安全性,对植被不产生危害,对生态环境不会造成二次污染,是一种环境友好型材料。此外,在固结后可将松散的土壤连接成一个大型网状结构层,起到保水保肥的效果,从而对植物生长有良好的促生作用,是一种新型有效的水土保持材料。

抗蚀促生材料主要特征表现为:①极易溶解于水,与水反应可迅速聚合形成弹性凝胶体,且不再溶解于水;②能以任何浓度与多种水质的水发生反应并固化;③耐久性良好,降解周期可控;④与土、沙等多种材质具有很强的附着力,可通过设计凝胶体的性能,用于固土、固沙、防尘、止水及促生等;⑤对生态环境不会造成二次污染。

为进一步提高抗蚀促生材料的耐久性与力学强度,还可以选择聚乙烯醇纤维(polyvinyl alcohol,PVA)、硅溶胶、玄武岩短纤维、乳化沥青、乙烯-醋酸乙烯共聚物(ethylene-vinyl acetate copolymer,EVA)进行复合。

5.1.1.2 抗蚀促生材料制作工艺流程

采用的主料为:碳化二亚胺改性 MDI(工业级,日本东邦化学)、甲苯二异氰酸酯(TDI)(工业级,上海拜耳)、聚醚多元醇(工业级,日本可乐丽)、丁酮[工业级,巨森化工(上海)有限公司]、分散剂(工业级)、抗冻剂。

图 5-1　反应器及固化形态

制作设备包括反应釜(包括釜体、电机、搅拌、夹套等)、储罐、原料罐、流量计、原料泵、管道、高位槽、温度计、压力表等仪表、PLC 控制系统。

根据物质守恒和能量守恒,抗蚀促生复合材料的合成工艺是由聚合阶段、聚合调整阶段、处理出料阶段三个部分组成的。其中聚合阶段包括加料混合、变温①、反应阶段①;聚合调整阶段包括变温②、加 TDI、反应阶段②;处理出料阶段包括变温③、加料、出料等流程,见图 5-2。

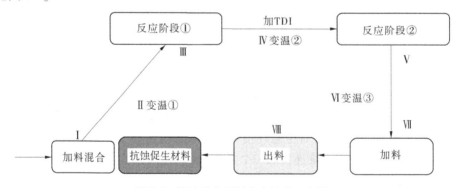

图 5-2　抗蚀促生材料生产流程示意图

研发的抗蚀促生材料相对于日本等国外同类产品,不仅具有先进性和环保性能,而且其成本可降低 1 倍以上。

5.1.2　抗蚀促生机制

在研究固结促生性能的基础上,结合复合材料及固结体的微观结构,揭示了复合材料的抗蚀促生机制。抗蚀促生材料固结凝胶结构为分子交叉的网状结构,可以很好地"蓄水"和"释水",减缓水分蒸发,保持水分,从而可以形成一个动态"水库",为植物的生长提供必要的水分,促进植物生长,保证植被恢复。

5.1.2.1　抗蚀机制

抗蚀促生材料分子中由软段和硬段构成,表现出热力学不相容性和微相分离,可在空间上形成相域和微相域,且分子中的异氰酸根和极性基团与水反应后,在砒砂岩表面形成氢键、氨酯键及脲键等基团,这些基团的内聚能较高,可以形成高界面张力的黏结层。抗蚀促生材料与风化砒砂岩颗粒良好的亲和性与渗透性,可以使得固结体的厚度、强度和硬度得到保证,从而具有良好的力学性能。浸润性和抗蚀性试验表明,在较高浓度下,抗蚀促生材料可在砒砂岩表面形成固结层,进而可以有效控渗水分,从而说明材料溶液在渗透过程中对风化砒砂岩颗粒进行了包裹,形成了一层防水层,在水力作用下,水分无法正常进入固结体内部,从而可以避免砒砂岩表面和内部的侵蚀,保证砒砂岩的完整性和稳定性,而且固化层对风力侵蚀也具有很好的防护作用。

此外,随着水分的蒸发,凝胶体的体积降低,固结体收缩,在凝胶体与风化砒砂岩之间可以构建一座桥梁,把风化颗粒连接在一起形成一个良好的抵抗外力和强风侵蚀的固结层。

抗蚀促生材料不同浓度所具有的不同特性,使得该材料具备了多种用途。例如,当浓度较低时,因具有固结渗透特性,可用作阻抗侵蚀、促进植物生长的生态护坡材料;当浓度较高时,因固结止水作用强,可用作陡坡固稳的防护材料。

5.1.2.2 促生机制

通过对抗蚀促生材料凝胶体做红外光谱分析发现,在凝胶体中还含有部分异氰酸酯、聚醚和酰胺分子,而主要成分为酯,具有很好的亲水性,从而可以吸收水分子,且这些分子的聚合体形成分子交叉,形成网状结构(见图5-3)。显然,网状结构可以有效地对砒砂岩和水分进行包裹,对水分入渗起到调控作用,且有利于肥料吸收和植物根系透气等。同时,吸收的水分在土壤干燥的条件下又可以缓慢释放,且可以反复地吸收和释放,形成一个"水库",从而可以在一定时期内利用自然界水分为植物的生长提供必要的水分,促进植物的生长。

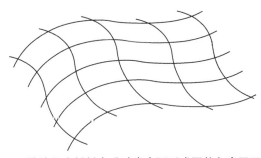

图 5-3 抗蚀促生材料在砒砂岩表面形成网状包裹层示意图

图5-4为采用抗蚀促生复合材料对砒砂岩表面进行固结及固结层对风蚀、水蚀阻控作用效果的示意,以进一步说明固结层的抗蚀促生原理。

5.1.3 抗蚀促生材料固化特性

5.1.3.1 固化时间

抗蚀促生材料固化反应的一个最大特点就是快速,固化反应时间从 1 min 到几十分钟,主要取决于浓度和温度的影响。固化反应由亲核试剂进攻引发,固化反应速率常数也是由亲核试剂进攻性能决定的。由图 5-5 试验曲线可知,抗蚀促生材料的固化时间受浓

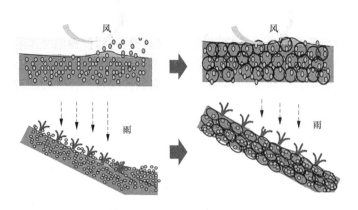

图 5-4　网状包裹固结层形成与抗蚀效果

度和温度的影响,抗蚀促生材料的浓度和温度越高意味着溶液中存在有更多的活性分子,相对分子运动的速度加快,分子间撞击的可能性增大,固化时间越短。在室温条件下,抗蚀促生材料浓度为 3%、4% 和 5% 时,固化时间分别为 9 min、5 min 和 2 min。在温度为 293 K、溶液 pH 值为 7 的条件下,随着抗蚀促生材料浓度由 3% 增加到 5%,固化反应时间由 7 min 缩短到 2.8 min。当溶液 pH 值为 7 时,对于抗蚀促生材料浓度为 3% 的溶液,随着温度由 278.15 K 上升到 298.00 K,固化反应时间由 13.8 min 缩短到约 6 min。

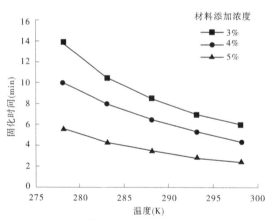

图 5-5　固化时间与温度、浓度之间的关系

5.1.3.2　抗蚀促生材料固化体微观结构

为了研究抗蚀促生材料固化后固化膜的微观结构,利用日本岛津公司(Shimadzu)生产的 SEM 电子显微镜,扫描成型的抗蚀促生材料固化膜。

根据不同放大倍数的扫描图可以看出,在 3% 浓度条件下,抗蚀促生材料的固化膜上具有一定的孔隙,这说明固化膜具有一定的透水性,见图 5-6。当扫描倍数增大后,孔隙相对较小且孔隙也相对较少,说明抗蚀促生材料还有一定的阻水作用,可以起到减少表层水分蒸发的作用。

此外,由于抗蚀促生材料所具有的高分子链状结构极其较强的亲水性特点,通过砒砂岩材料与表层砒砂岩之间所形成的网状固结层,可以慢慢吸收和释放水分,就是说链状结构不仅可以吸收而且还可以保持一定的水分和养分,为植物初期生长提供必要的水分。另外,又同时可阻控径流过多地入渗而造成砒砂岩溃散,因此该材料对于防治砒砂岩侵蚀、促进植物生长是可行性的。

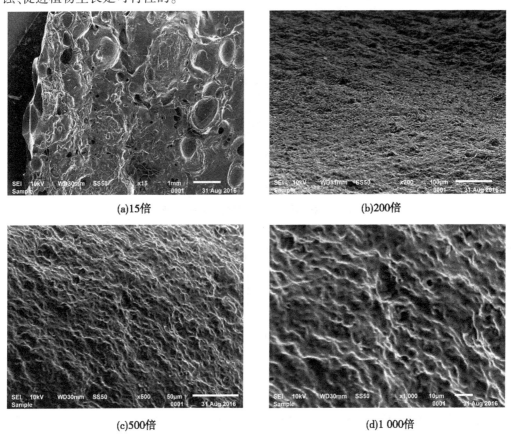

图 5-6　3%浓度抗蚀促生材料固化膜微观结构

5.1.3.3　安全性能

　　抗蚀促生材料的有机复合材料与水反应良好且彻底,具备下述两个特点:一是抗蚀促生材料系列产品不含重金属离子,对包括微生物、动物及鱼类等在内的动植物的安全性均得到有关的权威环保机构检测认证。图 5-7 为鱼的毒性试验照片,经对鱼的毒性试验表明,抗蚀促生材料有机复合材料对生物不存在毒副作用。二是抗蚀促生材料可以与任何比例的水发生反应,且固结彻底,不会以低分子量的单体状态残留在水体或土壤中。因此,利用抗蚀促生材料作为治理砒砂岩的措施时,不会对原来的环境和生态造成任何毒副危害。

　　通过对抗蚀促生材料与砒砂岩固结体在自来水中 30 d 浸泡,检测了水溶液是否含铅、砷、铬、镉、汞、锌、镍、氰化物、氟化物、甲醛等有害物质及其含量(见表 5-1)。检测结果表明,溶液中各有害成分的含量均满足《生活饮用水卫生标准》(GB 5749—2006)的限制要求,具有高度的安全环保性。

图 5-7　抗蚀促生材料固结体的安全评价

表 5-1　抗蚀促生材料浸出液水质样品检测结果

样品名称	检测项目及结果（mg/L）									
	铅	砷	铬	镉	汞	锌	镍	氰化物	氟化物	甲醛
材料固化体浸出液	ND	0.001 4	ND	ND	0.001	0.858	0.015	ND	0.28	0.09
材料与砒砂岩复合体浸出液	ND	0.000 9	ND	ND	5.56×10^{-5}	0.105	0.007	ND	0.34	ND
方法检出限	0.07	—	0.030	0.001	—	—	—	0.004	—	0.05
GB 5749—2006	0.01	0.01	0.050	0.005	0.001	1.0	0.02	0.05	1.0	0.9

注：“材料”是指抗蚀促生材料；检测结果低于方法检出限时以“ND”表示，同时注明其方法检出限，高于方法检出限时直接报告结果。

5.2　抗蚀促生材料基本工程性能

通过室内试验和现场示范，系统研究了抗蚀促生复合体的抗剪性能、表面硬度、渗透性、水滴浸润性、紫外耐久性、抗蚀性、促生性的基本工程性能。

研究结果表明，当不同浓度的抗蚀促生复合材料溶液喷洒到砒砂岩表面时，可以在风化松散的砒砂岩颗粒中进行浸润和渗透，对颗粒形成有效包裹，并很快在砒砂岩表面形成具有一定厚度（0.5~2.0 cm）的柔性网状保护层，显著提高了颗粒间的黏结性能、整体性和力学性能，水稳性指数明显提高，可从 0.2 增大到 0.8 以上，且随着复合材料浓度和喷洒量的增大而增大。

较高浓度抗蚀促生复合材料在固结时对颗粒的黏结性能较大，颗粒包裹的效果更好，在水中发生水蚀的速度慢，从而大幅提高抗水蚀性能。为了验证其抗蚀效果，在黄河水利委员会黄河水利科学研究院黄土高原水土流失试验大厅开展的试验表明,在不同的试验降雨强度(最大为 80 mm/h)下,复合材料固结后的砒砂岩坡面,基本无侵蚀沟出现,且减沙量可达到 95%以上。

根据模拟的光照试验表明,抗蚀促生复合材料具有很好的抗氧化性能,其抗紫外老化的时间可达 5 年以上且可控。根据 SEM 电镜扫描的微观结构观察,对于砒砂岩原岩来说,其内部颗粒松散,粒间黏结性差,颗粒形状棱角分明,无密集性,而在喷洒抗蚀促生复合材料后,砒砂岩内部结构发生明显变化,其颗粒增大且表面变得粗糙,颗粒的密集性高,孔隙率降低,颗粒间黏结力增大,且周边有一层透明的"薄膜",可以起到抗蚀作用。

5.2.1 力学性能

5.2.1.1 材料和设备

为了测试不同的添加材料对抗蚀促生材料的力学性能影响,选取的试样添加材料主要是抗蚀促生材料复合材料、日本东邦化学工业株式会社生产的硅溶胶和乳化沥青、玄江苏绿材谷新材料科技有限公司生产的武岩短纤维、成都化夏化学试剂有限公司生产的聚丙烯醇纤维、中国石化川维化工公司生产的乙烯-醋酸乙烯共聚物、南京地区的普通自来水、鄂尔多斯准格尔旗纳林川二老虎沟小流域的砒砂岩土样。砒砂岩试样的干密度为 1.36~1.58 g/cm³,含水率为 7.9%~21.1%。

5.2.1.2 测试基本方法

1. 抗压强度

测试方法参考普通混凝土力学性能试验方法相关技术标准要求,采用液压式万能压力机加压,在试验过程中应连续均匀地加载,加载速度取 0.3~0.5 MPa/s。

2. 抗剪强度

试验采用砂土类固体快剪方法。将粒径小于 1 mm 的松散砒砂岩加入同等量的水和抗蚀促生材料、PVA、EVA 复合溶液进行固化成型,试块大小为内径 61.8 mm、高 20 mm。24 h 干燥成型后,放在抗剪仪上进行剪切试验,按照《土工实验指导书》(聂良佐等,2013)介绍的方法,抗剪速度按照自动转速 12 r/min,其中量力环校正系数 $c = 1.923$ kPa/0.01 mm,垂直压力分别为 100 kPa、200 kPa 和 300 kPa。

3. 抗拉强度

采用质量亏损试验的试样制作方法,制备抗蚀促生材料试样(见图 5-8)。将制作好的抗蚀促生材料试样放入紫外线耐候试验老化箱中,并且在光照 3 h、12 h、1 d、4 d 和 7 d 后取出,根据《硫化橡胶或热塑性橡胶拉伸应力应变性能的测定》(GB/T 528—2009)的试验要求,用 JZ-6010 冲片机对试样进行裁剪,制成的测试样品长为 6 cm,中心段宽度为 5 mm,两端宽度为 1 cm 的哑铃状测试样品。裁刀和裁片机符合《橡胶物理试验方法试样制备和调节通用程序》(GB/T 2941)。利用万能试验机 AG-X 进行抗拉强度测试,测试时拉伸速度为 50 mm/min。

4. 表面硬度

采用山中式硬度仪测试抗蚀促生材料固结体的硬度。硬度仪的圆锥面垂直于固结体的截面,迅速用力压进固结体,自然弹出,测试后的固结体产生一个圆锥孔。硬度值以变

图 5-8　抗蚀促生材料抗拉强度试验试样

形指数表征,从硬度计刻度上直接读取,单位是 mm,压力强度按下式计算:

$$P = \frac{100X}{0.795\,2(40-X)^2} \tag{5-3}$$

式中:P 为压强,kg/cm^2;X 为变形指数,mm。

5.2.1.3　测试结果

1. 抗压强度

主要测试了抗蚀促生材料、抗蚀促生材料与不同添加剂复合材料的抗压强度及其形变率,包括与 PVA、EVA 等。

(1)抗蚀促生材料与 PVA 复合材料抗压强度。图 5-9(a)表明,抗蚀促生材料与 PVA 复合使用时,在一定的浓度范围内,随着 PVA 浓度的增大,固结体的抗压强度呈先增大后减小的趋势,当 PVA 浓度达到 2%左右时,抗压强度达到最大值,为 1.8 MPa 左右,且基本不随抗蚀促生材料浓度的变化而发生明显变动,相对于单独采用抗蚀促生材料而言,抗压强度最大可提高 6.7 倍左右,这说明当抗蚀促生材料浓度较小时,加入少量 PVA 对其抗压强度具有明显的提升作用。但是当抗蚀促生材料浓度较大时,增幅减小,此时抗蚀促生材料起主导作用。而图 5-9(b)表明,一定范围内固结体形变率随着 PVA 浓度的增大呈递增趋势,且相对于单独抗蚀促生材料而言,形变率皆有所增大,同时随抗蚀促生材料浓度的增大其形变率也增加,最大可达到 15%左右,说明此时的固结体韧性最好,可变形能力最强,且在压缩过程中整体性较好,黏结效果较明显。

(2)抗蚀促生材料与 EVA 复合抗压强度。图 5-10(a)表明,抗蚀促生材料与 EVA 复合使用时,在一定的浓度范围内,随着 EVA 浓度的增大,固结体的抗压强度也明显增加,说明 EVA 对提升抗压强度有明显效果,最大可达到 10 MPa,提升了 40 倍左右。不过在相同 EVA 浓度下,基本上不随抗蚀促生材料的添加浓度而变化,这说明加入 EVA 后,EVA 对固结体的抗压强度起到了主导作用,决定了固结体抗压强度的大小范围。而

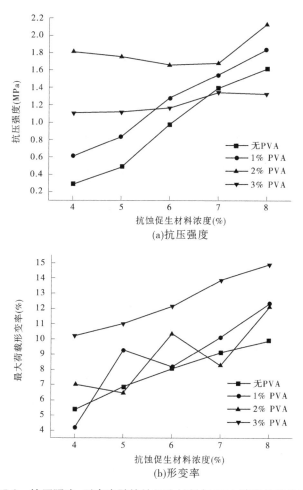

图 5-9 抗压强度、形变率随抗蚀促生材料与 PVA 浓度的变化过程

图 5-10(b)表明,一定范围内固结体形变率随着 EVA 浓度的增大呈逐渐增加,且当超过 3% 时,形变率增加缓慢,有趋于稳定的趋势,且相对于单一抗蚀促生材料而言,形变率皆有所增大,说明抗蚀促生材料与 EVA 复合后对砒砂岩的固结效果较好,抗压强度和形变率增大都较为明显。

PVA 本身具有一定的黏性,与抗蚀促生材料复合使用时,可以较大限度地改良复合体的力学性能,同时对固结体的形变率也有明显的提升作用。当 PVA 浓度为 2% 时,提升效果最为显著,可将抗压强度提高 5~8 倍,形变率提高至 15% 左右,但是其溶解效率比较低。PVA 浓度较大时溶解时间过长,且形成的溶液也比较黏稠,因此在实际工程应用中应考虑其浓度。

2. 抗拉强度

采用抗蚀促生材料浓度分别为 3%、4%、5%、6%、7% 和 8% 进行试验。试验表明,抗拉强度随着浓度的增加而逐渐增大。浓度从 4% 增加到 7% 时,抗拉强度基本成正比例增长,而浓度从 7% 增加到 8%,抗压强度增长缓慢,有趋于稳定的趋势。此时抗拉强度可达

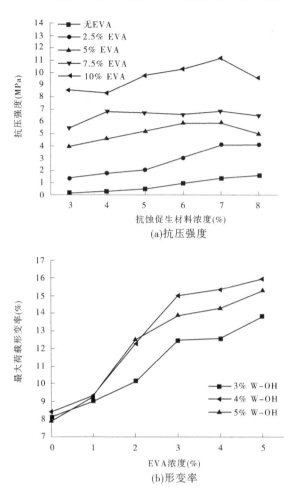

(a)抗压强度

(b)形变率

图 5-10　抗压强度、形变率随抗蚀促生材料与 EVA 浓度的变化过程

到 0.7 MPa。

　　3. 抗剪强度

　　试验表明,直剪试验的抗剪强度与垂直荷载有关,垂直荷载越大,抗剪强度越大,而随着剪切位移的逐渐增大,抗剪强度也逐渐趋于稳定,见图 5-11。试验中垂直荷载分别为 100 kPa、200 kPa 和 300 kPa,其中 100 kPa 的抗剪强度最小,随着垂直荷载的增加,抗剪强度也成倍地增加,300 kPa 的抗剪强度最大。当垂直荷载为 300 kPa 时,对照组、2%抗蚀促生材料组、3%抗蚀促生材料组、4%抗蚀促生材料组、5%抗蚀促生材料组、7%抗蚀促生材料组、5%抗蚀促生材料+3%EVA 组和 3%抗蚀促生材料+3%PVA 组的样品分别在位移 3.28 mm、2.75 mm、2.73 mm、2.93 mm、2.71 mm、2.75 mm、2.13 mm 和 2.94 mm 左右达到峰值,抗剪强度依次为 215.38 kPa、240.38 kPa、205.76 kPa、244.22 kPa、248.07 kPa、317.30 kPa、282.68 kPa 和 280.76 kPa,之后剪应力变化缓慢呈现应力软化的特点。

　　相对于砒砂岩原岩,加入不同复合溶液后,其固结体的抗剪强度均有所增大。但是,随着溶液浓度的增加,其抗剪切强度的增加并没有表现出明显的规律。这可能是因为随垂直荷载的增加,颗粒被压缩,孔隙率减小,由土壤间水化膜和相邻土颗粒间分子引力形

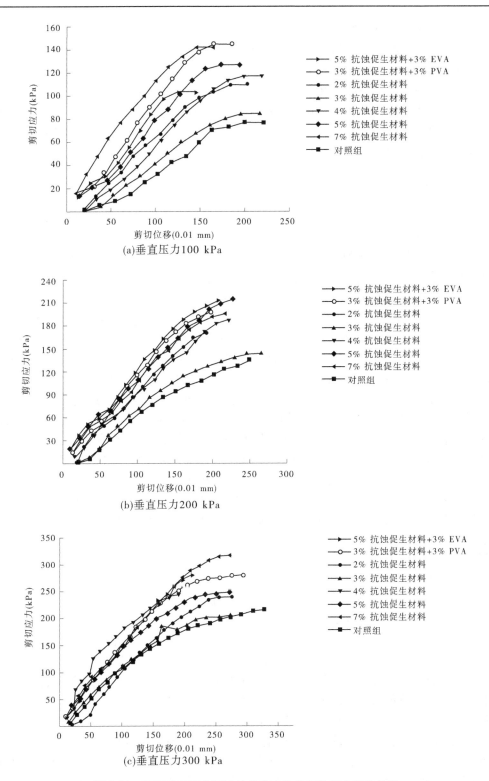

图 5-11 不同垂直压力下试块剪应力和剪切位移之间的关系

成的原始黏聚力被破坏,此时试样的抗剪强度完全来源于内摩擦力。其摩擦力主要由两部分组成:一部分是由颗粒滑移时要克服表面粗糙不平而引起的滑动摩擦力;另一部分是由颗粒间相互咬合、镶嵌及联锁作用而产生的咬合摩擦力。这两种摩擦力相对于土颗粒原始黏聚力,不容易被破坏,因此在相同的剪切位移下,需要更大的剪应力。也就是说,颗粒间的水化黏聚力作用已经大大减弱,而物理性的内摩擦力起到主要作用。不过,粒间组合是非常复杂的,这种内摩擦力在外力作用下的反作用也一定是非常复杂的,因此抗剪强度变化的无序性也更为突出。

5.2.2 渗透性能

利用 ϕ 20 mm×150 mm(直径×高度)的玻璃管开展砒砂岩渗透性能试验,砒砂岩试样颗粒不大于 2.36 mm。

将筛选过的砒砂岩颗粒装入圆柱形磨具中,配制不同浓度的抗蚀促生材料溶液和EVA、PVA复合材料,喷洒在砒砂岩表面的量为 5 L/m²。待抗蚀促生材料复合溶液形成固结层后,测定其厚度,研究抗蚀促生材料复合溶液的渗透能力。

试验表明,当单独使用抗蚀促生材料时,渗透厚度随着抗蚀促生材料浓度的增大而减小,抗蚀促生材料浓度从3%增大到8%时,渗透厚度从 80 mm 降低到 15 mm 左右,见图 5-12。当抗蚀促生材料浓度小于5%时,渗透厚度在 5 min 内一直呈增大趋势,说明在5 min 内抗蚀促生材料溶液还没有完全固化,具有一定的流动性,可以继续渗透,但是厚度增加的速率明显减小,这是由于部分溶液发生凝胶,流动性变差,渗透速度减缓。而当抗蚀促生材料浓度大于5%时,渗透厚度在 3 min 左右基本稳定,说明抗蚀促生材料溶液在 3 min 左右发生了固化,形成了长链大分子,流动性消失,无法继续渗透。在添加2%PVA 和 3%EVA 的条件下,渗透厚度的变化趋势也是随着抗蚀促生材料浓度的增大而呈增大趋势的,但与单一抗蚀促生材料相比,最大渗透厚度基本没有改变,而就达到最终稳定的时间而言,加入 PVA 后,达到渗透平衡所需的时间稍微缩短,加入 EVA 后则基本相似。这说明对于坡度较大的地方,通过添加 PVA 和 EVA,加快稳固的效果会更好。

5.2.3 浸润性能

利用 JC2000C1 静滴接触角测定仪测定红色砒砂岩被不同复合材料溶液固结后的水滴浸润过程。采用角度测量法直接测量固结体表面液滴接触角的变化过程和大小,从而探寻复合体表面水的浸润性能。

从图 5-13 来看,砒砂岩原岩的浸润角为 104.3°,加入抗蚀促生材料复合体、加入抗蚀促生材料和PVA-203复合体、加入抗蚀促生材料和PVA-105复合体的水滴浸润角度分别是 94.2°、89.3°、92.5°,说明各种状态下浸润性较差。但是,随着时间的推移,抗蚀促生材料液滴和水滴都能够完全渗入到砒砂岩,而且在渗透的过程中接触角变化均匀,说明渗透过程靠的是虹吸作用,而不是本身的亲水性。

不过,正如前述,将不同的抗蚀促生复合材料喷洒在砒砂岩表面时,可以形成一定厚度的网状固结层,对水滴的浸润起到保护作用。同时,在固结层中存在有一定的微小孔隙,可以在虹吸或毛细管作用下使水能够缓慢地渗入到砒砂岩表层以下,从而可以起到减小水力侵蚀强度的作用。

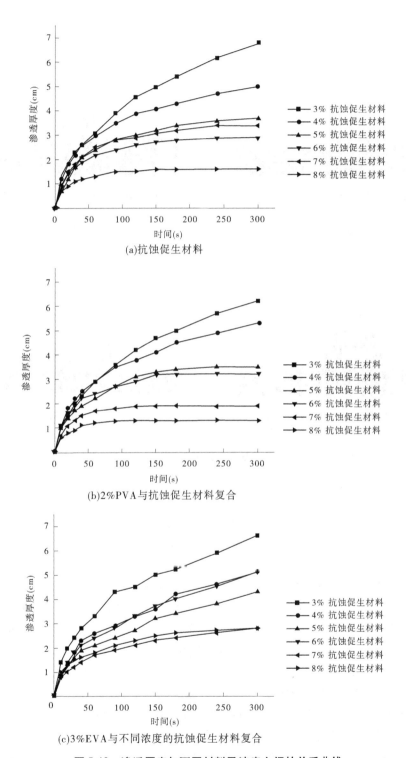

(a)抗蚀促生材料

(b)2%PVA与抗蚀促生材料复合

(c)3%EVA与不同浓度的抗蚀促生材料复合

图 5-12 渗透厚度与不同材料及浓度之间的关系曲线

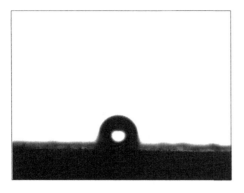
(a)抗蚀促生材料液滴在砒砂岩原岩上

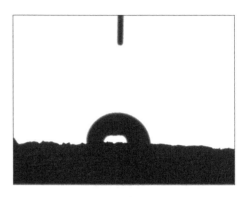
(b)单独加入抗蚀促生材料复合体水滴

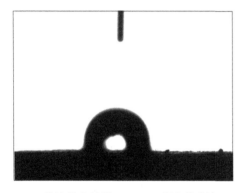
(c)抗蚀促生材料+PVA-203复合体水滴

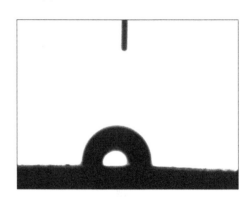
(d)抗蚀促生材料+PVA-105复合体水滴

图 5-13　液滴在不同处理条件下砒砂岩复合体上浸润过程

5.2.4　抗分散性能

表征土壤抗蚀性大小的指标很多,如分散率、侵蚀率等。根据《水土保持试验规程》(SL 419—2007),土壤抗蚀性可用土壤团聚体的水稳性指数 K 表示。

在抗冲性试验中,分别以砒砂岩颗粒粒径 4.75~9.5 mm、9.5~13.2 mm、13.2~16.0 mm、16.0~31.5 mm 作为研究组别。在砒砂岩表面分别喷洒不同用量和浓度的抗蚀促生材料,并在喷洒过程中保证喷洒的均匀性。之后将颗粒放到筛子上,开展抗蚀性试验。第一阶段的测定时间选择在 10 min 以内,对基本未发生侵蚀的组别在第二阶段再延长浸水时间,观察砒砂岩复合体颗粒的抗水蚀情况。结果表明,对于砒砂岩原岩颗粒来说,抗蚀性与颗粒的大小没有太大的关系,在浸水的 10 min 中,基本上所有的颗粒全部水蚀溃散[见图 5-14(a)],说明砒砂岩的抗蚀性极差,在水力条件下,易受到水力侵蚀。

喷洒抗蚀促生材料后,颗粒大小、抗蚀促生材料浓度及喷洒量对砒砂岩的水稳性指数皆有影响。根据图 5-15 分析,原岩颗粒的水稳性指数约为 0.2 左右,在水中浸泡 10 min,大约有 20% 的砒砂岩颗粒未发生明显的崩解现象;加入抗蚀促生材料后,水稳性指数可达到 0.8 以上,且随着抗蚀促生材料浓度和喷洒量的增大而逐渐增大,说明抗蚀促生材料

(a)砒砂岩原岩(1 min)   (b)喷洒3%的抗蚀促生材料(2 d)

注:砒砂岩颗粒粒径为 9.5~13.2 mm、抗蚀促生材料浓度为 3%

图 5-14 砒砂岩原岩、复合体颗粒的抗蚀性试验

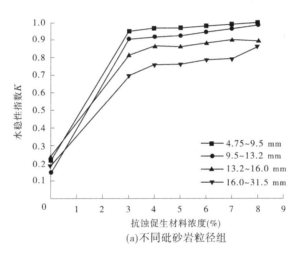

(a)不同砒砂岩粒径组

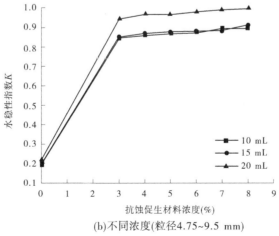

(b)不同浓度(粒径4.75~9.5 mm)

图 5-15 粒径及抗蚀促生材料浓度对水稳性指数 K 的影响

溶液对砒砂岩颗粒进行了渗透包裹,从而 80%以上的砒砂岩颗粒未发生水蚀,保持了完整性。抗蚀促生材料浓度越大,在砒砂岩表面形成的固结层更加紧实,黏结性更强,提高了整体性。保证合适的喷洒增量,可以使抗蚀促生材料溶液更好地渗入到砒砂岩颗粒中,全面包裹砒砂岩,可以较长时间地阻控水力侵蚀。此外,当颗粒粒径较小时,喷洒相同浓度和质量的抗蚀促生材料溶液时,颗粒较大的更容易造成水蚀。

　　当分别按 2%PVA 和 3%EVA 与抗蚀促生材料复合后,水稳性指数的变化趋势和单一使用抗蚀促生材料溶液相似,且对其水稳性指数的影响不大,基本上还是受抗蚀促生材料浓度变化的影响(见图 5-16)。因此,加入 PVA 和 EVA 后,抗蚀促生材料固结体的抗蚀性能基本不变,说明抗蚀促生材料本身即可在水中保持很好的完整性和稳定性。

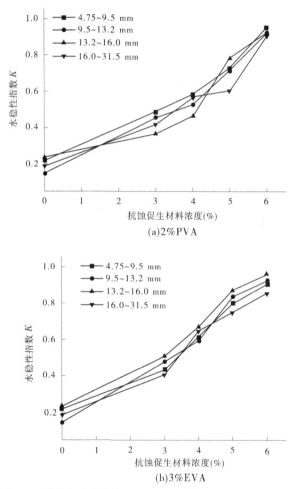

图 5-16　抗蚀促生材料与 PVA、EVA 复合后的水稳性指数变化

5.2.5　胶结砒砂岩性能

　　通过对砒砂岩颗粒及复合体内部结构的 SEM 电镜扫描发现(见图 5-17),砒砂岩原岩内部松散,颗粒形状棱角分明,黏结性差,且无密集性,而喷洒抗蚀促生材料溶液后,迅

(a)砒砂岩原岩颗粒

(b)砒砂岩与抗蚀促生材料复合体结构对比

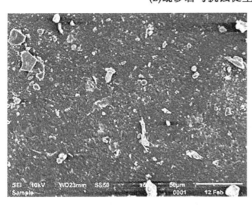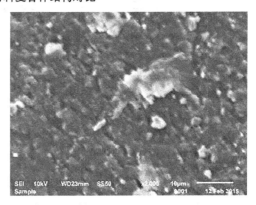

(c)砒砂岩表面胶结层结构

图 5-17　砒砂岩原岩和复合体的微观结构

速渗入砒砂岩中,在砒砂岩颗粒表面形成包裹胶结层,使得砒砂岩颗粒变大,表面开始变得粗糙,密集性提高,从而可以有效提高颗粒间的有效接触面积,提高了黏结性。根据砒砂岩表面固结层观察发现,抗蚀促生材料在砒砂岩表面形成了一层具有弹性的凝胶网状体,将砒砂岩细小颗粒有效地凝结在了一起,从而可以提高其整体性和抗水流剪切能力,有效保护砒砂岩的水流冲蚀和风蚀,同时还保留了一定的透水性、透气性,可以满足植物生长的需要。

5.2.6　抗紫外耐久性能

试验采用的抗紫外添加剂为紫外线吸收剂和自由基捕获剂。紫外线吸收剂选用 2-羟基-4-正辛氧基二苯甲酮(UV-531),自由基捕获剂选用癸二酸双(2,2,6,6-四甲基-4-哌啶基)酯(UV-770)。

将砒砂岩原岩及固结体放入紫外线耐候试验老化箱中加速老化,其中紫外线辐射强度为 9 W/m²,UV-B 紫外灯管的波长为 275~320 nm,参照《通用软质聚醚型聚氯酯泡沫塑料》(GB/T 10802—2006)标准进行测试,紫外线老化箱内温度 63.5 ℃。试验结果采用试件的质量损失进行表征。

5.2.6.1　抗蚀促生材料添加浓度

选取抗蚀促生材料浓度为 4%、5%、6%、7% 和 8%,喷洒量为 10 L/m²,试样表面直径为 2 cm,表面积为 3.14 cm²,每个试样喷洒量为 3.14 mL,实际制作过程中,采用喷洒量为 3 mL。对照组抗蚀促生材料浓度为 7%,不进行紫外光照。图 5-18 为试样质量亏损试验结果。

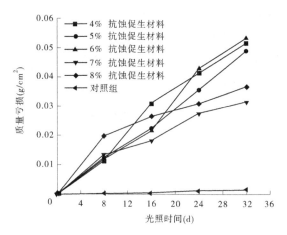

图 5-18　固结体质量损失随抗蚀促生材料浓度的变化

试验表明,随着光照时间的增加,添加了抗蚀促生材料的固结试样质量都有所降低,说明抗蚀促生材料在紫外光照下,会发生降解。不过,添加不同浓度的抗蚀促生材料后,虽然固结试样的质量减少,但是浓度越高,其质量损失量也会越少,同时添加浓度达到 7% 时,其亏损质量的变化趋势也相对更为平缓一些。

5.2.6.2　添加光稳定剂 UV-770

设定抗蚀促生材料浓度为 6%,pH 值为 7,喷洒量为 10 L/m²,光照时间为 32 d,光稳定剂 UV-770 浓度分别选取为 0.02%、0.04%、0.06%、0.08% 和 0.10%,研究在此紫外光照条件下光稳定剂 UV-770 浓度对于抗蚀促生材料固结砒砂岩试样的影响。试样质量亏损随光照时间的变化见图 5-19。

在光照 32 d 后,未添加光稳定剂 UV-770 的试验组质量亏损为 0.053 41 g/cm²,通过

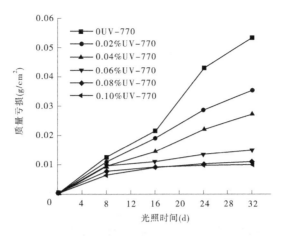

图 5-19 光稳定剂 UV-770 添加浓度对固结体质量损失的影响

添加浓度为 0.02%、0.04%、0.06%、0.08% 和 0.10% 的 UV-770 后,试验组质量亏损分别为 0.035 6 g/cm²、0.027 37 g/cm²、0.015 03 g/cm²、0.011 05 g/cm² 和 0.010 15 g/cm²,显然,UV-770 浓度越高,紫外光照下抗蚀促生材料固结砒砂岩试样的质量亏损越小。同时,未添加 UV-770 的试验组随光照时间的质量亏损变化方差为 0.000 47,添加 UV-770 的试验组随光照时间质量亏损变化方差均小于 0.000 2,说明在加入 UV-770 之后,试样质量变化更为平缓。当添加的 UV-770 浓度为 0.08% 和 0.10% 时,两者质量变化差别很小,在光照 8 d 时出现质量亏损后,接下来 24 d 的光照中,试样质量均没有发生太大的变化。这说明在一定时间内,当 UV-770 浓度高于 0.08% 时,其作用效果已达到相对最好,继续增加 UV-770 的用量,已不再明显提高抗蚀促生材料固结砒砂岩试样的抗紫外能力。

5.2.6.3 添加 UV-531

设定抗蚀促生材料浓度为 6%,pH 值为 7,喷洒量为 10 L/m²,光照时间为 32 d,研究在此紫外光照条件下添加不同浓度的 UV-531 对砒砂岩试样质量变化的影响。UV-531 浓度分别选取为 0.02%、0.04%、0.06%、0.08% 和 0.10%,试样质量亏损随光照时间的变化见图 5-20。

在 32 d 紫外光照过程中,UV-531 浓度为 0.02% 的砒砂岩固结试样质量亏损要明显低于未添加 UV-531 的砒砂岩,而且随光照时间增加,差距较为明显。在光照 32 d 后,未添加 UV-531 的试验组质量亏损为 0.053 59 g/cm²,添加了浓度为 0.02%UV-531 的试验组质量亏损为 0.044 87 g/cm²,降低了 16% 以上。当 UV-531 浓度高于 0.06% 时,质量亏损随 UV-531 浓度的升高变化不大。其原因同 UV-770,因为此时抗蚀促生材料紫外老化情况已基本被控制。

从表 5-2 可以看出,不同添加剂对提升抗蚀促生材料固结砒砂岩抗紫外老化寿命的作用是不同的。UV-531 和 UV-770 对固结体抗紫外老化寿命的提升作用较好。在相同浓度下,UV-531 的效果要好于 UV-770。根据不同添加剂与固结体抗紫外老化寿命的线性关系分析,UV-531 和 UV-770 预测寿命较长,尤其是两者的添加浓度均达到 0.06% 时,抗老化寿命明显延长。

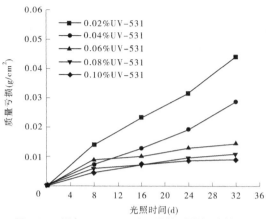

图 5-20　添加 UV-531 对固结体质量损失的影响

表 5-2　不同添加条件下抗紫外老化模型

添加剂浓度(%)		拟合方程	R^2	抗紫外老化寿命(年)	说明
抗蚀促生材料	4	$T = 0.121\ 5C - 0.084\ 6$	0.994 9	5.7	
	5	$T = 0.117\ 6C - 0.055\ 9$	0.970 3	5.9	
	6	$T = 0.104\ 7C - 0.052\ 5$	0.991 2	6.6	
	7	$T = 0.086\ 3C - 0.067\ 2$	0.977 4	8.0	
	8	$T = 0.075\ 1C - 0.093\ 9$	0.952 0	9.2	
UV-531	0.02	$T = 0.049\ 2C + 0.360\ 6$	0.983 2	13.9	拟合方程中 T、C 分别为老化寿命和添加剂浓度
	0.04	$T = 0.035\ 0C + 0.101\ 8$	0.991 9	19.7	
	0.06	$T = 0.011\ 6C + 0.346\ 1$	0.953 9	59.2	
	0.08	$T = 0.010\ 6C + 0.218\ 2$	0.988 7	64.8	
	0.10	$T = 0.009\ 5C + 0.182\ 6$	0.855 3	72.6	
UV-770	0.02	$T = 0.052\ 4C + 0.138\ 9$	0.993 8	13.1	
	0.04	$T = 0.038\ 7C + 0.148\ 9$	0.992 3	17.8	
	0.06	$T = 0.011\ 7C + 0.387\ 8$	0.969 7	58.5	
	0.08	$T = 0.010\ 7C + 0.308\ 2$	0.982 0	64.1	
	0.10	$T = 0.010\ 2C + 0.259\ 0$	0.973 6	67.3	

5.2.7　减蚀性能

5.2.7.1　试验设计

　　分别开展了在降雨、径流两组水力侵蚀条件下抗蚀促生材料的减蚀性能试验,后一试验试图消除降雨过程中雨滴击溅侵蚀的影响,将两者相应称为降雨试验、径流试验。

1. 降雨试验

试验在黄河水利科学研究院"模型黄河试验基地"黄土高原水土流失试验厅进行。试验的主要目的是比较使用抗蚀促生材料前后砒砂岩坡面遭受侵蚀的情况。试验因素设为降雨强度、坡度、植被覆盖率等。试验降雨强度分别为20 mm/h、50 mm/h、80 mm/h,采用下喷式自动模拟降雨系统,其降雨均匀性可达90%以上;试验土槽为移动式可变坡度钢槽,坡度调节范围为5°~45°,土槽长、宽、高依次为5 m、2 m和0.6 m,土槽宽度方向上分为2个1 m的槽,试验坡度分别为20°、30°、40°;植被覆盖度分别为10%、30%、50%;抗蚀促生材料喷洒量为1.5 L/m²,其浓度不大于4%。

试验的前1 d,用不会引起土壤侵蚀的低强度进行预降雨,以保证降雨前土壤含水率基本一致,并可尽量消除坡面地表处理的差异性。用小型喷洒设备将配制的抗蚀促生材料溶液快速均匀喷洒在砒砂岩坡面,养护1 d。每次的试验降雨持续1 h,每隔3 min用取样器接一次径流泥沙样,用烘干法测量泥沙的质量,以分析土壤侵蚀量的变化。用直尺和相机记录坡面细沟的发育情况。

2. 径流试验

在黄河水利科学研究院"模型黄河试验基地"黄土高原水土流失试验厅进行。试验装置系统由位于坡面上部的供水设备、位于坡面下部的试验土槽及土槽两侧的步梯组成。试验土槽为可调坡钢质冲刷槽,土槽长、宽、高分别为5 m、2 m、0.6 m,试验土槽长5 m、宽1 m。

径流设计为1 L/min、5 L/min、10 L/min三个流量级,坡面坡度设计为20°、30°、40°。坡长为5 m,试验历时为40 min。抗蚀促生材料使用量有两个参数控制:一为剂型;二为单位坡面面积的喷洒量。选取试验的剂型分别为抗蚀促生材料、抗蚀促生材料+PVA、抗蚀促生材料+EVA,每种处理试剂的浓度为5%(质量浓度),单位面积的喷洒量为3 L/m²。

在土槽下端的出口处用集流仪收集径流泥沙样,每2 min测取一次,同时测取坡面流的水动力学参数,包括径流流速、流宽、流深等,其中流速测量利用秒表,通过测量水流流经50 cm的历时换算求得;流宽、流深利用直尺直接测量。试验结束后,分别测量各集流桶内的径流质量和体积,然后计算得到该时间段内的侵蚀量、水流含沙量。

5.2.7.2　无抗蚀促生材料坡面产沙过程试验结果

1. 降雨强度对砒砂岩坡面产沙过程影响

图5-21为在不同坡度和降雨强度下,砒砂岩坡面产沙量随时间的变化过程。不同坡度条件下,初期产沙量均随降雨历时的增加而不断增加,之后则趋于相对稳定,其中降雨强度越小,产沙量趋于稳定的时间越早。在降雨历时约0.5 h后,所有雨强条件下产沙量基本都趋于相对稳定。已有研究表明,产沙量过程线分为三种:平缓型、单峰型和多峰型,砒砂岩坡面侵蚀产沙量随时间变化均为平缓型。砒砂岩坡面没有出现峰值现象的原因,主要是由于砒砂岩遇水崩溃,侵蚀不断加重,很快就可使水流含沙量达到饱和。另外,产沙量受降雨强度的影响极其显著($p<0.01$),降雨强度越大,坡面的产沙量也越大,且曲线波动也更加明显。在三种降雨强度下,产沙量也均随坡度的增加而增加,但相对不太明显($p>0.05$),即坡度对侵蚀产沙量的影响小于降雨强度的影响。

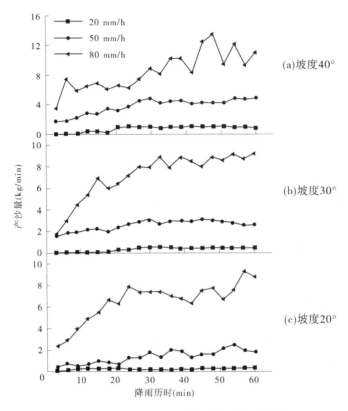

图 5-21　降雨强度与砒砂岩坡面产沙过程关系

2. 径流量对砒砂岩坡面产沙过程影响

如果将单位时间内坡面产沙的质量称为产沙强度或称为产沙率,由不同流量下 3 个坡度级砒砂岩坡面产沙强度的动态变化过程来看,在施放径流开始阶段,产沙强度较小,但其后在 5 min 内增加很快,达到一定峰值后,又逐渐减少并趋于动态相对稳定状态,见图 5-22。这是因为冲刷刚开始时水流以入渗为主,径流有较明显的损失,冲刷能力小,产沙强度相对较低;随着径流入渗的减弱,在同样试验流量下,径流冲刷能力较初始阶段迅速提高,产沙强度随之快速增加。在此过程中,坡面逐渐出现跌坎并发育成侵蚀沟,间或伴有局部坍塌,侵蚀产沙量也相应增大。随着时间的延续,当坡面出现相对稳定的侵蚀沟时,整个坡面的形态趋于相对稳定,此时径流的侵蚀能力也趋于相对稳定,产沙强度相应趋低且相对稳定。另外,在相同流量下,尽管坡度不同,但在试验条件下,出现产沙强度的峰值和趋低走稳的态势是基本相似的,时间临界也接近。同时,流量越大,其产沙强度趋低走稳的临界也越高。以 30°的坡面为例,流量为 1 L/min 时,其坡面冲刷时的产沙强度 248.73 g/min,而流量为 5 L/min 和 10 L/min 时的产沙强度分别为 401.93 g/min 和 706.33 g/min;坡度为 20°和 40°的坡面,产沙强度随着冲刷流量有类似变化。可见,在试验条件下,流量对砒砂岩坡面产沙强度有较大影响。

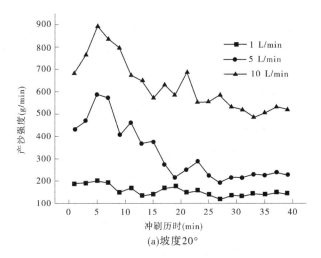

(a)坡度20°

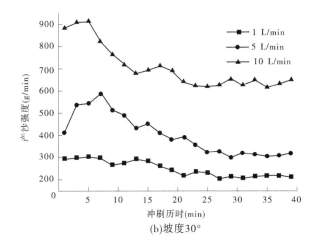

(b)坡度30°

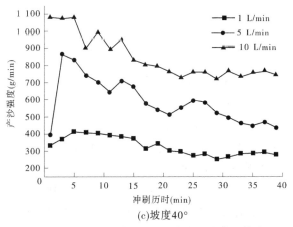

(c)坡度40°

图 5-22　不同冲刷流量下产沙强度变化曲线

3. 植被—降雨对砒砂岩坡面产沙过程影响

图 5-23 为不同降雨强度和植被覆盖度下,砒砂岩坡面产沙量随时间的变化过程,可以看出,有植被覆盖的砒砂岩坡面产沙量随时间变化规律同裸坡的基本相似,初期产沙量均随降雨历时的增加而快速增加,之后趋于相对稳定。植被对砒砂岩坡面具有一定的减蚀作用,不同降雨强度条件下,产沙量均随着植被覆盖度的增加而减少。砒砂岩坡面减蚀效果也明显受到降雨强度影响,不同降雨强度时,植被的减蚀率相差较大。当降雨强度为 20 mm/h 时,不同覆盖度的植被减沙效果均非常明显($p<0.01$),减沙率均超过 70%。但是,当降雨强度为 80 mm/h 时,只有植被覆盖度为 50% 时对应的产沙量较裸坡变化明显,减沙率为 86.72%;其他覆盖度条件,产沙量较裸坡的变化并不明显($p>0.05$)。

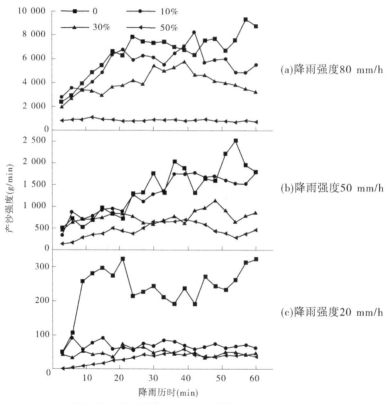

图 5-23　植被覆盖度与砒砂岩坡面产沙过程关系

4. 坡度对砒砂岩坡面产沙过程影响

图 5-24 是在流量相同时,不同坡度的砒砂岩坡面产沙强度的动态变化。与上述分析相同,虽然坡度不同,但在径流冲刷初始阶段的产沙强度均较小,其后则迅速增加,在某一时刻达到峰值,之后随着冲刷历时的延长呈现下降的趋势。坡度越大,在相同流量条件下的产沙强度越高,但所有试验坡度下的产沙强度变化过程是相似的。流量为 1 L/min 和 5 L/min 时,产沙强度趋于稳定的时间约在 25 min 后;流量为 10 L/min 时,产沙强度趋于稳定的时间则不明显。此外,流量分别为 1 L/min、5 L/min 和 10 L/min 时,随着坡度的增加,产沙强度相应的增大,其主要是因为随着坡度的增加,坡面土壤的稳定性变差,同时,

坡度的增加减少了土壤的入渗,增加了径流流速,径流切应力及径流分离能力相应增加。以流量 5 L/min 时为例,坡度为 20°、30°、40° 时,其产沙强度减缓趋稳的临界分别约为 323.59 g/min、401.93 g/min、588.70 g/min。可见,坡度对砒砂岩坡面冲刷时的产沙强度有较大影响。

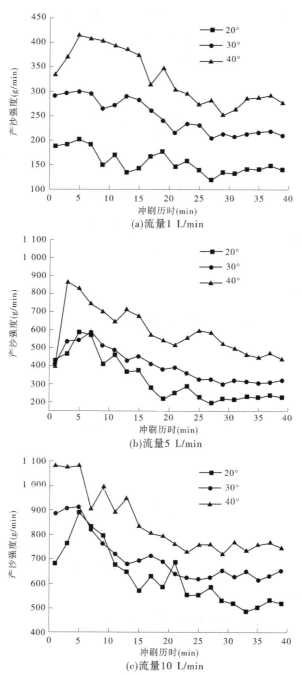

图 5-24　不同坡度下产沙强度变化曲线

5.2.7.3　有抗蚀促生材料坡面产沙过程试验结果

1. 抗蚀促生材料对不同降雨强度产沙过程的影响

通过抗蚀促生材料处理后,不同坡度条件下各降雨强度侵蚀产沙量基本相同(见图 5-25),20 mm/h 降雨强度时产沙量均在 10 g/min 左右;50 mm/h 降雨强度时产沙量均在 25 g/min 左右;80 mm/h 降雨强度时产沙量均在 60 g/min 左右。而降雨强度对侵蚀产沙量影响明显,降雨强度越大产沙量越大,但较无抗蚀促生材料而言,仍在一个很低的水平。这和其他人的一些相关研究结论是一致的。例如,夏海江等(2011)通过试验研究

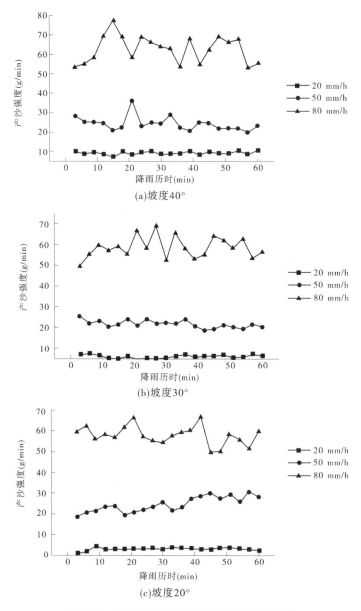

(a)坡度40°

(b)坡度30°

(c)坡度20°

图 5-25　不同条件下坡面产流量变化过程曲线

了聚丙烯酰胺对减少土壤侵蚀效果的影响,发现效果显著,其平均减蚀率可达 78.1%,减蚀机制主要是该絮凝材料促进了土壤沉降,改善土壤结构,提高了土壤的水稳性,这也是化学防治坡面侵蚀的原理。

有区别的是,抗蚀促生材料减蚀机制相比其他化学防治措施,它并没有改变砒砂岩的土壤结构,而是在砒砂岩边坡表层形成了一层有一定厚度的包裹保护层,其阻断了水与岩层的交互作用,大大降低了表层土壤的可蚀性,只有表层黏固不牢的沙粒在雨滴击溅下才可能被剥离形成产沙。

在实施抗蚀促生材料后,坡度变化对产沙量的影响相对较小,主要由于抗蚀促生材料处理后,已经在很大程度上减少了水力侵蚀和重力侵蚀的潜势。因此,抗蚀促生材料可以从根本上解决砒砂岩遇水松软如泥的特性。

根据试验中最不利条件(坡度 40°、降雨强度 80 mm/h)下的观测结果发现,砒砂岩坡面是否喷洒抗蚀促生材料,其侵蚀形态有很大差异,见图 5-26。图 5-26 共 6 组试验土槽,每组土槽均由 2 个土槽组成,其中左侧土槽为喷洒材料的坡面,右侧的则是未喷材料的坡面(裸露坡面)。从每隔 10 min 拍摄的侵蚀形态看,喷洒抗蚀促生材料后,基本上没有侵蚀沟出现,而裸露的对比坡面,在第二个阶段就已出现了明显的侵蚀沟,至试验结束,基本上发育形成了浅沟。

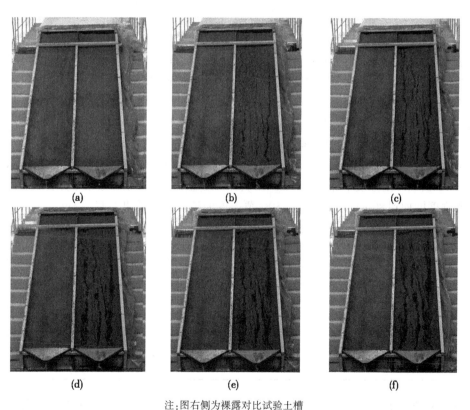

注:图右侧为裸露对比试验土槽

图 5-26 不同处理条件下坡面侵蚀形态试验对比

通过对整个降雨过程中的产流量统计发现,在不同降雨强度下,植被均起到了减流作用,见表 5-3。20 mm/h 降雨强度时,在 10%、30%、50%的植被覆盖度下,植被的减流率分别为 26.11%、22.99%、24.38%;50 mm/h 降雨强度时,植被的减流率分别为 4.95%、10.69%、24.42%;80 mm/h 降雨强度时,植被的减流率分别为 4.10%、12.32%、19.10%。可以看到,在小降雨强度时,所有植被覆盖度坡面植被的减流率均超过了 20%,而随着降雨强度的增加,植被覆盖度低的坡面其减流效益降低,其中降雨强度为 50 mm/h 和 80 mm/h,植被覆盖度 10%的坡面减流率均不足 5%。只有植被覆盖度达到 50%时,两种降雨强度条件下,植被的减流率才达到 20%。这说明,低植被覆盖度只能对小雨有明显的减流效益,对于大雨特别是暴雨级的降雨,植被的作用会有所降低,同时要使植被在一定强度的降雨下发挥很好的保持水土的作用,其覆盖度至少要达到 50%以上。以往在黄土丘陵沟壑区的研究也发现了砒砂岩坡面试验所反映的这一植被—降雨耦合规律(许炯心等,2009)。

表 5-3　降雨试验 1 h 坡面总产流量

降雨强度	不同植被覆盖度下累计产流量(L)			
(mm/h)	0	10%	30%	50%
20	86.70	64.06	66.77	65.56
50	256.84	244.13	229.38	194.12
80	405.57	388.96	355.59	328.09

表 5-4 为 1 h 降雨内,不同覆盖度条件下砒砂岩坡面产沙量。相同覆盖度时,产沙量均随着降雨强度的增加而成指数增长,降雨强度与坡面产沙量的关系与前述规律是基本一致的,不再赘述。对于 10%、30%、50%的植被覆盖度,与砒砂岩裸坡相比的减蚀效果为:20 mm/h 降雨强度时,产沙量分别减少 70.54%、79.88%、86.37%;50 mm/h 降雨强度时,产沙量分别减少为 6.95%、44.78%、67.55%;80 mm/h 降雨强度时,产沙量分别减少 15.16%、39.18%、86.72%。降雨强度为 20 mm/h 时,不同覆盖度植被的减沙效果明显,均超过了 70%;当降雨强度增加到 50 mm/h 时,10%覆盖度的植被减沙效果很差,仅有 6.95%;当降雨强度增加到 80 mm/h 时,只有 50%覆盖度的植被减沙效果明显,超过了 80%。总的来看,降雨强度较大时,植被要想达到理想的减蚀效果,覆盖度必须超过一定的值。

表 5-4　降雨试验 1 h 的坡面产沙量

降雨强度	不同覆盖度坡面产沙量(g)			
(mm/h)	裸坡	10%	30%	50%
20	14.26	4.20	2.87	1.94
50	82.73	76.98	45.68	26.85
80	390.71	331.46	237.64	51.89

在试验条件下,实施抗蚀促生材料后,对于同一坡度,其侵蚀产沙量似乎与降雨强度关系不太明显(见表 5-5)。而在不同坡度时,降雨强度则对侵蚀的影响依然显著,大雨强时雨滴击溅能量和径流动能都显著增加,导致受侵蚀影响更为显著。

表5-5　不同条件下抗蚀促生材料处理后坡面减沙效益

降雨强度	不同坡度减沙效益(%)		
(mm/h)	20°	30°	40°
20	98.71	98.21	99.10
50	98.21	99.15	99.16
80	98.76	99.35	99.32

　　对比相同条件下的坡面,在使用抗蚀促生材料后,砒砂岩坡面侵蚀量减少非常显著,减沙效益均可达到98%以上,说明该材料对阻控砒砂岩侵蚀有着很好的应用前景。

　　2.抗蚀促生材料浓度对坡面径流产沙过程的影响

　　实施抗蚀促生材料后,不同流量下砒砂岩坡面的产沙过程见图5-27。

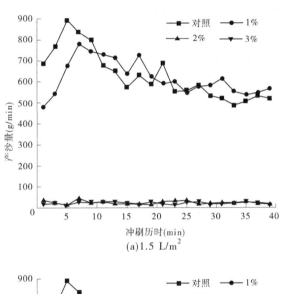

(a)1.5 L/m²

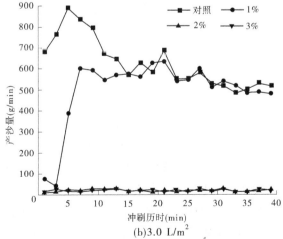

(b)3.0 L/m²

图5-27　不同抗蚀促生材料剂量的产沙量过程

　　试验表明,坡面产沙过程不仅与坡面径流量有关,同时与抗蚀促生材料的浓度也有关。对于抗蚀促生材料浓度1%的坡面,无论哪一级流量,冲刷初期的产沙量均小于裸土坡面,但其后迅速增加至与裸土坡面的产沙量接近,最终两者的产沙量过程曲线保持接近并呈现波动稳定的趋势。在抗蚀促生材料浓度增加为2%、3%时,坡面产沙量远小于裸坡,也小于抗蚀促生材料浓度1%的坡面。这主要是因为一定浓度的抗蚀促生材料可以和水迅速发生反应,能够聚合形成不再溶于水且具有良好力学性能的固结层,而浓度较低时,难以形成固结层。因此,在砒砂岩表面喷洒一定浓度的抗蚀促生材料后,相当于在砒砂岩表面形成了由抗蚀促生材料固结层构成的保护膜,使砒砂岩的抗冲性增强,侵蚀产沙量降低。试验说明,抗蚀促生材料的减蚀作用显然与材料浓度有关,就是说固结层的力学性能及其强度随着抗蚀促生材料浓度的提高而增加,固结层的厚度随着抗蚀促生材料喷洒量的提高而增加。对于浓度1%的坡面而言,抗蚀促生材料难以形成具有一定强度的固结层,在冲刷过程中逐渐被破坏,使坡面侵蚀产沙量逐渐增加至与裸坡接近。而对于抗蚀促生材料浓度2%、3%的坡面而言,在整个冲刷过程中,固结层未曾遭到破坏,保持了较低的产沙量。对比各不同条件下的产沙量从高到低的排列顺序如下:626.80 g/min(裸坡)>616.18 g/min(浓度1%,喷洒量1.5 L/m²)>498.04 g/min(1%,3.0 L/m²)>24.89 g/min(2%,1.5 L/m²)>22.06 g/min(3%,1.5 L/m²)>20.40 g/min(2%,3.0 L/m²)>19.62 g/min(3%,3.0 L/m²)。这说明抗蚀促生材料可以起到有效减少砒砂岩坡面冲刷强度的作用。

　　3. 抗蚀促生材料分别复合PVA、EVA对坡面径流产沙过程的影响

　　图5-28~图5-30为不同剂型处理下的砒砂岩坡面产沙量过程。单位面积的喷洒量相同时,抗蚀促生材料+PVA和抗蚀促生材料+EVA两种处理的坡面其产沙量略高于抗蚀促生材料坡面的产沙量,且喷洒量为1.5 L/m²时,抗蚀促生材料+EVA出现了明显的局部破坏。

　　对比不同条件下的产沙量从高到低的排列顺序为:626.80 g/min(裸土)>105.67 g/min(抗蚀促生材料+PVA,喷洒量1.5 L/m²)>97.28 g/min(抗蚀促生材料+PVA,3.0 L/m²)>74.70 g/min(抗蚀促生材料+EVA,1.5 L/m²)>30.34 g/min(抗蚀促生材料+EVA,3.0 L/m²)>20.89 g/min(抗蚀促生材料,1.5 L/m²)>20.40 g/min(抗蚀促生材料,3.0 L/m²)。这说明不同剂型对砒砂岩坡面侵蚀产沙影响作用是不同的。

　　综上所述,对于裸土坡面而言,其他条件相同时,降雨强度或流量越大,产沙强度越大,在其他条件相同时,坡度越大,产沙强度越大;对于喷洒抗蚀促生材料的坡面,其他条件相同时,砒砂岩坡面产沙量均有明显减少,而且在试验条件下,抗蚀促生材料浓度在1%~3%范围内,固化剂的浓度越高,其固化效果越好,且冲刷破坏需要的时间越长甚至不破坏。抗蚀促生材料浓度为2%及以上、抗蚀促生材料固化剂投量为1.5 L/m²及以上时,在设计的降雨条件下,可以起到明显的降低坡面水力侵蚀的作用。

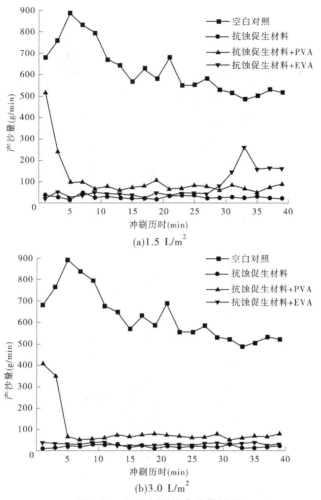

(a)1.5 L/m^2

(b)3.0 L/m^2

图 5-28 不同剂型的产沙量过程

(a)流量1.0 L/min,坡度30°　　(b)流量2.0 L/min,坡度30°　　(c)流量3.0 L/min,坡度30°

图 5-29 裸坡径流试验

(d)流量2.0 L/min,坡度20°   (e)流量2.0 L/min,坡度40°

续图 5-29

  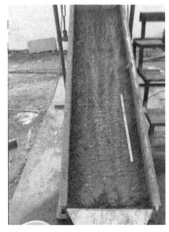

(a)0.5 L/m²,3%,Q=2.0 L/min,30°   (b)1.0 L/m²,3%,Q=2.0 L/min,30°   (c)1.5 L/m²,3%,Q=2.0 L/min,30°

(d)1.5 L/m²,2%,Q=2.0 L/min,30°   (e)1.5 L/m²,3%,Q=3.0 L/min,30°

图 5-30　抗蚀促生材料坡面径流试验

5.2.8　保水促生性能

5.2.8.1　保水性

保水性是抗蚀促生材料的重要功能性指标,保水性强弱直接关系促生的效果。如果有较好的保水性,就可以为植物生长提供较多的水分,有利于植被恢复。

为测试抗蚀促生材料的保水性,将含水率约为 30% 的砒砂岩表面喷洒不同浓度的抗蚀促生材料和 Aquabsorb,形成厚度约 1 mm 的固结层,放入到 φ50 mm×5 000 mm(直径×高度)的透明亚克力塑料管中,然后分别在 0、6 h、18 h、42 h、90 h、162 h、258 h、618 h、810 h、1 050 h、1 290 h 测定离表面 10~15 cm 的砒砂岩含水率(见图 5-31)。

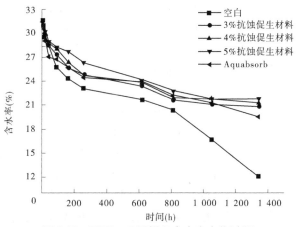

图 5-31　不同工况下样品含水率变化过程

在没有喷洒材料的空白对比组,砒砂岩样品含水率降低较为迅速,而喷洒不同浓度抗蚀促生材料及 Aquabsorb 时含水率下降缓慢,且随着抗蚀促生材料浓度的增加,其含水率降幅不断减小,说明其保水效果提高。因为浓度越大,表面固结层孔隙率越小,蒸发量减小,保水效果越明显,从而有助于植物的生长。

5.2.8.2　保肥性

使用尿素/硝酸铵、磷酸二氢铵对抗蚀促生材料、抗蚀促生材料+PVA、抗蚀促生材料+EVA 固结砒砂岩的保肥性开展了系统试验(见表 5-6)。

表 5-6　保肥性检测结果

样品名称	编号	总氮(mg/L)	总磷(mg/L)	钾(mg/L)
空白对比组	WR16161-1	280	3.64	4.40
3%抗蚀促生材料	WR16161-2	130	2.65	4.01
4% 抗蚀促生材料	WR16161-3	73.0	1.46	3.70
5% 抗蚀促生材料	WR16161-4	89.0	0.81	4.03
4% 抗蚀促生材料+PVA	WR16161-6	89.9	1.57	3.90
4% 抗蚀促生材料+EVA	WR16161-7	68.3	1.70	2.91

通过对不同浓度复合溶液进行固结并淋洗,检测发现,相对于砒砂岩原岩颗粒而言,淋洗液中的总氮和总磷含量皆有大幅降低,最大可降低 75% 以上,说明保持氮肥和磷肥的效果明显;不过钾含量降低较少,最大降低量不到 35%,说明对钾肥的保持效果较差。此外单独加入抗蚀促生材料时效果最佳,但加入 PVA 和 EVA 后,并没有提升对磷肥和氮肥的保持效果。

综合前述有关内容发现,EVA 和 PVA 对抗蚀促生材料性能的提升作用并不是全面的,而是在某些方面提升较为明显,此外对抗蚀促生复合体的固结保肥效果还有待进一步试验观测和研究。

5.2.8.3　植生性

选择适合在砒砂岩区生长的沙打旺(Astragalus adsurgens Pall)、野牛草(Buchloe dactyloides)、黑麦草(Lolium perenne L)、紫花苜蓿(Medicago sativa L)等牧草,在 175 mm × 105 mm ×113 mm 的种植槽中进行撒播,每个槽子中放入 100 粒种子,分别将浓度 0(空白)、3%、4%、5% 和 5%抗蚀促生材料+Aquabsorb 喷洒到种植槽中。

试验发现,这些种子基本在 4~7 d 发芽,12~15 d 达到长势最旺。沙打旺、紫花苜蓿、黑麦草、野牛草 7 d 的发芽率分别为 30%、50%、90%、70%。其中,沙打旺发芽率不高,长势缓慢,植株不高,平均 1~1.5 cm,且 10 d 后开始出现萎蔫现象。紫花苜蓿发芽较快,但长势较慢,草茎较细,达到 2 cm 左右的时候开始出现倒伏现象;黑麦草发芽率极高,长势较好,但草茎较细;野牛草发芽率高,长势迅猛,草茎较粗,植株也最高。

与未处理的空白对比组相比,喷洒了抗蚀促生材料的种植槽中,种子的发芽率随着浓度的增大呈递减趋势,最大可递减 30%。在未浇水的情况下,原始砒砂岩上的植被在 15~20 d 基本萎蔫死亡,而处理过后的砒砂岩基本上可以保持 30~40 d,处理的部分延续生长平均增加 15 d 左右,说明抗蚀促生材料在砒砂岩表面形成的固化层,起到了保水促生的作用。在砒砂岩区干旱条件下,该材料可以有效增加植物的生长时间,保证植被成活率和覆盖率。

5.3　抗蚀促生材料施工设备

在原有一种化学固沙喷涂装置设备的基础上,根据抗蚀促生材料的性能和砒砂岩地区施工环境要求,研发了包括大型、小型在内的一套便捷式一体化的抗蚀促生复合材料高效喷洒设备(公开号:CN106423625A,专利授权号:ZL200820063201.6),较原有设备的效率提高 3 倍以上,可实现 5 亩/h❶ 左右的施工速率。

5.3.1　小型设备

针对研发的抗蚀促生材料具有一定的黏性,固化时间较快,3%浓度下固化时间为 3 min 左右,且随着温度的提高,固化时间加快,最快可达到数十秒的特点,研发了一种包括喷涂设备、发电机、水泵等便捷式可移动的小型施工设备。

---

❶　1 亩 = 1/15 hm²,全书同。

考虑到现场施工过程中如坡面坡度较大且坡面较长、砒砂岩表面凸凹不平、不同区域治理方案不同、喷洒浓度不同等一些限制条件,需要保证施工过程中的喷洒均匀性、便捷性及施工效率,首先对泵型进行了优选改进。在优选过程中,主要从性能上开展现场试验对比(见图 5-32)。在示范工程施工过程中,对国产摆线齿轮泵、隔膜泵、进口摆线齿轮泵及柱塞泵进行了现场试验及调试。结果表明,柱塞泵和进口摆线齿轮泵皆适合现场施工,柱塞泵结构简单,且可明显提高效率。

(a)国产摆线齿轮泵

(b)隔膜泵

(c)进口摆线齿轮泵

(d)柱塞泵

图 5-32 材料泵优选

5.3.2 大型设备

小型设备效率相对较低,而且主要适用于相对坡缓坡短的施工环境,对于在高陡边坡上无法进行正常施工。在砒砂岩区有不少坡面都属于高陡边坡,坡长往往达几十米甚而上百米,因此需要研发能够适用于高陡边坡的施工机械。

为更好地提高施工效率,保证施工质量,在原有小型一体化设备的基础上,设计开发了一套大型的坡面喷洒施工设备系统(公开号:CN106423625A),用于解决大坡度高边坡喷淋材料溶液的问题,提高喷涂效率。该套设备不仅可以在高陡边坡上自由移动,而且喷洒工作效率大幅度提升。

大型施工设备由移动支架、星轮机构、栓锁机构、喷淋系统、连接软管、拖曳系统及电气控制系统组成,见图 5-33。

该设备的优势在于:①在现有设备的基础上,加入动力拖曳系统,实现在高陡边坡的自由移动;②优化创新自动控制设备,实现对材料与水充分混合后的浓度和喷涂量精准控

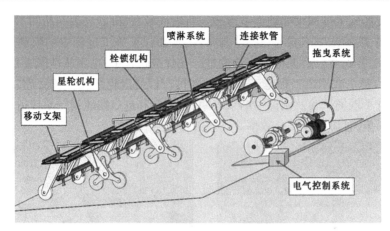

图 5-33　大型设备结构示意图

制;③增加定向止回阀和喷淋装置,将喷涂装置的效率提高至 3 倍以上(相对于原有设备)。该设备系统结构配置合理,操作灵活,使用安全,施工效率高,可广泛应用在边坡生态修复中化学材料方法的大面积施工作业。

　　该设备的技术关键点是适用于抗蚀促生材料与水混合溶液的喷涂;利用动力拖曳系统和星轮机构,实现在高陡边坡的自由移动,具有灵活性,可移动性强;利用电气控制系统和泵送系统的组合,实现了对抗蚀促生材料与水混合的浓度、喷涂量的自动精准控制;设计的止回阀可以有效防止水分进入材料溶液管道,同时使栓锁系统与喷淋系统无缝连接,可以保证施工的均匀性,提高覆盖面积和施工效率。

5.4　施工工法设计

　　为规范砒砂岩抗蚀促生材料的施工技术要求,便于推广应用,特提出了针对砒砂岩地区不同类型区地貌特点的抗蚀促生工程施工工法,即《砒砂岩抗蚀促生生态护坡工法》,并形成了企业技术标准(企业标准号:Q/JYJCK001—2016)。

　　该工法的基本原理是通过在砒砂岩边坡表面喷涂抗蚀促生材料,使裸露的坡面形成一定厚度的柔性固结层,改善地表土壤结构,增强边坡坡面整体稳定性;挂网喷涂进一步延长材料停留时间,增加渗透厚度,提高喷涂固结效果。由于表层固结后降低了土壤表层的渗透能力,通过构建坡面微润灌溉系统,结合截水沟和储水窖收集雨水或人工补水作为水源,为促生区植被生长初期提供更多的水分,见图 5-34。另外,通过在坡顶、坡脚实施乔灌木植物配置进一步提升边坡治理的生态效果,形成由上至下、由内至外的立体治理措施,提高边坡自身抗水力、风力、重力、冻融等侵蚀能力。

　　该工法适宜于砒砂岩自然边坡及道路、水利、建筑、矿区等的人工边坡生态治理及修复工程。

　　根据砒砂岩自然边坡的坡度,自上而下分为 4 个施工区,即坡顶区、陡坡区、中等坡度区、坡脚缓坡及谷底区。根据不同分区的坡度、地质及生态恢复的功能需要,对不同分区采取不同的生态护坡措施和相应的施工方法,见表 5-7。

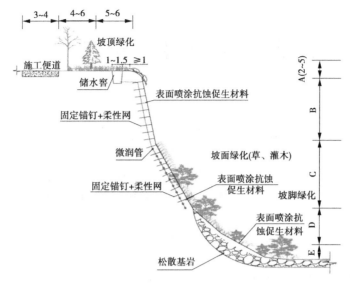

图 5-34 砒砂岩自然边坡治理施工分区剖面 （单位：m）

表 5-7 边坡治理措施配置与施工技术要求

分区	名称	处理措施	尺寸范围	配置要求
A	坡顶及坡挂	修建施工便道、截水沟和储水窖，并在其他区域种植乔灌草	施工便道：3~4 m；截水沟：倒置梯形，尺寸1~1.5 m；坡挂：垂直2~5 m；截水沟到坡角≥1 m	植被宜选油松和柠条；储水窖大小，根据雨量和汇水面积进行计算
B	固结隔水区（陡坡≥60°）	材料措施：高浓度抗蚀促生材料；工程措施：柔性网+固定铆钉	材料浓度：6%~8%	
C	固结促生区（中坡 30°~60°）	材料措施：中浓度抗蚀促生材料；植物措施：草灌结合，铺微润管；工程措施：柔性网+固定铆钉	材料浓度：4%~6%	植被宜选沙棘、蒙古莸、百里香、驼绒藜、达乌里胡枝子、野牛草
D	促生绿化区（缓坡≤30°）	材料措施：低浓度抗蚀促生材料；植物措施：乔草灌结合	材料浓度：3%~5%	植物宜选用小叶杨×沙棘混交林，以及栽种沙棘×羊草或冰草
E	坡底区	材料措施+植物措施，建植沙棘柔性坝，种植乔木		乔木宜选用小叶杨

6　砒砂岩改性关键技术

淤地坝是拦沙淤地、减少水土流失的重要水土保持工程措施。但是由于砒砂岩遇水溃散的特性,难以将其直接用作修建淤地坝的工程材料,很大程度上制约了砒砂岩区淤地坝工程建设的发展。为解决砒砂岩原岩不能作为修建淤地坝等水土保持工程的建筑材料问题,开展了砒砂岩改性技术研究。考虑到修筑淤地坝的材料需要满足涉水的要求,因此重点针对抗水蚀性能的目标要求开展改性研究,同时兼顾抗风蚀性能及抗冻融性能的要求。

6.1　砒砂岩改性原理

由于对淤地坝坝身建筑材料和过水材料要求的软化系数、膨胀性能及力学性能等参数存在差别,因此需要采用完全不同的改性方法。根据前述章节研究,改性的关键在于增强砒砂岩的胶结能力。

对于坝身材料,根据相关行业技术标准要求,其抗压强度不小于 1 MPa,膨胀率不大于 5%,软化系数大于 0.2,这与其他工程建筑材料的力学性能指标的要求相比,指标值相对不高。对用于坝身等非过水工程的砒砂岩改性材料,可以通过加入适量游离氧化物增强胶结能力,提高胶结指数和降低溃散指数,并采用阳离子交换技术抑制膨胀为辅助进一步降低溃散指数的方法来实现对砒砂岩的改性,将此称为游离氧化物胶结增加改性;对于过水材料,由于要求抗压强度不小于 10 MPa,软化系数不低于 0.7,较坝身材料力学性能的要求高,可以根据砒砂岩风化特性和规律,在一定的条件下通过将砒砂岩中的黏土弱胶结矿物转化成高强胶凝矿物,这样就将砒砂岩由弱胶结状态转变成强胶结状态,同时消除了膨胀,将此方法称为加速风化改性。

由前述章节对砒砂岩的结构力学分析可知,防治砒砂岩的溃散,可以通过两个途径来实现:一方面是对内圆膨胀物进行改性,抑制减小内圆的膨胀力 q_1;另一方面就是改变外部约束环包裹物的性质,增大约束环的约束力。

改性的原理可以归纳为以下三方面:

(1)减小内圆膨胀力 q_1。利用离子交换等改性技术,对蒙脱石进行改性,改变其泊松比及层间交换性离子的种类和分布等,进而抑制蒙脱石的遇水膨胀性。

(2)增大内圆膨胀物质的弹性模量 E。利用离子交换技术和碱溶蚀技术,对蒙脱石的层间及岩性结构等进行改性,改变蒙脱石的性质,弱化其膨胀性,增强其胶凝性,从而达到增大蒙脱石的弹性模量,以此抑制蒙脱石的膨胀。

(3)增大 $\dfrac{b}{a}$ 的数值。砒砂岩溃散的实质就是其体积膨胀量 $\dfrac{\Delta u}{a} \to \infty$,因此防治砒砂岩的溃散,关键在于控制 $\dfrac{\Delta u}{a}$ 的数值,使 $\dfrac{\Delta u}{a} \to 0$。减小 $\dfrac{\Delta u}{a}$ 的数值可以通过以下几个方面:①若

膨胀物的 a 值不变,即不对膨胀物进行处理,可以通过掺入矿物废弃物、黏土等,增大包裹物的数量,即增大 b 值,使蒙脱石等膨胀物的占比相对减小,达到稀释其含量的效果(一般相对含量低于 7%),从而达到增大 $\dfrac{b}{a}$ 的数值,控制砒砂岩的溃散性质。②若胶凝物的 b 值不变,可以通过碱溶蚀、加速风化等改性手段,破坏蒙脱石的结构,使部分蒙脱石发生反应,即通过减小蒙脱石的数量,从而达到增大 $\dfrac{b}{a}$ 的数值,取得控制砒砂岩溃散的效果。

6.2 砒砂岩中蒙脱石溃散机制

无论是要通过掺入矿物废弃物、黏土等,增大包裹物的数量,还是通过碱溶蚀、加速风化等改性手段,破坏蒙脱石的结构,其目的都是要控制或改变蒙脱石的膨胀强度,为此就需要了解蒙脱石的膨胀溃散机制。

6.2.1 蒙脱石基本物理参数测定

根据《膨润土试验方法》(GB/T 20973—2007),对蒙脱石的相关性能进行测试。将蒙脱石分散在蒸馏水中,静置后进行超声分散,使蒙脱石充分地分散在蒸馏水中,然后将配制好的三水亚甲基蓝溶液(0.006 mol/L)滴到配好的蒙脱石溶液中,每次滴定后摇转三角瓶,用玻璃棒蘸取溶液滴在定量滤纸上,直至深蓝色圆点圆周出现浅蓝色圆晕后终止,以此测定的白色砒砂岩、红色砒砂岩中蒙脱石的吸蓝量分别为 32.72 g/100 g 和 28.21 g/100 g。

依照《膨润土试验方法》(GB/T 20973—2007),将 2 g 蒙脱石按规范加入装好蒸馏水的量筒中,静置 24 h 后蒙脱石膨胀所占的体积称为膨胀容,膨胀容是评价蒙脱石属性的指标之一。以此所测得的白色砒砂岩和红色砒砂岩中蒙脱石的膨胀容分别为 5.2 mL/g 和 5.1 mL/g。

6.2.2 蒙脱石氧化物组成

砒砂岩中的蒙脱石是长石的风化产物,其来自几个方面:一是长石水解风化成蒙脱石;二是长石水解风化为高岭石,高岭石在特定环境下通过阳离子吸附转化为蒙脱石;三是砒砂岩中的云母在一定条件下也可通过水解风化而转化成为蒙脱石。

蒙脱石是常见的黏土类矿物之一,是 2:1 型层状结构的铝硅酸盐矿物,即两层硅氧四面体中间夹着一层铝氧八面体。它是砒砂岩基体中最主要的胶结物质。蒙脱石颗粒细小,0.2~1 μm,具有胶体分散特性。蒙脱石吸收水分后体积会发生剧烈的膨胀(J. Rothe, et al., 2000; A. Neaman, et al., 2000a; A. Neaman, et al., 2000b; 潘兆橹等, 1993; 谭罗荣, 1997; 范·奥尔芬, 1979; 贾景超, 2010; J. Mering, et al., 1967; S. Nishimura, et al., 1998; K. Norrish, 1954),也是砒砂岩的主要膨胀源,同时蒙脱石吸水后会逐步软化并失去胶结能力。

图 6-1 为砒砂岩和提取出的蒙脱石 XRD,XRD 进一步表明,砒砂岩矿物成分主要为

石英和长石,还有碳酸盐类矿物及蒙脱石。但是经过筛分,利用蒸馏水分散,再经分离提纯后,石英、长石和碳酸盐的峰基本消失,只剩下蒙脱石的衍射峰。

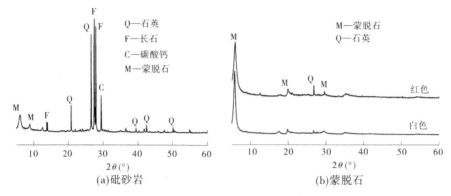

图 6-1　砒砂岩和蒙脱石 XRD 图

使用德国布鲁克(German Bruker)生产的型号为 SRS 3400(Cu Kα)的 X 射线荧光发射谱分析仪(XRF)对蒙脱石的氧化物成分分析表明(见表 6-1),蒙脱石的氧化物成分主要为 SiO_2、Al_2O_3 和 Fe_2O_3,其中 SiO_2 的含量最多,白色砒砂岩中蒙脱石的 SiO_2 的含量在 62%左右,红色的在 55%左右;其次为 Al_2O_3,含量均在 20%左右;Fe_2O_3 的含量两者差异较大,白色砒砂岩中蒙脱石 Fe_2O_3 的含量在 5%左右,而红色的含量则在 11%左右,Fe_2O_3 含量的差异也是致使两种砒砂岩颜色差异较大的主要原因。其余氧化物的含量均在 6%以内,且两者间含量差异不大。

表 6-1　砒砂岩中蒙脱石所含氧化物含量

色别	各类氧化物含量(wt. %)								
	SiO_2	Al_2O_3	Fe_2O_3	MgO	CaO	Na_2O	K_2O	TiO_2	LOI
白色	62.47	20.07	5.14	5.03	3.21	0.59	0.25	0.57	2.67
红色	55.66	19.45	11.15	5.89	4.46	0.39	0.28	0.72	2.00

砒砂岩中蒙脱石与普通的蒙脱石的氧化物组成相比,Fe_2O_3 的含量差别较大,普通蒙脱石中 Fe_2O_3 的含量平均不到 4%,而白色砒砂岩中蒙脱石的 Fe_2O_3 的含量达到 5.14%,红色砒砂岩中蒙脱石的含量更高,达 11.15%;其次 CaO 和 MgO 的含量也都略高于普通蒙脱石(见表 6-2)。

表 6-2　101 组普通蒙脱石试样化学组成

化学成分	各类氧化物含量(wt. %)				
	平均值	标准误差	变化范围	标准离差	标准误差
SiO_2	59.49	0.34	51.2~65.0	3.27	0.26
Al_2O_3	21.93	0.33	15.2~34.0	3.19	0.36
Fe_2O_3	3.77	0.27	0~13.61	2.62	0.25
FeO	0.19	0.04	0~1.61	0.42	0.13

续表 6-2

化学成分	各类氧化物含量(wt. %)				
	平均值	标准误差	变化范围	标准离差	标准误差
MgO	3.55	0.17	0.09~7.38	1.63	0.11
CaO	1.18	0.13	0~4.23	1.23	0.07
Na$_2$O	0.82	0.11	0~3.74	1.07	0.11
K$_2$O	0.34	0.05	0~1.82	0.47	0.07
TiO$_2$	0.25	0.04	0~2.90	0.38	0.10
其他	8.48	0.19	5.21~13.75	1.85	0.15

6.2.3 砒砂岩中蒙脱石的钙钠类型

蒙脱石晶层间的可交换性阳离子种类、数量是评价其膨胀性的重要指标。根据《膨润土试验方法》(GB/T 20973—2007)测试的蒙脱石层间离子交换量见表 6-3。

表 6-3 蒙脱石层间离子交换量

砒砂岩 样本色别	不同离子交换量(mmol/100 g)						
	Ca^{2+}	Na$^+$	Mg^{2+}	K$^+$	Al^{3+}	Fe^{3+}	总交换量
白色	57.40	19.50	30.50	5.20	0.10	0.02	112.72
红色	57.90	12.50	28.50	6.00	—	0.01	104.91

白色砒砂岩和红色砒砂岩中蒙脱石的离子交换容量分别为 112.72 mmol/100 g 和 104.91 mmol/100 g。根据测得的层间不同种类阳离子交换量可划分蒙脱石的种类。

(1)用蒙脱石层间交换性阳离子碱性系数 ($\frac{ENa^+ + EK^+}{ECa^{2+} + EMg^{2+}}$) 划分:

白色: ($\frac{ENa^+ + EK^+}{ECa^{2+} + EMg^{2+}}$) = ($\frac{0.195+0.052}{0.574+0.305}$) = 0.281<1,碱性系数小于 1,故属钙基蒙脱石;

红色: ($\frac{ENa^+ + EK^+}{ECa^{2+} + EMg^{2+}}$) = ($\frac{0.125+0.06}{0.579+0.285}$) = 0.152<1,碱性系数小于 1,故属钙基蒙脱石。

(2)按一般交换性钠、钙离子比值划分:

白色: ($\frac{ENa^+}{ECa^{2+}}$) = ($\frac{0.195}{0.574}$) = 0.339<1,故属钙基蒙脱石;

红色: ($\frac{ENa^+}{ECa^{2+}}$) = ($\frac{0.125}{0.579}$) = 0.216<1,故属钙基蒙脱石。

(3)按蒙脱石层间占交换容量(CEC)50%以上的交换性阳离子划分:

白色:$\left(\dfrac{ECa^{2+}}{CEC}\right)=\left(\dfrac{0.574}{1.127}\right)=0.51>0.5$,故属钙基蒙脱石;

红色:$\left(\dfrac{ECa^{2+}}{CEC}\right)=\left(\dfrac{0.579}{1.049}\right)=0.55>0.5$,属钙基蒙脱石。

可见,无论采用哪一种评价标准进行评价,白色砒砂岩和红色砒砂岩中蒙脱石都属钙基蒙脱石。

6.2.4 砒砂岩中蒙脱石的分子结构式

蒙脱石晶层间阳离子的种类、分布情况等对蒙脱石的物理化学性质等有着重要影响,特别是对蒙脱石晶层间金属离子水合过程的影响更为显著。因此,研究蒙脱石硅氧(Si-O)四面体中及铝氧(Al-O)八面体中的离子置换规律及蒙脱石的分子结构式十分重要。表 6-4 是蒙脱石层间离子交换量,给出了每 1.0 g 蒙脱石中每种金属离子的交换量(mg)。

表 6-4 蒙脱石结构组成成分

结构位置	蒙脱石类别	不同成分含量(mmol)						
		SiO_2	Al_2O_3	Fe_2O_3	MgO	CaO	Na_2O	K_2O
总 计 (XRF)	白色	10.41	3.934	0.64	1.26	0.57	0.19	0.052
	红色	9.28	3.812	1.394	1.473	0.79	0.126	0.058
层 间 (CEC)	白色	—	—	0.000 2	0.305	0.57	0.195	0.052
	红色	—	—	0.000 1	0.285	0.79	0.128	0.060
网格结构中	白色	10.41	3.934	0.639 8	0.952	—	—	—
	红色	9.28	3.812	1.393 9	1.188	—	—	—

通过 XRF 可以得到蒙脱石中各氧化物的质量百分数,再由蒙脱石晶层间阳离子交换量即可得知蒙脱石晶层间吸附的各类阳离子的数量,并进而推算蒙脱石的分子结构式参数。表 6-5 列举了白色砒砂岩中蒙脱石分子结构式参数。

表 6-5 白色砒砂岩中蒙脱石分子结构式参数

氧化物	质量百分比(%)	阳离子克当量数	比例因子	单位晶胞阳离子克当量数	阳离子化合价	单位晶胞阳离子数
SiO_2	64.31	4.28	7.19	30.77	4	7.69
Al_2O_3	20.85	1.23	7.19	8.84	3	2.95
Fe_2O_3	5.36	0.20	7.19	1.44	3	0.48
MgO	5.24	0.26	7.19	1.87	2	0.94
CaO	3.35	0.12	7.19	0.86	2	0.43
Na_2O	0.65	0.02	7.19	0.15	1	0.15
K_2O	0.27	0.01	7.19	0.07	1	0.04

注:克当量数与摩尔数换算关系为:克当量数 $=\dfrac{克当量}{摩尔质量}\times$摩尔数。

根据表 6-5 的计算结果,可以把所有阳离子分配到硅酸盐片层结构中的四面体位置、八面体位置和交换位置上。根据离子半径的研究结果,所有配位数为 6 的阳离子都是占据八面体位置,配位数大于 6 的阳离子则占据铝硅酸盐的层与层之间的位置。因此,按如下步骤分配阳离子的结构位置:

(1)所有的 Si^{4+} 都分配在四面体位置上,8 个四面体位置的剩余位置则由 Al^{3+} 充填 (Al^{3+} 的配位数可以是 4 也可以是 6)。以表 6-5 的白色砒砂岩中蒙脱石 8 个四面体位置中有 7.69 个 Si^{4+},余下的 0.31 个四面体位置则被 Al^{3+} 占据,从而可以得出蒙脱石四面体中阳离子就是 $Si_{7.69}Al_{0.31}$。

(2)余下的 Al^{3+}、所有的 Fe^{3+} 及部分的 Mg^{2+} 阳离子分配在八面体位置上,Mg^{2+} 阳离子一部分在八面体位置上,一部分在层间,两者之间的比例可由蒙脱石矿物成分推算。因此,可以确定出蒙脱石八面体阳离子为 $Al_{2.64}Fe_{0.48}Mg_{0.71}$。

(3)所有的 Ca^{2+}、Na^+、K^+ 及部分的 Mg^{2+} 位于蒙脱石的层间,由表 6-5 可以得出层间阳离子为 $Ca_{0.43}Mg_{0.23}Na_{0.15}K_{0.04}$。

综上所述,便可以算得白色砒砂岩中蒙脱石的分子结构式为

$$Ca_{0.43}Mg_{0.23}Na_{0.15}K_{0.04}(Si_{7.69}Al_{0.31})(Al_{2.64}Fe_{0.48}Mg_{0.71})O_{20}(OH)_4$$

同理,可以得出红色砒砂岩中蒙脱石的分子结构式为

$$Ca_{0.61}Mg_{0.22}Na_{0.09}K_{0.05}(Si_{7.11}Al_{0.89})(Al_{2.04}Fe_{1.07}Mg_{0.90})O_{20}(OH)_4$$

6.3　砒砂岩改性筑坝材料

根据淤地坝坝身建筑材料软化系数不小于 0.2、抗压强度大于 1 MPa、膨胀率小于 5% 的性能指标要求,要实现对砒砂岩的改性就必须提高砒砂岩的强度、耐水性能和抑制砒砂岩膨胀的性能。砒砂岩的强度主要来源是胶结物质的胶结力、颗粒支撑力及颗粒晶体的摩擦力。因此,为增强砒砂岩的强度,可引入耐水胶结物质以增大密实度。同时,基于抑制蒙脱石膨胀的原理,通过加入游离氧化物增大胶结指数并采用阳离子交换而抑制其膨胀,进而实现砒砂岩的胶结增强改性。基于此,开发了抗压强度大于 1 MPa、软化系数不低于 0.2,且膨胀率低于 5% 的淤地坝坝身材料。

6.3.1　抑制砒砂岩膨胀原理试验

由前述相关章节成果知,砒砂岩中蒙脱石和绿泥石等膨胀源遇水膨胀的形式分为晶层膨胀和双电层膨胀,利用阳离子交换技术能够交换出膨胀源晶层间水合能力强的阳离子,在降低晶层膨胀的同时增大晶层表面的电荷密度,从而增大层间阳离子对晶层表面的引力,达到抑制双电层膨胀的目的。

6.3.1.1　膨胀源层间可交换阳离子

根据砒砂岩膨胀机制及其力学模型,砒砂岩中的高岭石、蒙脱石和绿泥石的晶层膨胀的主要机制是由晶层表面吸附的金属阳离子的水合作用引起的,金属阳离子的水合能力强弱决定了遇水膨胀的大小。为测定砒砂岩中高岭石、蒙脱石和绿泥石层间吸附阳离子的种类和数量,按照《膨润土试验方法》(GB/T 20973—2007)推荐的技术方法,测试砒砂

岩中的阳离子交换量及交换性阳离子含量。

1. 试验原理

用氯化钡溶液处理砒砂岩,钡离子与砒砂岩中交换性阳离子发生等量交换,交换出的阳离子采用 VISTA-MPX 型电感耦合等离子体原子发射光谱仪(ICP-OES)测定钠、钾、钙、镁、铁和铝的含量。砒砂岩中交换性钡与硫酸镁反应,生成硫酸钡沉淀,以消耗的标准硫酸镁溶液测定出砒砂岩的阳离子交换量。

2. 仪器设备

采用的仪器设备包括 VISTA-MPX 型电感耦合等离子体原子发射光谱仪(ICP-OES)、天平(精确到 0.000 1 g)、电动离心机、往返式电动振荡机,振荡机的振荡频率为 120 次/min,振幅 20 mm。

3. 试剂

试剂为浓度 0.1 mol/L 的氯化钡溶液($BaCl_2$),记作 I;浓度 0.002 5 mol/L 的氯化钡溶液($BaCl_2$),记作 II;浓度 0.020 0 mol/L 的硫酸镁溶液($MgSO_4$),记作 III。

4. 试验步骤

称取 1 g 已烘干的砒砂岩样品,放入 50 mL 离心管中。加入 30 mL 氯化钡溶液(I),机械振荡 1 h,在相对离心力 3 000 g 条件下离心 10 min,倒出悬浮液到 100 mL 容量瓶;重复上述过程两次以上,悬浮液都加入 100 mL 容量瓶内并用氯化钡溶液(I)调整到 100 mL 刻度,此为滤液 A。

用 30 mL 氯化钡溶液(II)分散沉淀砒砂岩,机械振荡 1 h,静置 5 h 以上,在相对离心力 3 000 g 条件下离心 10 min,倒出上层清液。然后加入 30 mL 硫酸镁溶液(III)分散沉淀砒砂岩,机械振荡 1 h,静置 5 h 以上,在相对离心力 3 000 g 条件下离心 10 min,倒出上层清液并经滤纸过滤到锥形烧瓶中,此为滤液 B。然后,采用 VISTA-MPX 型电感耦合等离子体原子发射光谱仪(ICP-OES)测定 A 滤液中钠、钾、钙和镁含量,同时测定 B 滤液中 Mg 的含量。

按上述步骤不加砒砂岩进行空白对照试验。

5. 试验结果

从表 6-6 的试验结果看,砒砂岩中高岭土、蒙脱石和绿泥石晶层间吸附的金属阳离子主要是 Ca^{2+}、Mg^{2+}、Na^+ 和 K^+ 等 4 种离子,此外还有极其少量 Al^{3+} 和 Fe^{3+}。白色砒砂岩总的金属阳离子交换量为 46.76 mmol/100 g,红色砒砂岩总的金属阳离子交换量略高于白色砒砂岩,为 49.64 mmol/100 g。需要说明的是,红色砒砂岩、白色砒砂岩中的总阳离子交换量大于 Ca^{2+}、Mg^{2+}、Na^+、K^+、Al^{3+} 和 Fe^{3+} 等 6 种离子交换量之和,这就意味着砒砂岩中的蒙脱石、高岭石和绿泥石层间还吸附着其他的金属阳离子。红色砒砂岩中可交换的 Mg^{2+} 含量 13.29 mmol/100 g,远大于白色砒砂岩中可交换的 Mg^{2+} 含量 4.34 mmol/100 g;而白色砒砂岩中可交换 Ca^{2+} 含量 28.83 mmol/100 g,则远大于红色砒砂岩中的 Ca^{2+} 含量。红色砒砂岩、白色砒砂岩中都含有较多的可交换的 Na^+,两者分别为 7.64 mmol/100 g、6.00 mmol/100 g,而 Na^+ 具有非常强的水合能力,其水合能力远大于其他 5 种金属阳离子,会导致蒙脱石、高岭土和绿泥石出现较大的晶层膨胀,而红色砒砂岩和白色砒砂岩中可交换的 K^+ 的水合能力非常弱,但却比较少,分别为 2.96 mmol/100 g、1.55 mmol/100 g。

因此,砒砂岩膨胀抑制改性的核心是用水合能力弱的 Ca^{2+}、K^+、Al^{3+} 和 Fe^{3+} 等金属阳离子交换出水合能力强的 Na^+,达到抑制砒砂岩晶层膨胀的目的,同时引入的金属阳离子会增加晶层表面的电荷密度,这样就能进一步削弱双电层膨胀。

表 6-6　砒砂岩中金属阳离子的交换量

色类	金属离子交换量(mmol/100 g)						
	Al^{3+}	Ca^{2+}	Fe^{3+}	K^+	Mg^{2+}	Na^+	Ba^{2+}
白色	0.07	28.83	0.01	1.55	4.34	6.00	46.76
红色	0.23	19.10	0.04	2.96	13.29	7.64	49.64

6.3.1.2　阳离子交换改性后膨胀源层间阳离子变化

分别称取 2 份 2.0 g 已烘干的砒砂岩(红色和白色)样品,对应放入 4 个 50 mL 离心管中,分别加入 40 mL 的 10 mmol/L 和 500 mmol/L 的 $CaCl_2$ 溶液,超声分散 30 min,然后机械振荡 6 h,最后静置 24 h。过滤并用去离子水洗 3 次后烘干,得到阳离子交换改性后的砒砂岩,按照《膨润土试验方法》(GB/T 20973—2007)对砒砂岩中膨胀源的阳离子交换量及改性后层间各种阳离子含量进行测试(见表 6-7)。

表 6-7　不同浓度 $CaCl_2$ 溶液的砒砂岩阳离子交换量　　(单位:mmol/100 g)

试样类别	添加浓度 (mol/L)	Al^{3+}	Ca^{2+}	Fe^{3+}	K^+	Mg^{2+}	Na^+	Ba^{2+}
原岩/白色	0	0.07	28.83	0.01	1.55	4.34	6.00	46.76
原岩/红色	0	0.23	19.10	0.04	2.96	13.29	7.64	49.64
改性/白色	1×10^{-3}	0.03	37.36	0.01	0.05	1.12	1.16	43.35
改性/红色	1×10^{-3}	0.07	36.21	0.02	0.07	4.32	2.32	46.73
改性/白色	0.5	0.01	72.28	0.01	0.02	0.43	0.09	74.35
改性/红色	0.5	0.02	91.46	0.01	0.03	0.67	0.11	94.36

由表 6-7 知,采用 10 mmol/L 的 $CaCl_2$ 溶液对砒砂岩进行改性后,砒砂岩中的 K^+、Mg^{2+} 和 Na^+ 大幅度降低,尤其是 Na^+ 分别由 6.00 mmol/100 g 和 7.64 mmol/100 g 降低到 1.16 mmol/100 g、2.32 mmol/100 g,而 Ca^{2+} 分别由 28.83 mmol/100 g 和 19.10 mmol/100 g 增加到了 37.36 mmol/100 g 和 36.21 mmol/100 g。通过阳离子交换技术,可以实现用水合能力较弱的 Ca^{2+} 将砒砂岩中水合能力非常强的 Na^+ 和水合能力较强的 Mg^{2+} 置换出来,降低晶层膨胀的目的。

然而,砒砂岩中总的阳离子交换量出现略微的减小,由 46.76 mmol/100 g、49.64 mmol/100 g 分别减小到 43.35 mmol/100 g 、46.73 mmol/100 g,这主要是由于 $CaCl_2$ 溶液浓度过低造成的。当 $CaCl_2$ 溶液浓度增大到 0.5 mol/L 时,改性砒砂岩中的 Ca^{2+} 分别由

28.83 mmol/100 g 和 19.10 mmol/100 g 可进一步增加到 72.28 mmol/100 g 和 91.46 mmol/100 g,而其他阳离子均大幅度降低,如 Na$^+$ 分别由 6.00 mmol/100 g 和 7.64 mmol/100 g 降低到了 0.09 mmol/100 g 和 0.11 mmol/100 g;Mg^{2+} 分别由 4.34 mmol/100 g 和 13.29 mmol/100 g 降低到了 0.43 mmol/100 g 和 0.67 mmol/100 g,显著降低了晶层膨胀。同时,砒砂岩总的阳离子交换量出现大幅度增加,由 46.76 mmol/100 g 和 49.64 mmol/100 g 分别增大到了 74.35 mmol/100 g 和 94.36 mmol/100 g,即晶层的电荷密度增大到原来的 1.59 倍和 1.90 倍,降低膨胀源的渗透膨胀。

上述试验结果表明,通过阳离子交换方法能够交换出水合能力强的阳离子,降低晶层膨胀,并增大膨胀源晶层的电荷密度进而降低双电层膨胀,同时阳离子的交换率和电荷密度会随着改性溶液阳离子浓度的增加而增大。

6.3.2　游离氧化物胶结增强改性机制

解决砒砂岩遇水溃散问题,提高砒砂岩强度的关键在于增强砒砂岩的胶结能力以约束砒砂岩的膨胀。砒砂岩中的胶结物质可以分为游离氧化物和膨胀黏土物质,而游离氧化物由于具有较大表面能和带电特性而表现出较强的吸附性,因此具有较强结构连接力。王继庄(1983)认为,富集的游离氧化铁和游离氧化铝属于牢固胶结集合体,遇水不会完全丧失胶结能力,即用水浸泡和施加机械力均达不到完全分散的目的。因此,加入游离氧化物不仅能增强砒砂岩的胶结能力,还会增强砒砂岩的耐水性能。而膨胀性黏土物质具有吸附特性、凝聚特性以及可以形成黏粒胶膜的特性,这三个特点使得其具备胶结砒砂岩的能力。对于遇水会完全丧失胶结能力同时发生强烈膨胀的问题,可以通过阳离子交换技术抑制砒砂岩的膨胀性能。因此,结合以上章节中建立的砒砂岩强度结构力学模型和揭示的膨胀抑制机制,通过添加游离氧化物增强砒砂岩胶结物的黏聚力(c)和内摩擦角(φ),从而增强砒砂岩自身的胶结能力,提高胶结指数和降低溃散指数,以及提高其耐水性能,并进一步通过阳离子交换技术抑制膨胀为辅助降低溃散指数,最终实现将砒砂岩改性成为一种符合淤地坝筑坝技术指标要求(抗压强度大于 1 MPa、软化系数不低于 0.2 和体积膨胀率小于 5%)的坝身材料。

6.3.3　游离氧化物胶结增强改性试验

6.3.3.1　试验仪器

主要为 150 t 压力试验机、水泥净浆搅拌机和水泥标准养护室。

6.3.3.2　试验材料

砒砂岩试样取自内蒙古自治区鄂尔多斯市准格尔旗二老虎沟小流域,破碎过筛取粒径小于 1 mm 的原料用于试验;膨胀抑制剂包括木钙、$Al_2(SO_4)_3$、$FeCl_3$、$NaOH$、KCl 和 $CaCl_2$;胶结材料即游离氧化物为 Fe_2O_3、纳米 SiO_2、$MnOOH$、$Al(OH)_3$、硅溶胶、$Fe(OH)_3$、CaO、羟基铝($AlOOH$)和羟基铁($FeOOH$)),其中除羟基铁、羟基铝和 $Al(OH)_3$ 为配制外,其他胶结材料都采购于大连辽东化学试剂厂。

羟基铁、羟基铝和 Al(OH)$_3$ 的配制方法如下：

(1)羟基铁。将碱加入到含 FeCl$_3$ 的水溶液中,使得混合物的 pH 值小于或等于 9,所形成的沉淀就是羟基铁,然后在 100 ℃ 干燥。

(2)羟基铝。0.2 mol/L 的六次甲基四胺溶液与 0.3 mol/L AlCl$_3$ 溶液混合均匀放置 48 h,过滤,低温干燥。

(3)Al(OH)$_3$ 为 NaOH 与 Al$_2$(SO$_4$)$_3$ 反应生成的沉淀,经低温干燥得到。

6.3.3.3　试验过程及方法

试样的密度与淤地坝坝身设计密度相同,为 2.0 g/cm^3,总质量为 196.35 g。按照表 6-8、表 6-9 的配合比,用天平称取各个组分,精确到 0.01 g,同时先将固体进行预拌,放入水泥净浆搅拌机慢搅 2 min,然后加入水继续慢搅 2 min 后再快搅 5 min。分三次加入圆柱形模具($\phi \times H = 50$ mm×130 mm)中,并用小铁棒插捣均匀后在压力试验机下压制成高度为 5 cm 的小圆柱体,用塑料袋密封好,要注意每个配合比制作 11 个试验。

表 6-8　试验配合比

添加材料	不同试样组添加量(%)										
	1	2	3	4	5	6	7	8	9	10	11
CaO	0	0	0	0	0	10	0	0	0	0	0
纳米 SiO$_2$	0	0	0	0	0	0	10	0	0	0	0
AlOOH	0	0	0	0	0	0	0	10	0	0	0
FeOOH	0	0	0	0	0	0	0	0	10	0	0
CaCl$_2$	0	0	0	0	0	3	2	3	2	3	0
Fe(OH)$_3$	0	0	0	10	0	0	0	0	0	0	0
Fe$_2$O$_3$	0	0	0	0	10	0	0	0	0	0	0
木钙	2	0	0	0	0	0	0	0	0	0	0
水玻璃	10	0	0	0	0	0	0	0	0	0	0
Al$_2$(SO$_4$)$_3$	3	0	0	3	2	0	0	0	0	0	2
FeCl$_3$	0	2	0	2	3	0	3	2	0	0	0
KCl	0	3	0	0	0	2	0	0	3	2	3
硅溶胶	0	0	0	0	0	0	0	0	0	10	0
NaOH	0	0	0	0	0	0	1	0	0	0	0
MnOOH	0	0	0	0	0	0	0	0	0	0	10
Al(OH)$_3$	0	10	0	0	0	0	0	0	0	0	0
水	8	8	8	8	8	8	8	8	8	8	8
砒砂岩	77	77	92	77	77	77	77	77	77	77	77

表 6-9　胶结物改性配合比

种类	（白色砒砂岩/红色砒砂岩）质量分数（wt.%）
氧化物	47.92/15.18
胶结物	44.08/76.82
水	8.00

在常温环境下（约 20 ℃）养护 7 d 后，测试试样抗压强度（f_p）、软化系数和体积膨胀率。软化系数等于试样饱水 24 h 的抗压强度与干燥状态下抗压强度的比值；体积膨胀率等于在水泥标准养护室中养护 7 d 后的体积减去干燥状态下的体积的差值与干燥状态下体积的比值。

6.3.3.4　改性胶结物的强度测定

根据砒砂岩改性材料数学模型可知，砒砂岩的强度构成有两部分：第一部分是胶结物贡献的强度 $(1-P_g) \times 2ctan(45° + \dfrac{\varphi}{2})$；第二部分为支撑颗粒贡献的强度 $K \times P_g \times f_g$。然而由于支撑颗粒贡献强度无法直接测量，为此通过将砒砂岩进行水洗分离，得到砒砂岩的支撑颗粒和胶结物，再按上述方法（6.3.3.3 部分），利用游离氧化物对胶结物改性，得到改性胶结物的强度。然后，乘以其对应在砒砂岩改性材料中的质量分数，得到胶结物对砒砂岩改性材料贡献的强度。

应说明的是，胶结物和支撑颗粒物密度几乎相同，质量分数和体积分数相等。砒砂岩改性材料的强度减去胶结物对砒砂岩改性材料贡献的强度，就可以得到支撑颗粒对砒砂岩改性材料贡献的强度。应强调的是，由于砒砂岩中胶结物的矿物构成、细度及成型的密度均为一致，因此可近似认为改性前胶结物的内摩擦角都相同，且不同游离氧化物改性后的内摩擦角也一致。通过土工直剪试验测得改性前胶结物的内摩擦角 φ 为 30.6°，改性后的胶结物内摩擦角 φ 为 50.3°。白色砒砂岩改性材料中胶结物所占的质量分数为 19.2%，而红色砒砂岩中胶结物所占的质量分数为 60%。

6.3.4　改性材料强度构成及游离氧化物胶结序列

表 6-10 为砒砂岩改性材料性能测试结果，直观地反映砒砂岩改性后的抗压强度、体积膨胀率及软化系数的变化。

表 6-10　砒砂岩游离氧化物胶结增强改性的测试结果

编号	砒砂岩改性材料性能指标			砒砂岩改性材料强度构成（kPa）			
	强度（MPa）	膨胀率（%）	软化系数	颗粒贡献强度	胶结物贡献强度	黏聚力	平均黏聚力
1	2.86（白）	2.50	0.25	2 696.8	163.2	147.2	153.4
	2.24（红）	4.62	0.31	1 709.2	530.8	159.62	
2	2.92（白）	2.32	0.31	2 737.9	182.1	164.35	192.9
	3.36（红）	4.85	0.26	2 623.5	736.5	221.57	

续表 6-10

编号	砒砂岩改性材料性能指标			砒砂岩改性材料强度构成（kPa）			
	强度（MPa）	膨胀率（%）	软化系数	颗粒贡献强度	胶结物贡献强度	黏聚力	平均黏聚力
3	0.62（白）	14.20	0	594.1	25.9	74.0	79.00
	0.95（红）	33.10	0	787.29	162.71	84.0	
4	3.56（白）	1.89	0.33	3 354.4	205.6	185.6	213.7
	3.89（红）	4.12	0.28	3 086.4	803.6	241.76	
5	3.32（白）	3.10	0.38	3 146.8	173.2	156.31	171.6
	3.67（红）	4.78	0.36	3 048.7	621.3	186.9	
6	5.33（白）	2.86	0.43	5 115.7	214.3	193.4	226.6
	5.68（红）	4.59	0.46	4 816.5	863.5	259.7	
7	2.83（白）	3.36	0.33	2 726.4	103.6	93.5	128.2
	3.59（红）	4.37	0.31	3 048.7	541.3	162.8	
8	3.68（白）	2.36	0.31	3 512.7	167.3	151	171.1
	4.34（红）	4.13	0.27	3 704.7	635.3	191.1	
9	3.73（白）	2.58	0.29	3 551.7	178.3	160.9	195.3
	4.81（红）	4.28	0.25	4 046.6	763.4	229.6	
10	2.34（白）	2.01	0.28	2 250.7	89.3	80.59	105.4
	2.67（红）	4.13	0.31	2 207.7	462.3	130.1	
11	2.36（白）	3.62	0.22	2 254.7	105.3	94.76	106.9
	2.58（红）	4.31	0.26	2 183.7	396.3	119.2	

注：表中"白""红"分别指白色砒砂岩、红色砒砂岩；颗粒贡献强度是指支撑颗粒物贡献的强度（砒砂岩改性材料的强度与胶结物贡献的强度之差，为计算值）；胶结物贡献强度是指改性后砒砂岩胶结物贡献的强度（改性后砒砂岩胶结物的强度的实测值与其对应体积分数的乘积）；平均黏聚力为红色砒砂岩、白色砒砂岩黏聚力的平均值。

　　从第 3 试验样组测试看，红色砒砂岩和白色砒砂岩未经改性之前，其圆柱体试样的抗压强度和体积膨胀率分别为 0.95 MPa 和 0.62 MPa、33.10% 和 14.20%，同时其软化系数都为 0。当加入 10% 的游离氧化物胶结材料和 5% 的膨胀抑制剂后，砒砂岩改性材料的各项性能指标得到显著增强，其抗压强度增大为 2～6 MPa，体积膨胀率减少到 1.8%～5%，软化系数由 0 增大到 0.25～0.46，改性砒砂岩各项性能指标均能满足淤地坝坝身材料的性能要求。

　　通过游离氧化物的胶结增强及阳离子交换抑制膨胀的辅助，砒砂岩改性材料自身的胶结状态得到显著增强，并且其耐水性能得到提高（见表 6-11），遇水时能够约束膨胀黏土的膨胀作用。

表 6-11 改性后砒砂岩胶结物的强度

色别	不同试验组胶结物强度（kPa）										
	1	2	3	4	5	6	7	8	9	10	11
白色	850	948	259	1 071	902	1 116	540	871	929	465	548
红色	876	1 215	296	1 326	1 025	1 425	893	1 048	1 260	763	654

注：根据 $f_j = 2c\tan\left(45° + \dfrac{\varphi}{2}\right)$ 和改性前、后的 φ（30.6° 和 50.3°），可求出改性后砒砂岩胶结物黏聚力。

由第 6 组试样测试结果可知,当采用 CaO 作为胶结材料、$CaCl_2$ 和 KCl 作为膨胀抑制剂时,其抗压强度和软化系数最高,分别为 5.33 MPa 和 5.68 MPa、0.43 和 0.46。当采用 $Al(OH)_3$ 作为胶结材料、$Al_2(SO_4)_3$ 和 $FeCl_3$ 作为膨胀抑制剂时,其体积膨胀率最小。因此,胶结材料和抑制剂的选择需要优化其组合,选择抑制膨胀效果最好的掺和比例。

试验结果还表明,砒砂岩经过游离氧化物胶结增强改性后,改性材料抗压强度较低,同时其软化系数也相对较小,但是可以满足抗压强度大于 1 MPa、体积膨胀率小于 5% 及软化系数大于 0.2 等建设淤地坝坝身的性能指标要求,但无法应用于骨干坝的溢洪道及过水建筑物的性能要求。

胶结物贡献的强度与颗粒物贡献的强度是密切相关的,颗粒物贡献的强度随着胶结物贡献的强度增大而增大,同时颗粒物贡献的强度远高于胶结物贡献的强度,这也说明砒砂岩是一种颗粒支撑式结构。平均黏聚力反映了游离氧化物对砒砂岩改性的效果,同时也是约束膨胀作用的关键,其中红色砒砂岩膨胀力约为 131.6 kPa,白色砒砂岩膨胀力约为 41.3 kPa。当黏聚力大于膨胀力时,砒砂岩就不会发生溃散,阳离子交换技术能够减小砒砂岩的膨胀力,辅助游离氧化物的胶结增强改性。

10 种游离氧化物对砒砂岩改性效果的排序为:CaO>$Fe(OH)_3$>羟基铁>$Al(OH)_3$>Fe_2O_3>羟基铝>水玻璃>纳米 SiO_2>MnOOH>硅溶胶>砒砂岩,并得出游离氧化物胶结能力序列表(见图 6-2)。

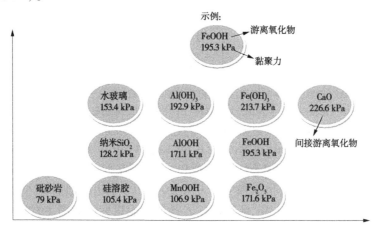

图 6-2　游离氧化物胶结能力序列

6.4　砒砂岩改性过水材料

6.4.1　过水材料改性基本原理及掺和料作用

为开展改性过水材料研发,加快砒砂岩风化过程,通过提高酸碱和温度,形成加速砒砂岩风化进程的环境。同时,在不同温度和酸碱性环境下,分别对砒砂岩及其主要矿物进行加速风化试验,利用 XRD 和 SEM 技术,分析反应产物及氧化物的溶出规律,判断加速风化改性的可行性,进而通过砒砂岩游离氧化物胶结增强改性方法研制砒砂岩改性淤地坝坝身建筑材料。

依据砒砂岩矿物的风化特性和规律,可以明晰蒙脱石等黏土矿物和钠钾长石能够在一定的酸碱和温度自然环境下发生风化作用,最终形成蛋白石和含水的氧化铝。但是由于加速风化的反应条件诸如时间、温度及碱含量过高会影响环境而受到工程实际情况的限制,砒砂岩中的黏土矿物、钠长石和钾长石不能全部转化成凝胶物质,因此需要添加适量的掺和料,并在碱性条件下激活掺和料生成大量的水化硅酸钙凝胶等胶凝物质,进一步增强改性材料的胶结,此途径称为加速风化及激活改性。掺入矿物掺和料可以有效改善砒砂岩的孔隙结构,提高砒砂岩中胶凝物质的数量,有效提高材料的强度、耐水性及抗水渗透性能,改性原理见图6-3。

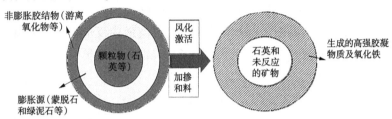

图6-3 砒砂岩风化及激活改性原理

6.4.2 改性基本原理试验

从矿物组成上看,砒砂岩是一种铝硅酸盐的混合物,其主要的氧化物组成是 SiO_2、Al_2O_3 和 CaO。这三种氧化物占到白色砒砂岩总质量分数的 90.71%、红色砒砂岩总质量分数的 79.65%。砒砂岩加速风化及激活改性实质上就是将砒砂岩中的蒙脱石等膨胀源和亲水弱胶结物质转化成无膨胀特性的强胶结物质,也就是砒砂岩在碱性条件下各种主要元素的溶出及重新组合。砒砂岩主要氧化物 SiO_2、Al_2O_3 和 CaO 在碱性条件下的溶出规律能够反映砒砂岩加速风化及激活改性的难易、反应的机制。因此,对砒砂岩中活性 SiO_2、Al_2O_3 和 CaO 在碱性环境中的溶出特性开展试验研究。

6.4.2.1 砒砂岩及其矿物的长期酸碱加速风化试验

为进一步验证砒砂岩加速风化及激活改性的可行性,在对碱性环境下砒砂岩溶出规律研究成果的基础上,对砒砂岩及其主要矿物蒙脱石、钾长石和黑云母进行室内 7 d 加速风化试验,采用的方法就是前述所说的,通过改变砒砂岩及其主要矿物基体的酸碱环境和提高温度进而加速砒砂岩的风化侵蚀过程。砒砂岩中最主要的矿物是石英、蒙脱石、钾长石和黑云母,鉴于石英是一种非常稳定的高度结晶矿物,极不易风化,因而选择蒙脱石、钾长石、黑云母及砒砂岩分别进行风化试验。

(1)试验材料。红色砒砂岩和白色砒砂岩均取自内蒙古自治区鄂尔多斯市准格尔旗二老虎沟小流域,NaOH、盐酸、蒙脱石、钾长石(纯度不高,含少量的石英和钠长石)和黑云母均为分析纯(AR),由大连辽东化学试剂厂提供。砒砂岩、蒙脱石、钾长石和黑云母分别使用行星球磨机磨细,过 45 μm 筛子后用于试验,砒砂岩试样包括红色、白色两类。

(2)试验步骤。分别配置 2 mol/L 的盐酸溶液和氢氧化钠溶液,用天平分别称量 5 g

蒙脱石、钾长石、黑云母及红色砒砂岩和白色砒砂岩。将称量好的蒙脱石、钾长石、黑云母及红色砒砂岩、白色砒砂岩放入容器中,然后向容器中分别加入 100 mL 的 2 mol/L 的硫酸溶液和氢氧化钠溶液,注意空白对照组加入 100 mL 的蒸馏水。将所有的容器进行密封处理,放入 80 ℃的烘箱中充分反应 7 d,在产物过滤烘干以后进行 XRD 和 SEM 的相关测试,其中蒙脱石在碱性环境中设计了 0.1 mol/L、1 mol/L 和 2 mol/L 三个 NaOH 浓度。

经过 7 d 的加速风化水热反应后,空白对照组中的蒙脱石、钾长石及云母等依然为粉体颗粒且颜色没有发生改变,而加入酸和碱的风化样品中发生了显著的变化。钾长石在浓度为 2 mol/L 的盐酸溶液中,由淡红色变成红色的胶状产物(见图 6-4),这种胶体具有比较显著的胶凝特性,然而其在 2 mol/L 的氢氧化钠溶液中反应后由粉状颗粒固体变成了坚硬的块体,这说明钾长石在该条件下形成了具有很强胶结能力的产物。

图 6-4　钾长石风化后产物

蒙脱石和黑云母经过酸碱风化后也产生了非常显著的变化。在与浓度 2 mol/L 的硫酸溶液反应后,蒙脱石由白色粉末状固体转变成了淡黄色颗粒状固体,而在浓度 2 mol/L 的氢氧化钠溶液中,蒙脱石由白色粉末转变成了深灰色的坚硬的块体(见图 6-5);黑云母则在 2 mol/L 的硫酸溶液中变成了白色的粉末,而在 2 mol/L 的氢氧化钠溶液内经过 7 d 的水热反应由黑色粉末变成了黑色块体;砒砂岩在酸碱溶液中经过水热反应并没有发生明显的变化。

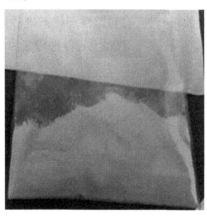

图 6-5　蒙脱石风化后产物

综上试验结果可以判断,无论是在酸性环境下还是在碱性环境下,钾长石经过水热风化反应后都能生成具有比较强的胶凝性能产物,尤其在碱性环境下,产物的强度较高,且胶凝性能更强;蒙脱石和黑云母也在碱性环境下发生反应,生成的产物则表现出了更高的强度和胶凝性。

6.4.2.2 反应产物的 SEM/EDS 分析

图 6-6 为蒙脱石、钾长石和云母经过加速风化及激活反应后产物的扫描电镜图像,并同时利用 EDS 测定分析元素组成(见表 6-12)。

(a)A1和A2分别为黑云母和其在2 mol/L NaOH溶液反应后产物

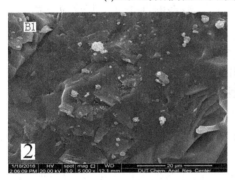

(b)B1和B2分别为钾长石在2 mol/L NaOH溶液和硫酸溶液反应后产物

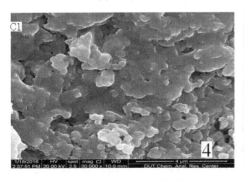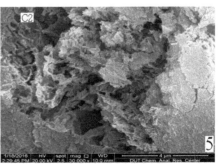

(c)C1和C2分别为蒙脱石在2 mol/L NaOH溶液和硫酸溶液反应后产物

图 6-6　蒙脱石、钾长石和云母在风化后 SEM 图像

表 6-12　EDS 测试得到的基本元素的平均摩尔比值

图片代号	C	O	Na	Mg	Al	Si	K	Ca	Fe
A2(1)	15.5	60.24	1.67	0.3	3.98	13.92	2.98	1.41	0
B1(2)	19.6	52.45	4.38	0	4.20	15.59	3.62	0	0.18
B2(3)	0	65.23	5.44	0	5.22	19.40	4.50	0	1.09
C1(4)	48.38	32.48	4.76	0.29	1.05	7.29	0.42	5.05	0.73
C2(5)	0	63.74	0	0.81	3.18	30.73	0	0.43	0.26

　　对比 A1 和 A2 试样组发现,黑云母经过与浓度 2 mol/L 的 NaOH 溶液反应后,其形貌发生了较为明显的变化,反应产物中的 Ca/Si 和 Al/Si 的值分别为 1∶9.9(1.41∶13.92) 和 1∶3.5(3.98∶13.92)。进一步结合 XRD 的分析结果可以确定,黑云母反应生成了一种低钙硅比的无定型矿物。从图 6-6 的 B1、B2 图片可以看出,钾长石在浓度 2 mol/L 的 NaOH 溶液和浓度 2 mol/L 的硫酸溶液中反应后,生成的产物呈现出完全不同的形貌特征。在 NaOH 溶液中反应的产物基体较密实,没有明显的裂缝和孔隙结构,然而在硫酸溶液反应后的产物呈现出多孔的结构。结合 XRD 的结果分析,在碱性条件下其反应产物是云母、钠沸石和羟基钙霞石,以及一些无定型矿物的混合物;在酸性条件下其反应产物为云母和一些无定型矿物的混合物。

　　图 6-6 的 C1、C2 分别为蒙脱石在浓度 2 mol/L 的 NaOH 溶液和浓度 2 mol/L 的硫酸溶液反应后的产物,两者从形貌结构上表现出完全不同的结构特性,蒙脱石在碱性条件下与 NaOH 发生反应,生成了大量凝胶状无定型矿物,而蒙脱石在酸性环境下,则生成了一种多孔结构的矿物。图片 C1 产物的 Ca/Si、Al/Si 和 Si/O 比值分别为 1∶1.44、1∶6.94 和 1∶4.55。而图片 C2 产物的 Al/Si 和 Si/O 比值分别为 1∶9.66 和 1∶2.07。结合图片 C2 的 XRD 分析,这种多孔结构的矿物是无定型 SiO_2。在酸性条件下反应产物不含钙元素,这说明在酸性条件下蒙脱石层间的 Ca 进入溶液中,而在碱性条件下蒙脱石层间的 Ca 元素开始富集并几乎全部转移到了反应产物中。综合 XRD 的测试结构可以判断,这种凝胶态的矿物是水化硅铝酸钙[(羟基钙霞石($Na_4AlSiO_{43}OH \cdot H_2O$)中不含钙]。

6.4.2.3　砒砂岩的风化及激活改性原理

　　为了更好地了解砒砂岩加速风化的过程及指导砒砂岩改性试验,需要了解砒砂岩中矿物含量随 NaOH 溶液浓度增加的变化规律。由于直接测量砒砂岩中矿物的变化规律难度大,因此采用间接法研究砒砂岩中矿物的溶解规律。通过砒砂岩加速风化试验发现,砒砂岩中黏土矿物最易风化,而钠长石和钾长石次之,石英最不易风化。由于砒砂岩中各种矿物的氧化物组成都含 SiO_2,因此 SiO_2 的溶出率就能够反映砒砂岩中矿物在风化反应中的变化规律。根据砒砂岩的溶出试验可知,白色砒砂岩含黏土矿物较少,其参与风化反应的 SiO_2 基本进入溶液,白色砒砂岩中 SiO_2 溶出率基本能反映砒砂岩各种矿物在不同浓度 NaOH 溶液中参与风化反应的消耗量。鉴于以上原因,选取白色砒砂岩的 SiO_2 溶出率作为参照,研究砒砂岩矿物溶解规律与 NaOH 溶液浓度的关系。对砒砂岩风化特性的相关参数进行整理,得到了图 6-7 所反映的砒砂岩矿物含量随 NaOH 溶液浓度增加的溶解规律。

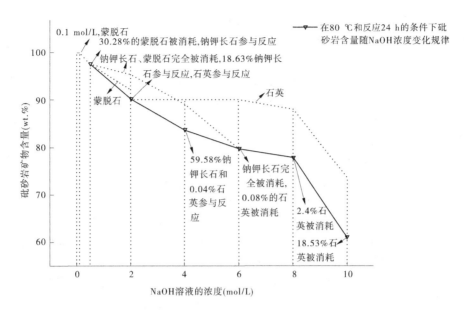

注:图中"钠钾长石"是指钠长石、钾长石的简称。

图 6-7　砒砂岩矿物含量随 NaOH 溶液浓度增加的变化规律

如前所述,组成砒砂岩的主要矿物是蒙脱石、钠长石、钾长石及黑云母等,而蒙脱石、钠长石、钾长石及黑云母在自然条件下会发生缓慢的风化作用,最终会形成蛋白石和氧化铝之类的具备较高强度且不会遇水膨胀的稳定矿物。通过增大砒砂岩的酸碱度以及反应温度加速砒砂岩的风化进程,可实现将膨胀黏土弱胶结矿物并连同部分钠长石、钾长石及黑云母等转变成具有较强胶凝特性的水化硅酸钙、水化硅铝酸钙、羟基钙霞石、沸石等高强矿物,将砒砂岩由弱胶结状态转变成强胶结状态,同时消除了砒砂岩的膨胀源。反应生成的凝胶物质起到包裹和胶结石英等颗粒物的作用,从根本上增强砒砂岩改性材料胶结状态和强度。但是由于加速风化的反应条件会受到工程实际情况的限制,砒砂岩中的黏土矿物、钠长石和钾长石不能全部转化成凝胶物质,因此需要添加适量的掺合料并在碱性条件下,激活掺合料生成大量的水化硅酸钙凝胶等胶凝物质,进一步增强改性材料的胶结,这就是前面所说的加速风化及激活改性。

6.4.3　改性过水材料性能控制技术

砒砂岩加速风化及激活改性就是将膨胀黏土矿物、黑云母等弱胶结矿物和钠长石、钾长石转变成具有较强胶凝特性的耐水矿物,并激活砒砂岩和矿粉中富余的活性硅铝反应生成类似 Si-Al 凝胶和水化硅酸钙凝胶等耐水强胶结物质。试验证明,改性适宜的条件是 NaOH 浓度不低于 2 mol/L,但碱含量不能过高,保持在弱碱范围内,不致产生污染,反应温度为 80 ℃。为了得到抗压强度不低于 10 MPa、软化系数不低于 0.7 的砒砂岩改性材料,分别对白色砒砂岩和红色砒砂岩进行加速风化和激活改性试验,并研究了改性材料的力学性能、耐水性能、反应产物以及孔结构。研究表明,由于砒砂岩中黏土含量过高,约大于 10wt.%,导致改性材料的流动性能极差,为此只能采用压力成型极大的制约改性材料的应用范围。在加速风化及激活改性的基础上,通过对砒砂岩进行预煅烧处理,并加入合适的表面活性剂,才能提高砒砂岩改性材料的流动性能,实现砒砂岩改性材料浇筑成型,研制出砒砂岩基改性胶凝材料,由此拓宽了砒砂岩改性材料的适用范围。

6.4.3.1　影响改性过水材料性能的主要因素

图 6-8 是采用压力成型的方式制作的试件。通过大量的试验证明,影响改性砒砂岩过水材料抗压强度、软化系数等性能的主要因素有密度、含水率、碱含量、养护温度和矿物掺和料的用量。密度决定了改性砒砂岩试样的成型压力,密度越高成型的难度越大,同时又会影响砒砂岩改性材料的含水率、力学性能和耐久性能;含水率过高和过低都会严重影响改性砒砂岩的力学性能和耐久性能,因此对于压力成型的砒砂岩改性材料来说,其必定存在一个最优的含水率。研究表明,碱含量、养护温度与掺和料的用量能够对类似材料的抗压强度、耐久性能及水化产物产生显著的影响。砒砂岩在自然风化条件下需要经过漫长时间才能风化完全,因此在实验室条件下要将砒砂岩在短时间内改性成具有良好的力学性能和耐久性能的建筑材料,就需要合适的反应温度、足够的反应时间及合适的碱环境。例如碱含量过低,风化及激活反应无法正常进行,而碱含量过高,不但会带来相应的环境问题(影响当地植被生长),而且改性材料力学性能和耐久性能都比较差。养护温度过低,风化及激活反应进行的就会非常缓慢;而温度过高,则很容易形成大量的干缩裂缝。因而在上述有关章节研究基础上,确定改性砒砂岩各个参数对抗压强度的影响,通过抗压强度找出各个基本参数的最佳值。

(a)压力成型　　　　　　　　　　(b)养护24 h后的部分试件

图 6-8　砒砂岩改性材料成型方式与试件

6.4.3.2　白色砒砂岩改性过水材料

对红色、白色等其他色类的砒砂岩而言,其改性过水材料的研制原理是一样的。因此,此处仅以白色砒砂岩为例,介绍过水材料的研制关键技术。

基于对砒砂岩改性过水材料性能的主要影响因素分析,为进一步明确矿粉含量、碱含量以及龄期对白色砒砂岩改性过水材料的力学性能和反应产物的影响,以 NaOH 作为砒砂岩的加速风化和激活改性剂,并在 80 ℃养护 24 h 加速砒砂岩的风化改性。通过研究矿粉含量、加速风化及激活改性剂含量及龄期的变化等对改性材料力学性能指标与反应产物的影响,确定砒砂岩改性材料不同强度等级的最优配合比,同时借助用标准砂取代砒砂岩,进而研究砒砂岩与矿粉对砒砂岩改性材料的强度贡献,并采用 X 射线衍射光谱分析仪 XRD、扫描电镜 SEM、同步热分析仪 TG-DTG 以及傅立叶-红外光谱分析 FTIR 验证和揭示砒砂岩的改性机制。

1. 测试仪器

试验测试所用的仪器主要有：X射线荧光发射谱分析仪（XRF），系德国布鲁克（German Bruker）SRS 3400，发射靶为Cu Kα；X射线衍射光谱分析仪（XRD），系德国西门子（German Siemens）D500型号，扫描范围为4°~80°（2θ），扫描速率为2°/min，步长0.02°；扫描电镜（SEM），为日本电子株式会社生产，具有能谱分析功能，型号为JEOL JSM-6460LV；同步热分析仪TG-DTG，系瑞士Mettler Toled公司生产，型号为TGA/DSC1；傅立叶-红外光谱分析仪，型号为PE-1710 FTIR；6.30 t电子万能试验机。

2. 试验材料

（1）砒砂岩试样。取自内蒙古自治区鄂尔多斯市准格尔旗二老虎沟小流域。试验时，将块状的砒砂岩碾碎并过1 mm的孔筛，平均粒径约为0.63 mm。砒砂岩的原岩抗压强度和表观密度分别约为1 MPa（A0）和1.8 g/cm³。

（2）NaOH。为片状分析纯（AR），含量大于99%。

（3）矿粉。为大连金路桥公司生产，型号为S95，密度和比表面积分别为2.9 g/cm³和4 300 cm²/g。

3. 样品制备及试验方法

先将砒砂岩和不同比例的矿粉混合，充分预搅拌后加入由水和NaOH均匀混合形成的溶液中，使用水泥砂浆搅拌机对样品混合物进行搅拌。搅拌后的混合物装入尺寸为φ50 mm×130 mm的钢模具中。然后，通过压力成型为φ50 mm×50 mm的圆柱形试件，脱模后将每组配比15个试件装入塑料袋并密封好，防止水分蒸发。在80 ℃烘箱中养护24 h后拆封，在温度及相对湿度分别为20 ℃和95%的标准养护条件下，继续养护1 d、3 d、7 d、28 d和90 d后，然后进行相应测试，在含水率为8%的条件下，NaOH含量为0.5%、1.0%、1.5%时，其对应NaOH溶液浓度为1.56 mol/L、3.12 mol/L、4.68 mol/L。

表6-13为利用砒砂岩制作试样时的不同材料的配合比。

表6-13 砒砂岩改性材料的配合比

试样编号	不同成分配合比（%）			
	矿粉	水	NaOH	白色砒砂岩
A0	0	8.0	0	92.0
A1	0	8.0	0.5	91.5
A2	0	8.0	1.0	91.0
A3	0	8.0	1.5	90.5
B1	10.0	8.0	0.5	81.5
B2	10.0	8.0	1.0	81.0
B3	10.0	8.0	1.5	80.5
C1	20.0	8.0	0.5	71.5
C2	20.0	8.0	1.0	71.0
C3	20.0	8.0	1.5	70.5

续表 6-13

试样编号	不同成分配合比(%)			
	矿粉	水	NaOH	白色砒砂岩
D1	30.0	8.0	0.5	61.5
D2	30.0	8.0	1.0	61.0
D3	30.0	8.0	1.5	60.5
E1	40.0	8.0	0.5	51.5
E2	40.0	8.0	1.0	51.0
E3	40.0	8.0	1.5	50.5

　　试验表明,砒砂岩改性材料的抗压强度随龄期的变化,后期并不会出现显著的变化(见图 6-9),这是因为在温度和 NaOH 浓度较高的条件下,其反应速度非常快,只需 24 h 左右即可完成。当砒砂岩在一定的 NaOH 浓度和 80 ℃温度条件下养护 24 h,其抗压强度从 1 MPa 增长到 7 MPa(试样编号 A3),砒砂岩抗压强度显著提高。根据前文分析,砒砂岩中的铝硅酸盐等黏土矿物在 NaOH 和 80 ℃温度的作用下溶解出活性硅和活性铝,进一步发生反应生成胶凝矿物,为砒砂岩改性材料提供强度。但是对于工程应用来说,其抗压强度明显偏低。这是因为在该细度、NaOH 浓度、温度及反应时间的条件下,溶出活性硅和活性铝的比例偏低。因而需要添加矿粉等掺和料进一步改善砒砂岩改性材料的强度。在龄期为 90 d 时改性砒砂岩的抗压强度随着矿粉含量(0wt.%~40wt.%)的增加而增加,由 7.0 MPa 增到 42 MPa,即随着矿粉的掺入,砒砂岩改性材料的抗压强度可显著增强。矿粉的掺入很好地弥补砒砂岩自身生成胶凝物质不足的情况。

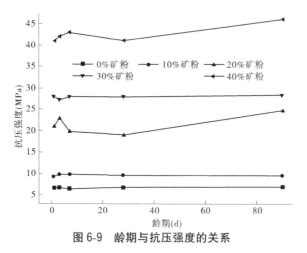

图 6-9　龄期与抗压强度的关系

　　NaOH 浓度对改性砒砂岩的抗压强度影响取决于矿粉的含量。但矿粉掺量不多于 10wt.%时,NaOH 浓度对砒砂岩强度改性材料几乎没有影响,此时 0.5wt.%的 NaOH 为最佳的掺量(见图 6-10)。当矿粉掺量不少于 20wt.%且大于 10wt.%时,随着 NaOH 浓度的提高,抗压强度得到了显著的提高,在矿粉掺量为 40wt.%时,抗压强度随着 NaOH 浓度的增加,可由 27 MPa 增到 40 MPa 以上。

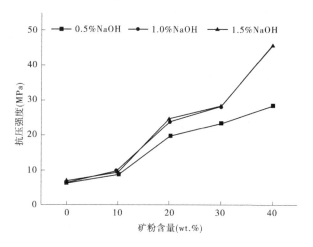

图 6-10　矿粉掺量与抗压强度的关系

但是,当其浓度提高到 1wt. % 和 1.5wt. % 时,砒砂岩改性材料的 90 d 抗压强度几乎不变,这说明对于抗压强度而言,浓度为 1wt. % 的 NaOH 已足够。综合抗压强度性能、经济和环保等因素,对于白色砒砂岩改性材料而言,NaOH 的最佳掺量为 1wt. %,矿粉含量大于 20% 和氢氧化钠含量为 0.5wt. % 可以满足过水材料的强度性能大于 10 MPa 的要求。

为探索砒砂岩在改性材料强度发展过程中的作用,设计了空白对照试验组,用过 1 mm 筛的石英砂取代砒砂岩。表 6-14 为用石英砂取代砒砂岩制作空白对比试样的配合比。

表 6-14　石英砂取代砒砂岩的配合比

试样编号	配合比(wt. %)			
	矿粉	水	NaOH	标准砂
F2	0	8.0	1.0	90.5
G2	10.0	8.0	1.0	80.5
H2	20.0	8.0	1.0	70.5
I2	30.0	8.0	1.0	60.5
J2	40.0	8.0	1.0	50.5

根据砒砂岩改性材料与对比组在各个龄期的强度关系看,砒砂岩改性材料明显高于空白试验对照组,见图 6-11。石英砂作为一种惰性掺合料取代砒砂岩,其对照组强度主要来自于矿粉。当矿粉掺量为 10wt. %、20wt. %、30wt. %、40wt. % 时,改性砒砂岩的 28 d 抗压强度比空白对照组高了 45.1wt. %、22.8wt. %、17.3wt. %、25.7wt. %。这表明改性砒砂

岩的强度来源不只是矿粉。砒砂岩在改性材料体系中表现出一定的活性,从强度上看砒砂岩的活性只有矿粉的 20% 左右。Bondar 等学者的研究也表明,天然矿物中溶出的活性 SiO_2 和活性 Al_2O_3 量的不足可以被活性矿物添加剂(如矿粉)所弥补,从而促进风化及激活反应,生成大量的类沸石和 Si-Al 凝胶类矿物,同时矿粉中硅酸二钙和硅酸三钙经水化也会形成大量 C-S-H 凝胶,弥补了胶结不足的缺陷。

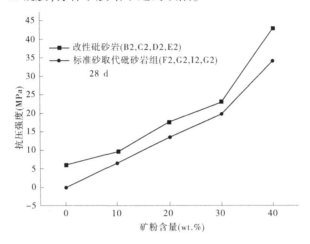

图 6-11　矿粉含量与改性材料抗压强度的关系

图 6-12 表明,砒砂岩经过风化及激活改性后,其耐水性能得到了显著的提高。图 6-12 中右边标有 A 的是未经改性的砒砂岩试样,左边标有 C2 的是改性处理后试样。A 试样接触水后,水迅速地进入试样基体,基体孔隙中的气体也迅速被排除,在水的作用下,A 试样四周不断有碎屑剥落,同时试样 A 产生非常轻微的膨胀,在 2 min 的时候 A 试样出现大块的崩塌。4 min 时试样 A 几乎全部崩解成一堆散沙,而改性处理后试样 C 自始至终并没有什么变化。因而砒砂岩改性试样初步表现出了比较好的抗水侵蚀能力。

图 6-13 为矿粉掺量和龄期对砒砂岩改性材料软化系数的影响。试样 A2 的软化系数随着龄期的变化由初期的 0 增长到 90 d 的 0.67。这是因为砒砂岩中的黏土矿物和钠钾长石经过改性后发生了风化及激活反应,生成了耐水的沸石和 Si-Al 胶体等水化产物,提高了砒砂岩改性材料的耐水性能。但是对于大多数工程建设来说,其软化系数还是偏低的。而增加矿粉的掺量,对应同龄期的砒砂岩改性材料的软化系数显著增长。在龄期为 90 d 时,其软化系数随矿粉掺量增加由 0.67 增长到 0.95,并且软化系数随龄期增长呈现对数形式的增长。这是因为矿粉能够为风化反应提供更多的活性 SiO_2 和活性 Al_2O_3,极大地促进了沸石和 Si-Al 胶体的形成,同时矿粉自身在碱性环境中水化反应会产生大量的 C-S-H 凝胶,C-S-H 凝胶和砒砂岩的风化产物都有非常好的耐水性能,因此,改性砒砂岩复合材料的软化系数发生了质的变化。

不过值得注意的是,随着龄期的增加,C-S-H 凝胶会发生碳化,即 $C-S-H + CO_2 \rightarrow CaCO_3 + mSiO_2 \cdot nH_2O$,形成的 $CaCO_3$ 和 $mSiO_2 \cdot nH_2O$ 拥有更加良好的耐水性能。因此,提高矿粉掺量和延长龄期都能显著改善改性砒砂岩的耐水性能,当矿粉含量不少于 20% 时即可满足过水材料软化系数大于 0.7 的要求。

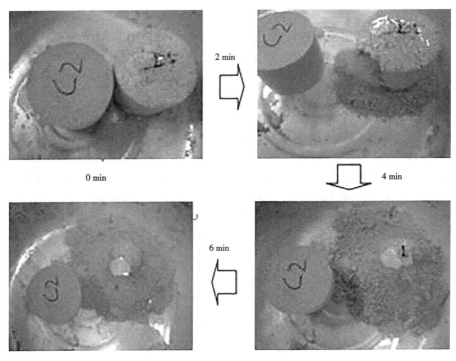

图 6-12 砒砂岩改性材料耐水性能外观表现

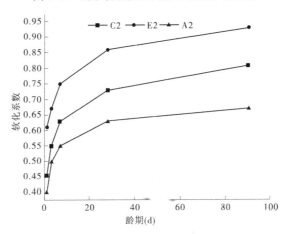

图 6-13 软化系数与龄期的关系

6.5 砒砂岩改性材料淤地坝修筑黏结技术

6.5.1 淤地坝砌筑砂浆试验设计

利用砂岩改性技术制备出由砒砂岩作为骨料的用于修建淤地坝工程的砌筑砂浆。根据淤地坝工程建设要求,砒砂岩改性砌筑砂浆的抗压强度大于 5 MPa、软化系数大于 0.7、稠度 5~7 cm 和黏结强度大于 0.15 MPa。

6.5.1.1　试验材料

使用的试验材料为白色砒砂岩、水泥和砂。砒砂岩取自内蒙古自治区鄂尔多斯市准格尔旗二老虎沟小流域,将砒砂岩经粉磨过筛,取粒径小于 1 mm 的砒砂岩用于试验;水泥为大连市小野田水泥有限公司生产的普通硅酸盐水泥(P·O 42.5);试验用砂为 ISO 国际标准砂。

6.5.1.2　试验过程

用白色砒砂岩以 0、5%、10%、20% 的掺量取代水泥,按表 6-15 配制砒砂岩改性砌筑砂浆。图 6-14 为测试的砒砂岩改性砌筑砂浆稠度的仪器及制作胶砂试件和黏结强度测试的试件,用沉入度表示稠度。试件制出后经标准养护 28 d,按照《预拌砂浆》(JG/T 230—2007)的技术方法测定胶砂试件的抗折强度、抗压强度、软化系数及黏结强度。

表 6-15　砒砂岩改性砌筑砂浆配合比

编号	混合物质量(g)				
	胶凝材料	水	砒砂岩冲积沙	砒砂岩	表面活性剂
A0	450	225	1 350	0	0
A1	427.5	225	1 350	22.5	10
A2	405	225	1 350	45	20
A3	360	225	1 350	90	40

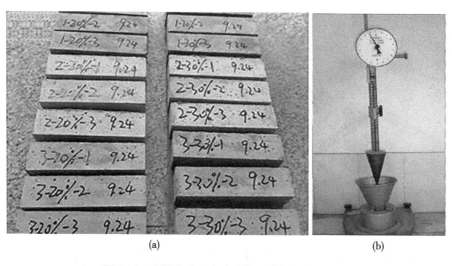

(a)　　　　　　　　　　(b)

图 6-14　改性砒砂岩胶砂试件及砂浆稠度测试仪

6.5.2　砒砂岩改性砌筑砂浆关键技术参数

6.5.2.1　砒砂岩改性砌筑砂浆稠度

图 6-15 为改性砒砂岩砌筑砂浆稠度随砒砂岩等量取代水泥量的变化过程。

随着砒砂岩取代水泥量的增加,改性砒砂岩砌筑砂浆的沉入度显著减小。当砒砂岩

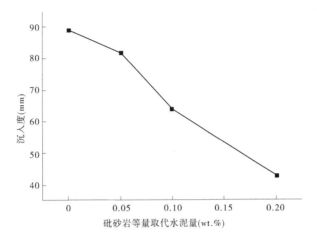

图 6-15　改性砒砂岩建筑砂浆的稠度

取代量为 0 时,砂浆的沉入度为 88 mm;当砒砂岩取代量为 20% 时,改性砒砂岩砂浆的沉入度仅为 43 mm,降低了 51.1%。改性砒砂岩砌筑砂浆的沉入度以 50～70 mm 最佳,即砒砂岩取代水泥的量为 5%～10% 可以满足要求。

6.5.2.2　砒砂岩改性砌筑砂浆抗压强度

图 6-16 为改性砒砂岩砌筑砂浆的抗压强度与砒砂岩等量取代水泥量的关系。当砒砂岩等量取代水泥的量由 0 增加到 5% 时,其抗压强度由 44 MPa 增加到 46 MPa;当砒砂岩等量取代水泥的量增加到 20% 时,其抗压强度减小到 25 MPa。

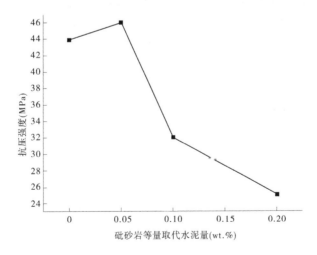

图 6-16　改性砒砂岩砌筑砂浆的抗压强度

6.5.2.3　砒砂岩改性砌筑砂浆软化系数

改性砒砂岩砌筑砂浆的软化系数为饱水 24 h 后胶砂试件的抗压强度与烘干状态下胶砂试件的比值。图 6-17 表明,改性砒砂岩砌筑砂浆的软化系数随着砒砂岩等量取代水泥的量的增加而显著减小,当砒砂岩等量取代水泥的量由 0 增加到 20% 时,其软化系数由 0.88 减小到 0.63。在淤地坝工程建设中,砒砂岩改性砌筑砂浆的软化系数必须大于

0.7,因而砒砂岩等量取代水泥的量不适宜超过 10%。

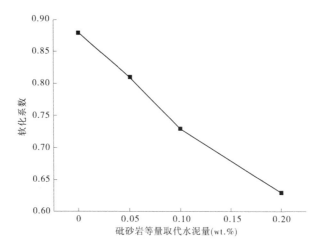

图 6-17　改性砒砂岩砌筑砂浆的软化系数

6.5.2.4　砒砂岩改性砌筑砂浆黏结强度

按照《预拌砂浆》(JG/T 230—2007)技术要求,测试改性砒砂岩砌筑砂浆的黏结强度。以水泥胶砂试块为基底块,再将预拌改性砒砂岩砌筑砂浆涂在 40 mm×40 mm 的基块上,达到 28 d 龄期后,用环氧树脂黏合剂将预拌砂浆与钢制夹具黏结,测定拉伸黏结强度。图 6-18 为改性砒砂岩砌筑砂浆的黏结强度与砒砂岩等量取代水泥量的关系。随着砒砂岩等量取代水泥量由 0 增加到 20% 时,改性砒砂岩砌筑砂浆的黏结强度由 0.32 MPa 减小到 0.11 MPa。根据淤地坝工程建设要求,改性砒砂岩砌筑砂浆的黏结强度必须大于 0.15 MPa,因此砒砂岩等量取代水泥的量不能超过 10%。

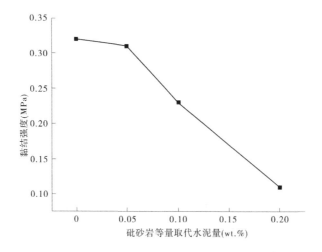

图 6-18　改性砒砂岩砌筑砂浆的黏结强度

综合上述试验结果,当砒砂岩等量取代水泥的量不超过 10% 时,改性砒砂岩建筑砂浆的稠度、抗压强度、软化系数及黏结强度均可以满足淤地坝工程建设需求。

7 砒砂岩改性材料筑坝关键技术

在研发砒砂岩改性材料基础上,根据淤地坝坝工特性及其工程建设的技术特点,进一步探索砒砂岩改性材料筑坝技术并开展示范应用,是砒砂岩改性材料在淤地坝工程建设中推广应用的一项重要的基础性工作。本章测试研究了砒砂岩、砒砂岩改性材料的相关坝工参数,分析了其工程性能,确定了适用于砒砂岩改性材料筑坝的坝工参数;提出了砒砂岩改性材料修筑淤地坝的关键技术,为利用砒砂岩改性材料开展淤地坝工程建设奠定了坚实的基础。

7.1 砒砂岩原岩工程性能

为获取砒砂岩原岩相关坝工参数,按照《水利水电工程天然建筑材料勘察规程》(SL 251—2015)和《水利水电工程地质勘察规范》(GB 50487—2008)标准的技术要求,在准格尔旗暖水乡覆土砒砂岩区对砒砂岩岩性进行了勘探,重点勘测了淤地坝建设区二老虎沟小流域砒砂岩的工程特性。

7.1.1 砒砂岩原岩基本工程性能

按照土工试验方法的国家相关技术标准要求,测试砒砂岩的基本工程性能。采用筛分法分析颗粒粒径分布;采用蜡封法测定自然密度;利用比重瓶法测试表观密度;用重型击实法测试最大干密度和最优含水率。砒砂岩的表观密度、天然密度、不均匀系数、曲率系数、含水率、最优含水率及最大干密度的测试结果见表 7-1。

表 7-1 砒砂岩基本物理性能指标

色别	表观密度 (g/cm³)	天然密度 (g/cm³)	不均匀系数	曲率系数	含水率 (%)	最优含水率 (%)	最大干密度 (g/cm³)
红色	2.65	1.89	2.39	0.51	11	12.4	1.95
白色	2.68	1.84	2.55	0.94	7	11.6	2.03

注:此处的天然密度是指体积密度。

红色砒砂岩、白色砒砂岩的表观密度均在 2.6 g/cm³ 以上,接近一般岩石的密度,而其天然密度远小于表观密度,表明砒砂岩成岩程度差,基体孔隙大。不过,砒砂岩的天然密度仍然比黄土密度 1.3~1.6 g/cm³ 要大。砒砂岩级配不均匀系数大于 1、曲率系数小于 1,表明砒砂岩颗粒组成分布范围广且颗粒级配不连续,在工程上属于不良级配。白色砒砂岩和红色砒砂岩拥有相近的最优含水率和最大干密度。

图 7-1 为砒砂岩颗粒级配曲线,表明砒砂岩颗粒级配极不均匀,无论是红色砒砂岩还

是白色砒砂岩,都以大颗粒物居多,颗粒支撑效应显著。

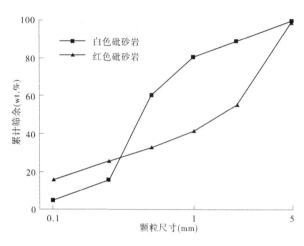

图 7-1 砒砂岩颗粒级配曲线

选择 12%、14%、16%、18%、20%等6种含水率的砒砂岩为最优含水率的测试对象,通过对砒砂岩的击实试验,确定其最佳含水率。击实试验分为轻型击实和重型击实。轻型击实适用于粒径小于 5 mm 的黏性土,对于砒砂岩来说,根据土工试验方法的国家相关技术标准,选取轻型击实试验。图 7-2 为通过击实试验得到的砒砂岩含水率与干密度关系,两者的关系曲线为下凹型,有明显的峰值。据此知,白色砒砂岩的最优含水率 $\omega_{op} = 11.6\%$,最大干密度 $\rho_{dmax} = 2.03$ g/cm^3;红色砒砂岩的最优含水率 $\omega_{op} = 12.4\%$,最大干密度 $\rho_{dmax} = 1.95$ g/cm^3。两种砒砂岩相差不大,较为接近。

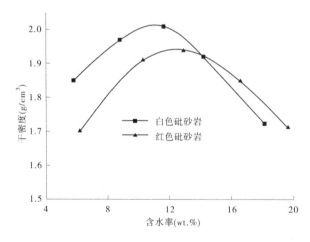

图 7-2 砒砂岩击实试验

7.1.2 砒砂岩原岩力学性能

砒砂岩抗压强度是岩石基本力学性质的重要指标,反映砒砂岩抵抗外力破坏的能力,是判断砒砂岩是否破坏的主要参数。大量研究表明,含水率是影响土壤力学强度的重要因素,因此主要研究砒砂岩在不同含水率下的单轴抗压强度。

7.1.2.1　试样加工

试样加工按照水利水电工程岩石试验的行业相关技术规程规定的加工试样和设计试验方法。因受砒砂岩块体尺寸及加工方法的限制,试验采用高径比1:1的圆柱体非标准试样。为保证试验用试样的均匀性,砒砂岩试样都由同一区域、同一部位、属性基本相同的岩块加工而成,选取的两种砒砂岩分别加工成5组样品,每组3块试样,共制试样30块(见图7-3)。

图7-3　砒砂岩单轴抗压强度试样

7.1.2.2　试验方法

首先将试样烘干称重,选取红白混杂砒砂岩、红色砒砂岩各1组进行干燥状态下的抗压强度试验。由于砒砂岩遇水溃散的特性,其余试样先放入湿度在98%以上的养护箱中使其缓慢吸水,后期采用喷壶向试样表面喷水的方式使其吸水,不定时测定其含水情况,择期进行单轴抗压强度试验。

7.1.2.3　试验结果

为定量评价砒砂岩抗压破坏程度,选取劣化度 D_ω 作为其表征指标,D_ω 的计算式为

$$D_\omega = \frac{\sigma_0 - \sigma_\omega}{\sigma_0} \times 100\% \qquad (7\text{-}1)$$

式中:D_ω 为劣化度;σ_ω 和 σ_0 分别为不同含水率状态和干燥状态下的单轴抗压强度。

劣化度接近于破坏的程度,劣化度越高说明抗压能力越低。

砒砂岩试样单轴抗压强度随含水率变化关系见表7-2。红白混杂砒砂岩含水率在1.0%、3.3%时,单轴抗压强度劣化度分别为27.7%、46.2%;红色砒砂岩含水率在1.1%、3.4%、6.5%和9.6%时,单轴抗压强度劣化度分别为32.9%、56.3%、94.8%和99.1%,较红白混杂砒砂岩而言,在含水率基本相同时的劣化度高18.8%和21.9%。另外,砒砂岩单轴抗压强度随着含水率的增加而降低。红白混杂砒砂岩试样在含水率达到3.3%左右后,含水率基本不再增大;而红色砒砂岩含水率会继续增大,在含水率达到19.0%左右时发生溃散。

表7-2　砒砂岩单轴抗压强度随含水率变化关系

砒砂岩色类	实测含水率 ω (%)	单轴抗压强度(MPa)	劣化度 D_ω (%)
红白混杂 砒砂岩	干燥	25.3	0
	1.0	18.3	27.7
	3.3	13.6	46.2
红色砒砂岩	干燥	21.3	0
	1.1	14.3	32.9
	3.4	9.3	56.3
	6.5	1.1	94.8
	9.6	0.4	99.1

（1）砒砂岩遇水强度降低与其矿物成分、颗粒间联结方式、孔隙率及微裂隙发育程度等因素有关。水分的进入改变了矿物的物理化学状态,加速裂隙的扩张,使内部应力集中状态更加明显,从而降低了砒砂岩的强度。

（2）含水率不仅对单轴抗压强度影响较大,同时对砒砂岩应变的影响也比较明显。由应力-应变曲线可以看出,在试样破坏前,砒砂岩试样应变量随着含水率的增大而增加（见图7-4、图7-5）。但是,不同颜色的砒砂岩破坏时的临界应变并没有表现出相同的变化趋势,红色砒砂岩破坏时的应变随着含水率的增加而减小,而红白混杂砒砂岩的破坏临界应变却相差不大。由此可见,水分对红色砒砂岩内部结构的改变比较明显,使其在应变相对较小时就会发生破坏。

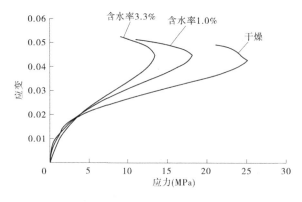

图7-4　红白混杂砒砂岩应力-应变曲线

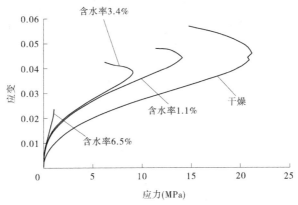

图 7-5 红色砒砂岩应力-应变曲线

随着含水率增加,在相同应力下砒砂岩的应变越大。在同样的应力及含水率条件下,红色砒砂岩的应变较红白混杂砒砂岩的明显偏大(见表 7-3),由此说明在相同的地理环境下,红色砒砂岩比红白混杂砒砂岩将更容易遭受水力侵蚀。

表 7-3 砒砂岩在不同含水率时的应变

应力(MPa)	砒砂岩类型	实测含水率 ω(%)	应变
5	红白混杂砒砂岩	干燥	0.021
		1.0	0.022
		3.3	0.023
	红色砒砂岩	干燥	0.020
		1.1	0.027
		3.4	0.028
9	红白混杂砒砂岩	干燥	0.026
		1.0	0.029
		3.3	0.031
	红色砒砂岩	干燥	0.026
		1.1	0.034
		3.4	0.037

应变随含水率增加的变化趋势见图 7-6。在相同应力时,干燥状态下的红白混杂砒砂岩和红色砒砂岩的应变基本一致。在吸收一定水分后,红白混杂砒砂岩和红色砒砂岩的应变变化规律基本相同,都是在含水率 1% 前的变化幅度较大,后趋于平缓。但是红色砒砂岩的前期应变增幅和相同含水率状态下的应变都明显高于红白混杂砒砂岩。含水率从 0 增加至 1% 左右时,红色砒砂岩应变增加幅度分别为 35% 和 31%,红白混杂砒砂岩应变增加幅度分别为 4.8% 和 11.5%;含水率从 1% 增加到 3% 左右时,红色砒砂岩应变增加

幅度分别为 3.7% 和 8.8%,而红白混杂砒砂岩应变增加幅度分别达到 4.5% 和 6.9%。在试验过程中发现,在相同的吸水时间,红色砒砂岩含水率明显高于红白混杂砒砂岩。由于红色砒砂岩透水性好,相同含水率时吸收的水分对其特性的影响高于红白混杂砒砂岩。

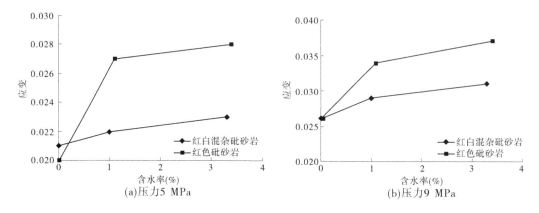

图 7-6　砒砂岩应变与含水率关系

(3)选取含水率状态较多的红色砒砂岩进行单轴抗压强度试验,并进行抗压强度与含水率的关系拟合,其关系式为

$$R = 0.253\ 1\omega^2 - 4.543\ 4\omega + 20.548 \qquad (7\text{-}2)$$

式中:R 为单轴抗压强度,MPa;ω 为含水率(%)。

由式(7-2)知,当含水率 ω 达到 9% 以上时,红色砒砂岩随着含水率的增加其单轴抗压强度的变化已基本不明显。

综上所述,红白混杂砒砂岩、红色砒砂岩单轴抗压强度随着含水率的增大快速降低。在含水率基本相同条件下,红色砒砂岩的抗压强度比红白混杂砒砂岩降低得更明显;在相同应力时,干燥状态下的红白混杂砒砂岩和红色砒砂岩的应变基本一致;在吸收一定水分后,红白混杂砒砂岩和红色砒砂岩的应变变化规律基本相同,但红色砒砂岩的应变明显高于红白混杂砒砂岩;红白混杂砒砂岩的透水性较差,遇水时相对不易发生溃散,而红色砒砂岩的透水性较强,稳定透水率高于红白混杂砒砂岩,遇水时相对更易于溃散。当含水率达到 9% 以上时,红色砒砂岩随着含水率的增加其单轴抗压强度很低,基本上接近于 0。

7.2　砒砂岩改性材料工程性能

砒砂岩改性材料必须具有良好的坝工性能,满足淤地坝工程建设的相关规范制定的坝工性能要求,以确保工程的安全性。因此,对改性砒砂岩材料应做坝工性能参数的测试分析,包括土粒密度、可塑性(包括液限、塑限、塑性指标)、渗流(渗透系数等)、颗粒组成(包括不均匀系数、曲率系数等)、有机质可溶盐、抗剪强度(包括快剪、固结快剪、饱和快剪、饱和固结快剪等 c、φ 值),以及压实特性(包括含水量、干容重等)多项有关力学性能指标,另外还包括改性砒砂岩材料的长期耐久性参数,主要包括抗冻融、干缩、渗透、干湿等性能指标。参数测试依据土工试验相关的行业技术规程和《膨胀土地区建筑技术规范》(GB 50112—2013)等技术标准。按技术规范要求,还需要检测砒砂岩原岩的膨胀率和收缩值。

7.2.1 砒砂岩改性材料工程参数

7.2.1.1 砒砂岩原岩选料指标

根据相关技术要求,用作修建淤地坝坝体的砒砂岩改性材料所选取的砒砂岩应控制其蒙脱石含量5%以下为宜。蒙脱石含量越高,砒砂岩的自由膨胀率越大,阳离子的交换量也越大,遇水更易发生破坏。因此,为通过改性能够更好地控制其膨胀率,需要对蒙脱石含量加以控制。自由膨胀率与蒙脱石含量的关系见表7-4。

表 7-4 自由膨胀率与蒙脱石含量的关系

蒙脱石含量(%)	自由膨胀率 δ_{ef}(%)	阳离子交换量(mmol/kg)	膨胀潜势
1~14	$40 \leq \delta_{ef} < 65$	170~260	弱
14~22	$65 \leq \delta_{ef} < 90$	260~340	中
>22	$\delta_{ef} \geq 90$	>340	强

注:表中数值依据《膨胀土地区建筑技术规范》(GB 50112—2013)规定的方法测定,其中蒙脱石含量利用次甲基蓝吸附法测定;阳离子交换量利用醋酸铵法测定。

7.2.1.2 砒砂岩改性材料指标

对砒砂岩改性筑坝材料,干容重是一项很重要的控制指标。对黏土筑坝材料,其干容重应不小于1.55 t/m³,而砒砂岩改性材料,其干容重则不应小于1.60 t/m³。压实系数是筑坝需要控制的另一项核心指标,筑坝材料的压实系数应大于0.90,坝体材料的渗透系数应控制在 1×10^{-5} ~ 1×10^{-4} cm/s,对于坝体和防渗部分需要分别考虑。

坝体材料的软化系数不宜小于0.35,特殊部位材料的软化系数不得小于0.70。表7-5为测试的砒砂岩改性材料部分坝工参数。

表 7-5 改性砒砂岩性能参数

改性材料分级	抗压强度(MPa)		28 d 耐水性参数			长期耐久性	
	28 d	90 d	干缩(%)	软化系数	渗透系数(cm/s)	冻融	干湿
SP-1 型	≥1.5	≥2.0	<0.04	≥0.35	≤10^{-5}	合格	合格
SP-2 型	≥3.0	≥4.0	<0.04	≥0.40	≤10^{-6}	合格	合格
SP-3 型	≥5.0	≥7.0	<0.04	≥0.70	≤10^{-7}	合格	合格

注:表中抗压试验的试件尺寸为 $\phi \times h = 50 \times 100$ mm 圆柱体,其他指标均按相关标准要求测试。

对于溢洪道泄洪等过水建筑物采用砒砂岩改性混凝土材料,抗压强度应大于 7.5 MPa,用于卧管、涵管、消力池的混凝土以 C20 为宜,而溢洪道混凝土不宜小于 C20。反滤材料应采用土工材料。必要时,坝体部分应适当使用土工格栅,以增加坝坡的稳定性,确保安全。

7.2.2　改性剂工程性能要求指标

7.2.2.1　改性剂指标

改性剂一般由无机盐或有机物,或者两者混合配制而成。

无机盐改性剂主要是碱金属盐类,以及硅胶结物和碳酸盐胶结物。而有机物改性剂隶属于聚合物一类,一般是由多种聚合物或单体及缓冲剂、聚合催化剂等成分组成的水溶性乳液或者浓缩液,如聚乙烯醇、水性聚氨酯乳液、羟基纤维素丁苯乳液、改性橡胶(ABS)乳液、丙烯酸衍生物等。

各类改性剂都应符合国家相关技术标准的有关规定。以砒砂岩原岩用量为基准,无机改性剂掺量一般为 0.5%~10%,而有机改性剂掺量为千分之几到万分之几,这取决于掺入成岩掺合料的品种、品质和数量甚至配合方式。

7.2.2.2　掺合料指标

掺入矿物掺合料的目的是改变砒砂岩的孔隙结构,提高砒砂岩中胶凝物质数量,提高改性材料的强度。矿粉是改性材料的主要掺合料,通过试验测试表明,矿粉含量对砒砂岩抗压强度的大小起决定性作用,矿粉含量越高改性砒砂岩抗压强度越大。

根据淤地坝建设的相关技术指标要求,无论从改性材料的成型难易程度还是从力学性能指标综合比选,$2.1~g/cm^3$ 的掺合量就可以满足建设淤地坝的技术指标要求。

7.2.2.3　胶凝材料指标

针对砒砂岩原岩应优先使用硅酸盐胶凝材料,胶凝材料的掺加量通常不大于 5%,最大不宜超过 8%。

7.2.2.4　砒砂岩混凝土指标

用于过水建筑物的砒砂岩混凝土材料是由通用硅酸盐水泥等胶凝材料、改性的砒砂岩原岩骨料(或将砒砂岩先制成人工粗骨料)和添加物共同组成的混合物,加水拌和,适当养护而制成的混凝土,其用途主要是作为淤地坝涵管建筑材料。所用改性的砒砂岩原岩应满足《建设用砂》(GB/T 14684—2011)标准要求;粗集料或砒砂岩人工粗骨料应符合《建设用卵石、碎石》(GB/T 14685—2011)标准要求;混凝土拌和用水应符合《混凝土用水标准》(JGJ 63—2006)有关规定;混凝土耐久性应满足《混凝土耐久性检验评定标准》(JGJ/T 193-2009)有关规定;力学性能检测应符合《普通混凝土力学性能试验方法标准》(GB/T 50081—2002)的基本要求。

7.2.2.5　砒砂岩改性砌筑砂浆抗冻性能指标

表 7-6 是经过 25 次冻融循环试验后,不同配合比的改性砒砂岩免烧砌块试样的抗压

强度变化。

表 7-6　90 d 龄期试样冻融循环试验测试结果

编号	配合比(g)					不同冻融循环次数抗压强度(MPa)				
	矿粉	抑制剂	钠盐	砒砂岩	水	0	10	15	20	25
C1	41.2	8.2	1.0	155.6	16.5	19.7	17.8	16.3	15.7	13.2
C2	41.2	8.2	2.1	154.8	16.5	23.8	21.3	19.9	18.1	17.4
C3	41.2	8.2	3.1	153.8	16.5	27.7	25.9	24.6	23.4	22.2
D1	61.8	8.2	1.0	134.2	16.5	23.6	21.3	19.9	18.5	16.9
D2	61.8	8.2	2.1	133.2	16.5	28.2	25.7	24.4	23.8	22.9
D3	61.8	8.2	3.1	132.2	16.5	28.7	26.7	25.0	24.9	24.0
E1	82.4	8.2	1.0	113.6	16.5	30.0	28.9	28.4	27.9	27.3
E2	82.4	8.2	2.1	112.6	16.5	47.0	46.6	46.3	45.2	44.1
E3	82.4	8.2	3.1	111.6	16.5	52.0	51.4	50.9	50.3	49.7

　　虽然随冻融次数增加,其抗压强度会有所下降,但仍能满足大于 10 MPa 的技术指标要求。C1、C2、C3 试样经过 25 次冻融循环后,其抗压强度分别下降了 32.99%、26.9% 和 19.86%;D1、D2、D3 和 E1、E2、E3 的抗压强度下降 28.38%、18.8%、16.37% 和 9%、6.17%、4.44%。另外,砒砂岩的抗冻融能力随着抑钠盐和矿粉用量的增加而显著增强。在设计的配合比改性方案下,研制的砒砂岩改性材料能完全满足淤地坝工程的抗冻融性能指标要求。

7.2.2.6　砒砂岩改性砌筑材料干湿循环性能指标

　　选取 C2、D2 和 E2 的配比制作成圆柱体的砒砂岩改性材料试样,开展干湿循环试验,测试其在不同循环时段下的抗压强度,将常温养护 7 d 的改性砒砂岩浸泡在自来水中,让水自由蒸发干,在干燥的条件下养护 3 个月,然后再加水。如此反复循环下去,测量其 7 d、28 d、90 d、360 d、720 d、1 080 d、1 440 d 和 1 800 d 的抗压强度(见图 7-7)。

　　根据抗压强度变化测试分析,砒砂岩改性材料在水中浸泡 7~90 d,其抗压强度是稳步增长的。经过 90~1 080 d 干湿交替循环,改性砒砂岩材料的抗压强度依然有所增长。砒砂岩改性材料的水化周期较长,其水化作用强于干湿循环对改性砒砂岩的劣化作用。1 080 d 后,改性砒砂岩材料的抗压强度有所下降,但降幅很小,达到 1 800 d 时,其抗压强度的降幅不超过 15%。因此,砒砂岩改性材料拥有良好的稳定性能。

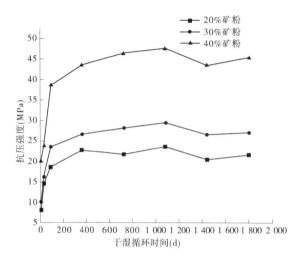

图 7-7　砒砂岩改性材料自然干湿循环强度变化过程

7.3　砒砂岩改性材料淤地坝施工关键技术

砒砂岩改性材料筑坝的最大特点在于就地取材,施工简单,且改性后砒砂岩遇水膨胀特性得以消除。结合淤地坝建设相关规范和砒砂岩改性材料的工程特性,提出了砒砂岩改性材料碾压筑坝的关键施工技术。

7.3.1　砒砂岩改性材料淤地坝设计

改性砒砂岩淤地坝的设计应当遵照关于淤地坝设计方面的行业技术标准,涉及坝系工程布设、水文计算、土坝设计、溢洪道设计、放水工程设计和配套加固工程设计、工程施工、工程质量检查及验收、工程管理等基本规定和要求。

淤地坝主要用于汛期滞洪拦沙,而并非长期蓄水工程,应根据自然条件、流域面积、暴雨特点、砒砂岩料场、环境状况和施工技术水平,综合选择由坝体、溢洪道、放水建筑物不同的组合方案。

应根据工程的重要性和失事确定危害性,按照《水土保持综合治理 技术规范 沟壑治理技术》(GB/T 16453.3—2008)所制定的工程设计标准确定。涉及钢筋混凝土结构的设计应按标准《水工混凝土结构设计规范》(SL 191—2008)中的有关要求,进行承载力极限状态设计和正常使用极限状态验算。抗震验算应按照《水工建筑物抗震设计规范》(SL 203—1997)的规定进行。基于危险工况条件下,应计算拦淤地坝整体以及渗流对坝坡稳定性影响,采取特别措施确保结合部位(如坝肩与岩体、坝体与涵管连接处、坝体与坝基嵌入部位等)的结构安全性。

7.3.1.1　基本资料

砒砂岩改性材料淤地坝施工设计需要收集的基本资料包括:

(1)流域沟道坝址处地形图(比例尺不宜小于1/1 000)。

（2）由地形图所确定的坝址以上流域集水面积。

（3）经勘测和水文计算求得的坝高 H 与库容 V、淤地面积 F 的关系图。

（4）流域年平均侵蚀模数,按照《土壤侵蚀分类分级标准》（SL 190）对土壤侵蚀进行分类分级。

（5）设计洪水量和校核洪水量。

（6）坝址附近应有充足的筑坝土料,并试验土料的内摩擦角 φ 和黏聚力 c 值。

（7）确定的放水工程设计流量。

7.3.1.2 坝址选择

坝址选择在很大程度上取决于地形和地质条件。选择在沟谷狭窄、上游开阔平坦、口小肚大的葫芦状地形处,以满足筑坝工程量小、库容大、淤地面积大要求。宜选择土质坚实、地质结构均一、两岸无滑坡和崩塌的地段筑坝,且地基无淤泥、泥沙和地下水出没。坝址附近有足够且良好的砒砂岩原岩填筑料和必要的砂石料,且开采和运输方便。还要考虑土料运输机械的操作之便,要求坝址处地形较为开阔平坦以便进行施工布置。

7.3.1.3 淤地坝规模

通过水文计算确定淤地坝规模,如拦泥库容及坝高、滞洪库容及坝高、最大坝高等,参数设计应满足淤地坝设计的相关行业技术规范要求。

7.3.2 砒砂岩改性材料淤地坝工程构造要求

（1）如采用风化砒砂岩（主要是砒砂岩表层土）筑坝,其黏土颗粒含量应为10% ~ 25%为宜,非黏土不宜采用。采用改性砒砂岩筑坝应满足坝工特性要求。

（2）淤地坝的坝顶宽度宜为 3.0~4.0 m;上游边坡 1:1.5~1:2.0,下游边坡 1:1.0~1:1.5,具体取值应根据土坝结构安全计算确定。

（3）坝高大于 10~15 m 时,应布设马道,马道宽度 1.0~1.5 m。坝顶两侧设土埂以防坝顶雨水顺坡泄流冲刷坝面。

（4）为防止雨水冲刷,淤积面以上坝坡坡面应设保护措施,如护坡石、草类植被,或抗冲刷的改性砒砂岩,本试验示范工程采用抗蚀促生技术在背水坡种植沙棘和野牛草等植物。

（5）根据坝体规模,应设置斜卧式排水管或者棱式排水或者褥垫式排水工程措施。

（6）卧管的纵向坡度以 1:2 ~ 1:3 为宜,输水涵洞应埋于坝基,涵洞的纵向坡度以 1/100~1/200 为宜。

（7）小流域淤地坝溢洪道应以明渠式溢洪道为主,采用梯形断面,其纵坡以 1/50~1/100 为宜。

（8）淤地坝为砒砂岩改性材料均质坝,但考虑改性砒砂岩的成本问题,以及实际需要,可以对坝体进行分区,如坝体断面核心区采用较强的抗溃散性改性砒砂岩,且植入防渗膜维持其湿润避免干缩,坝体其他部分采用能维持坝体稳定的改性砒砂岩即可。

7.3.3 砒砂岩改性材料淤地坝施工技术

7.3.3.1 施工依据

砒砂岩因含有大量蒙脱石等膨胀性物质,具有遇水膨胀溃散的特性,因此不宜直接用来筑坝,需要对其进行改性处理后方能用于淤地坝建设。为了使砒砂岩改性筑坝与普通土石坝的碾筑工序相统一,具有可借鉴性和通用性,在使用砒砂岩改性材料开展淤地坝设计和施工时,依据包括淤地坝建设技术规范、水土保持治沟骨干工程技术规范、碾压式土石坝设计规范、水利水电工程天然建筑材料勘察规程、土工试验规程、膨润土试验方法、水电水利工程土工试验规程和膨胀土地区建筑技术规范等在内的国家、行业颁布的相关技术标准。

7.3.3.2 坝体施工技术要点

对于有一定特殊技术要求的淤地坝,首先要按照坝体分区施工的原则,对坝体填筑材料进行分区,坝体分为核心区和坝壳区,坝体应采用先核心区后坝壳区的施工方式。

(1)清基。坝体填筑前应对坝基和岸坡进行处理,主要包括:清除草根、草皮、树根等杂物;岸坡削坡,控制坡度不得陡于1:1.5;坝基和坝肩应开挖接合槽,深度0.5 m为宜,边坡1:1.0,底宽不小于1.0 m;透水点要采取截流或导流措施。

(2)原岩开采。砒砂岩原岩较为坚硬,具有一定的强度,特别是风化程度较低的原岩,非常坚硬。对砒砂岩的开采,传统上采用的一般有爆破法、机械直接挖掘法等。砒砂岩改性淤地坝示范工程中,对砒砂岩的开采,采用机械挖掘法。对砒砂岩原岩的开采,一般选择离坝址不是太远、对工程边坡稳定没有影响且不会形成严重的人为水土流失等开采区,先由推土机推除表层杂物及黏土,然后采用爆破等方式松动砒砂岩,再由推土机将松散的砒砂岩推入工作面。应强调的是,要最大限度地避免因开采而引发新的水土流失。

(3)摊铺。摊铺包括以下工作程序:

①坝基铺土。坝体填筑土料要求坝基表面含水量控制在设计要求范围内。填筑的土料要求均质,土料含水率为15%~18%。沿坝轴线方向铺土,人工夯实铺土厚度应不超过0.30 m,机械履带碾压铺土厚度为0.20~0.25 m,羊角碾碾压铺土厚度为0.20~0.30 m。

②坝体摊铺。将推入工作面的砒砂岩展平,松铺厚度应等于压实厚度乘以松铺系数,机械施工时松铺系数一般为1.2,每层不得大于30 cm;布散成岩掺合料,再按比例均匀喷洒不同成分的改性剂及胶凝抑制剂;用拌和机将坝料拌和均匀,施工关键是拌和层底部不得留有素土夹层。图7-8为砒砂岩改性材料淤地坝示范工程建设的摊铺碾压施工。

(4)成岩胶凝材料掺拌。将改性剂及成岩胶凝材料使用挖斗车运输至坝体附近。测量每层土体的厚度、面积及堆积密度,然后计算出每层土体的总质量,按照配合比在土体上散撒成岩胶凝材料,之后用机械翻拌均匀,为后一步的改性做好准备。

(5)改性剂的配制及喷洒。在坝体附近人工开挖一个可以满足施工用水要求的储水池。将施工所需用水临时储存在蓄水池中,以备使用。

将称量好的改性剂溶液倒入配制圆桶中,之后将一定量的水加入圆桶之中,拌制均匀。使用电泵,通过输水管道将改性剂溶液输送到坝顶作业面上,确定好每桶改性剂溶液

图 7-8 摊铺碾压施工

所需喷洒的面积,将改性剂溶液均匀喷洒到规定的作业面积上。1桶改性剂溶液喷洒完毕后,再进行下一个作业区域的喷洒。待改性剂溶液喷洒完毕,完全渗入砒砂岩中之后,进行碾压。

(6)碾压。待将砒砂岩、成岩掺合料和成岩剂搅拌均匀后,用推土机将改性材料碾压至设计土料干容重。

碾压施工应符合以下技术要求:

坝体填筑土料含水率应控制最优含水率,应在最优含水率时压实,当表层含水率不足时,应及时洒水再进行碾压;沿坝轴线方向铺层厚度应均匀,要求在 30 cm 左右为宜;压实系数不小于0.95;每层碾压遍数不应少于 3 次。采取进退错距法,两次错车碾迹重叠10~15 cm;对于坝体与边坡、坝体与涵管结合部位等机械碾压不到的地方,必须采用人工或蛙式打夯机夯实,铺土厚度为 0.10~0.15 m,夯迹应重合 1/3;铺土前应对夯实的表土刨毛、洒水。图 7-9 为砒砂岩改性材料淤地坝示范工程建设的碾压施工。

图 7-9 碾压施工

(7)整形碾压结束时,应采用平地机进行整形,局部高出部分刮除并清除施工段外,局部低洼处应进行找平。

（8）养护。如不能连续施工,施工面应进行养护,可采取铺盖塑料薄膜等措施进行养护保护。

7.3.3.3　过水建筑物施工技术要点

1. 涵管施工

排水涵管为预制混凝土涵管,在坝体清基处理完成后,需挖出排水涵管铺设管道,将预制涵管按设计要求铺设。根据每节涵管长度,管座砌筑时应在两管接头处预留接缝套管位置,管座应采用120°的支撑;管与管接头缝隙应采取密封措施;涵管与坝体相接处应设置截水环;管壁附近要特别采取措施夯实,确保不形成渗水通道。

2. 卧管施工

卧管使用改性砒砂岩混凝土进行浇筑。在现场按照设计和施工布设控制范围及高程,人工开挖出卧管浇筑坑道。之后,按照6.3的设计配合比拌制改性砒砂岩混凝土,人工支设模板,然后将拌制好的改性砒砂岩混凝土进行浇筑,浇筑后养护至预定龄期,拆除模板,进行回填。

3. 消力池施工

消力池的浇筑材料与卧管混凝土相同,采用改性砒砂岩混凝土进行浇筑。

4. 排水沟施工

改性砒砂岩淤地坝坝肩处的排水沟,使用改性砒砂岩砂浆进行修筑。改性砒砂岩砂浆各混合料的配制比可参照表7-7选取配置。

表7-7　改性砒砂岩砂浆配比

砒砂岩 （g）	砒砂岩 沉积物 （g）	胶凝材料 （g）	改性剂 （g）	水灰比	扩展度 （mm）	抗折强度 （MPa）		抗压强度 （MPa）	
						7 d	28 d	7 d	28 d
—	1 350	450	20	0.53	182	5.1	7.7	23.6	44.9
135	1 215	450	20	0.56	180	5.5	7.0	23.1	40.2
405	945	450	20	0.62	179	4.4	5.6	18.3	24.6
675	675	450	20	0.72	181	4.0	5.1	10.6	20.1
945	405	450	20	0.80	181	3.4	4.5	9.4	14.2
1 350	—	450	20	0.87	182	2.6	3.2	7.8	11.1

利用砒砂岩研制出的改性砒砂岩砂浆其性能与普通砂浆差别不大,可用于淤地坝坝肩处排水沟的建造。

7.3.3.4　坝坡面整形及植被防护技术要点

1. 迎水面

对淤地坝的迎水面,要进行人工夯实整形,因考虑到库区蓄水问题,坝坡面不进行绿化处理,可采取喷洒高浓度抗蚀促生材料进行固结处理。

2. 背水面

在背水面进行人工找平,夯实处理之后,在坝的坡面进行绿化。进行绿化处理的目的:一方面主要是为了防止坝坡面遭受雨水的冲刷而形成冲蚀沟。另外一个重要方面,也是为了考察对砒砂岩进行改性处理后,对土壤及环境的影响情况。根据当地适宜的优势物种选择,种植的植被主要以灌木类沙棘和草本植物为主。图 7-10 是利用抗蚀促生材料在砒砂岩改性材料淤地坝示范工程背水面建植的植被。

图 7-10　淤地坝坡面背水面植被

7.3.3.5　施工部署原则

需在雨季之前完成淤地坝工程施工。在施工作业面积大、工期紧、任务重的情况下,可按照"平面+立体分区"的空间优化施工部署原则,采取流水施工的方法安排施工工序,按照系统工程原理,精心组织各工序的作业。根据工程的施工过程、设计因素、劳动力保障、材料供应、管理措施,以及时间、气象、外部环境影响等条件,综合多因素的影响分析,实行全面管理和动态控制,全面、系统、细致、合理地进行施工管理。同时,要安排施工监理人员,对施工全过程进行监控把关。

7.3.3.6　施工准备

1. 技术准备

(1)审查图纸。组织项目全体人员认真审查图纸,发现汇总图纸中是否存在问题及不足。同时,计算图纸中的各分项工程工程量,统计主辅材计划用量清单。

(2)做好施工方案。针对现场具体情况不断优化施工方案,针对现场重点及关键部位编制详细的施工方案。施工重点控制部位的节点深化,是进入现场后的重点控制环节。

(3)做好技术交底工作。按照砒砂岩改性材料制作配合比和设计图纸细部图,对现场施工方进行技术交底。现场技术负责人向现场专业工长等管理人员进行纲要性、质量、安全技术交底;专业工长向班组长及技术骨干交底;班组长向工人交底,交底尽量做到细致全面,结合具体操作部位。关键部位的质量要求、操作要点及注意事项,除进行详细的口头和文字交底外,必要时采取图表、样板及示范操作等方法进行交底。

2. 人员准备

根据项目实施要求,需要成立管理、材料配制和施工保障组。

(1)成立砒砂岩改性材料淤地坝工程项目管理部门,全力协调、协助施工单位保质保量按时完工。

（2）考虑到砒砂岩改性材料制作的特殊技术要求，需要成立由研发单位技术人员参加的砒砂岩改性材料组，具体负责指导技术人员及工人配制砒砂岩改性材料、砒砂岩改性混凝土及砒砂岩改性砂浆配制的工作。

（3）施工保障组。负责组织材料运输、施工机械调配、机械设备操控、水电保障、安全等工作。

3. 施工现场准备

施工准备工作是为拟建工程施工创建有利的施工条件和物质保证的基础。

"三通一平"工作，包括平整施工场地，确保临时道路、水、电通。

（1）平整施工场地。通过测量，计算挖土机填土的数量，进而设计土方调配方案，组织人力或机械进行平整工作。

（2）临时道路通。要保证有满足通行能力的通向施工现场的临时道路，且要确保道路质量。

（3）水通。砒砂岩区的淤地坝建设位置往往缺乏水源，难以提供通水条件，大多需要从外界用车辆运水。可以在坝址附近建造储水池，将运输进来的水源，临时储存起来，以备随时使用。

（4）电通。淤地坝坝址区也往往无工业或农业用电线路，在此情况下，现场能源动力主要靠柴汽油发电机提供。现场应设置发电机 2 台，为生活和施工用电提供电力。架设好连接工地内外临时供电线路及通信线路，注意对红线内及现场周围的电线、电缆加以妥善保护。为满足施工工地的连续供电要求，应考虑设置备用发电机，以防供电不足或不能供电。

4. 施工场地的测量控制网

根据设计的坐标点设置工程测量控制网。在施工现场范围内建立平面控制网、标高控制网，并管护好桩位。同时还要测定出淤地坝的定位轴线、其他轴线及开挖线等，并对其桩位进行保护，以此作为施工的依据。

5. 临时设施

在施工区搭建临时板房，供施工人员临时入住，以及技术人员临时办公。

6. 材料存储

建筑材料、构配件的现场存储和堆放按照材料及构配件的需要量计划组织进场，按照施工平面图规定的地点和范围进行存储和堆放。

8　二元立体配置综合治理模式

通过对砒砂岩区地形地貌分异特征、岩性特征、植被类型及其空间分异性调查分析,并结合对砒砂岩区植物生境、坡沟系统结构与特征调查,基于研发的抗蚀促生技术、砒砂岩改性技术,重点开展了适合于砒砂岩覆土区坡顶、坡面、沟坡和沟床的治理措施及其空间立体配置模式研发,并试验观测了抗蚀促生治理技术的实施效果,为大面积治理工程建设提供了技术支撑。

8.1　植物生境与地貌单元结构特征调查

2013~2015年,先后多次在砒砂岩区开展了系统的科学调查,调研范围涉及陕西、山西、内蒙古等省(区),主要调查砒砂岩区典型的乔木、灌木及草本植物的分布特点和植物群落的共生模式和生长特点,砒砂岩区地貌系统结构特点(梁、峁、坡、沟地貌单元特点与分布)。在对砒砂岩区地形地貌及植被生境调查基础上,对梁峁顶、坡面、沟坡和沟床的植被类型及其生长特征进行研究,阐明该区域不同类型植物(乔、灌、草)的空间立体搭配模式,并分析砒砂岩区坡沟子系统地貌单元空间结构特征。

调查分为以下三个阶段:

(1)以覆土砒砂岩区二老虎沟小流域为典型,调查分析了植物生长特征、分布特征、立地条件、生长环境和群落结构等,为二老虎沟小流域试验示范区工程建设提供基础数据支撑。

(2)调查分析皇甫川一级支流纳林川流域的植被类型、分布和生境,辨识纳林川流域植被类型、分布规律和群落特征。

(3)调研砒砂岩区植被类型和分布规律,路线为东胜(罕台、准格尔召镇、达拉特旗南端等地)→伊金霍洛旗(阿镇以及与毛乌素沙地交汇处)→大柳塔→神木北端→府谷(皇甫、墙头乡、清水川、麻镇、古城)→沙圪堵→纳林→羊市塔及其周边→暖水乡→薛家湾→大路镇(见图8-1)。通过对砒砂岩区全面系统的调研,较全面地了解和认识了砒砂岩区的整体侵蚀环境概貌、植物分布和人工林种植与配置模式等,收集整理了砒砂岩典型区的400多种植物,为砒砂岩区抗蚀促生二元立体配置模式的构建奠定了基础。

砒砂岩区外业采用"区-线-样空间多维度叠合"的调查方法,把典型区域、区间链线、代表样方结合起来。调查了砒砂岩区的典型植物种类、群落特征以及生境分布,总共记录植物种类有乔木29种、灌木20种、草本152种,为提高对砒砂岩区典型植物的认识和分布规律提供了可靠的基础数据。

调查分析表明,当地大部分植物多为浅根系树种,如油松、侧柏、杨树、榆树、刺槐等,根系集中分布在0.1~2.0 m。在坡顶,深根系树种长势不如浅根系树种。但是深根系树种中,毛根较为发达的灌木生长良好,能够形成优势群落,如柠条等。在裸露砒砂岩区坡面上,多生长浅根系的灌木、半灌木(沙棘、蒙古莸、达乌里胡枝子、万年蒿、百里香等),以及少量的乔木榆树,而且坡面上生长的榆树等乔木的根系很浅,只有 10 多 cm。在土质疏松的坡底和沟道内,生长的榆树、沙柳等乔木根系较深,而且深根系植物和浅根系物种均可以较好地生长,更适合深根系树种以及大型乔木生长,如柠条、小叶杨、沙柳等长势均较好。

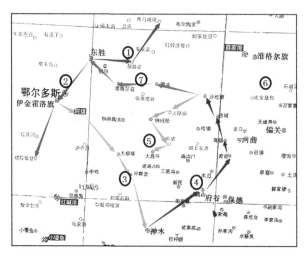

图 8-1　野外调查路线

8.2　典型坡面侵蚀分异性及植被分布规律

8.2.1　覆土砒砂岩区坡面

覆土砒砂岩区坡面包括黄土垂直节理发育单元、黄土覆盖不稳定单元和黄土覆盖相对稳定单元等 3 类坡面。

(1)黄土垂直节理发育单元。坡面极为陡峭,近似垂直,植被覆盖度很低。酸枣是该单元的优势物种,但其覆盖率低,仅 1.69%。从繁殖方式看,主要为根蘖繁殖,生长方式以丛生为主。因为黄土垂直节理发育单元坡面极为陡峭,承雨面很小,并不具备植被生根发芽的土壤环境条件,大多是坡顶植被根系依靠强大的延伸力和根蘖能力,向下延伸并逐渐出露形成新的萌芽,从而繁衍出新的植株。该单元不宜进行人工林建设,宜实施高浓度抗蚀促生材料固结措施,防治坡顶下坡径流冲刷侵蚀。

(2)黄土覆盖不稳定单元。主要是垂直节理发育区坍落形成的二次不稳定坡面,通常覆盖在陡峭的砒砂岩基岩表层,角度多大于 45°。该类型坡面存在时间较短,发育剧烈,一经雨水冲刷或风力搬运,就会逐渐消失,植被难以扎根生长。对该类型单元大量调研后,未发现有植被生长。

(3)黄土覆盖相对稳定单元。坡面角度主要集中在 35°~45°,在调研区域该类型坡面上发现的植物种类共有 138 种。从重要值看,沙棘重要性达到 31.2%,面积最广,为优势群落;其次为禾本科的赖草、针茅和披碱草,菊科中的万年蒿、阿尔泰狗娃花;豆科的紫花苜蓿,草木樨也为优势品种。从繁殖方式看,该单元植被大都是有性和无性共存。从生长方式看,多以具有一定结构的植物群落为主,因此植被丰富度高且生长繁密。此类单元植被自然恢复良好,生态系统逐渐趋于相对稳定,生态治理可以植被的自然修复为主。

8.2.2 裸露砒砂岩区坡面

裸露砒砂岩区坡面包括白色砒砂岩垂直单元、白色砒砂岩不稳定单元和红白相间砒砂岩不稳定单元等 3 类。

(1)白色砒砂岩垂直单元。发育多为板状水平层理,且多位于沟坡中上部,主要受到重力侵蚀的影响,经常发生块状岩体掉落,极为不稳定,这类坡面单元的大部分角度大于 70°。通过对研究区内这类坡面的植被调查,发现仅有少量的酸枣外,几乎无其他植被生长。该单元不适合植被生长,可以同黄土垂直节理发育单元一样,利用高浓度抗蚀促生材料进行固结,防治重力侵蚀。

(2)白色砒砂岩不稳定单元。表层风化严重,呈片状剥落,角度集中分布在 35°~70°。白色砒砂岩不稳定单元植被类型主要为酸枣和沙棘。从防治侵蚀及适应性方面看,酸枣为优势品种,甚至优于沙棘。酸枣繁殖方式为根蘖,生长方式以丛生为主,依靠植被根系向下延伸和很强的根蘖能力,逐渐出露形成新的萌芽。但是由于水肥等条件限制,这些酸枣并不能郁闭成林。由于白色砒砂岩自身岩性的不稳定,并且保水和持水效果差,因此植被根系对岩体既有固结作用也有破坏作用。其破坏作用主要是因为根系可以横向扩展,导致岩体内部开裂,当根系延伸至表层时,往往促使表层岩石脱落,植被的固结作用远小于其破坏作用。因此,该单元不适合于植被生长,也不适宜人工栽培树种,应进行固化处理。

(3)红白相间砒砂岩不稳定单元。坡面角度集中分布在 35°~45°,阳坡的主要植被为沙棘、百里香、蒙古莸和万年蒿。从重要值来看,蒙古莸重要值达到 55.86%,其次为万年蒿和沙棘,其繁殖方式主要为根蘖或根茎繁殖,可见在比较恶劣的条件下,无性繁殖是植物生存的重要策略。从覆盖度看,蒙古莸的覆盖度最高,其次为万年蒿、沙棘和百里香。在阳坡,灌木和半灌木不能郁闭成林,只能是以疏林形式存在。从生长方式看,沙棘和蒙古莸、万年蒿都能形成丛生群落。然而,蒙古莸和万年蒿更为广泛地生长在阳坡,且蒙古莸在阳坡具有绝对生存优势,覆盖度达到 7.61 %,远高于其他植被。蒙古莸的抗旱抗寒能力极高,属于浅根系植被,但该植物能够利用其自身根系在基岩表层易萌蘖,在红色砒砂岩不稳定单元露出新的萌芽,形成新的植株不断繁殖下一代。万年蒿具备和蒙古莸一样的繁殖特征和生长习性,因此可以成为红色砒砂岩不稳定单元阳坡的优势群落。

红色砒砂岩不稳定单元的阴坡,植物种类明显增加。从重要值来看,沙棘最为重要,达到了 72.57%,其次为万年蒿和蒙古莸。沙棘在阴坡有突出的重要性,这说明阴坡有较多的水分能够满足沙棘的生长需要,并且沙棘的根系具有可塑性,再依靠自身强大的根蘖繁殖力,可迅速地形成很大的郁闭面积和优势群落。次生植被万年蒿、蒙古莸主要依靠先锋物种沙棘的侵入,然后逐步演替,但是其重要性、覆盖度远远小于沙棘。阳坡与阴坡对比,植被种类从 16 种增加至 71 种,植物丰富度明显增加,覆盖度从 12.42% 增加至 22.91%,植物群落面积也大大增加。从植被种类可以看出,浅根系植被逐渐向深根系植被演变,并且繁殖方式也有以无性为主向无性和有性并存转变。这就说明,在各种立地条件(除了坡向因子)相似的情况下,水分是影响红色砒砂岩不稳定单元植被类型和特征的最关键因子。

8.2.3　覆沙砒砂岩区坡面

覆沙砒砂岩区坡面包括溜沙坡单元和覆沙砒砂岩区相对稳定单元 2 类。

(1)溜沙坡单元。接近于沟道底部,土壤疏松,蓄水能力较好,主要植被为禾本科的赖草、芦苇、假苇拂子茅、白草和藜科的绳虫实等。从重要性来看,赖草成为最优势物种,重要值相对较高,其重要性达到 47.62%,其次为假苇拂子茅、芦苇等。从繁殖方式来看还是以根茎滋生为主,除绳虫实单株生长外,生长方式都是丛生。根茎型的禾本科成为突出的优势群落,其主要原因为溜沙坡底部接近沟道,水分相对较多,土壤疏松,沟道内生长的大量根茎型禾本科植被依靠根茎延伸至溜沙坡内,逐渐出露形成新芽,生长成新的植株。而绳虫实也能够成为优势群落的主要原因是它比禾本科植被耐旱性高,在远离沟道内的溜沙坡处水分较少,则成为最先入侵的植被。溜沙坡单元,先锋物种主要为草本植被,它慢慢趋向稳定,植被继而向灌木等演变。

(2)覆沙砒砂岩区相对稳定单元。坡面的角度主要集中在 35° 以下。在覆沙砒砂岩区相对稳定单元调查范围内发现的植被种类共有 100 种。从重要值来看,沙棘重要性最高达到 26.2%,可以形成灌木林,其次为菊科的万年蒿、碱蒿、阿尔泰狗娃花,豆科的柠条、紫花苜蓿、草木樨及禾本科的针茅、赖草、披碱草。该单元植被的繁殖方式大都是有性和无性共存,并且生长方式多以群落为主。因此,该单元植被丰富度高且植物生长繁密。此类单元植被自然恢复良好,生态系统逐渐趋于相对稳定。

8.3　典型坡面空间组合结构特征

根据砒砂岩区的调查和勘测,可以从坡面的稳定性和岩体特征作为依据,把砒砂岩区的坡面类型划分为以下 8 个主要单元,即黄土垂直节理发育单元(90°)、黄土覆盖不稳定单元(>45°)、黄土覆盖相对稳定单元(<45°)、白色裸露砒砂岩垂直单元(≈90°)、白色砒砂岩不稳定单元(>35°)、红白相间砒砂岩不稳定单元(>35°)、覆沙砒砂岩相对稳定单元(<35°)和溜沙坡单元(35°),且这 8 个单元形成的空间组合结构有 24 类,各种坡面的空间组合结构及其在调查区域所占比例见表 8-1。

表 8-1 反映了调查区域内主要坡面类型的空间组合结构特征。在黄土覆盖的区域内,由黄土垂直节理发育单元-红白相间砒砂岩不稳定单元-溜沙坡单元组成的坡面结构所占比例最高,达到 14.32%;黄土垂直节理发育单元-红白相间砒砂岩不稳定单元-覆沙砒砂岩相对稳定单元组成的坡面结构所占比例次之,为 10.89%。这说明在黄土覆盖砒砂岩区,这两种坡面类型占据主导地位。

表 8-1　典型坡面 24 类空间组合结构

种类编号	各类单元结构特征								数量占比（%）
	黄土垂直节理发育	黄土覆盖不稳定	黄土覆盖相对稳定	白色裸露砒砂岩垂直	白色裸露砒砂岩不稳定	红白相间砒砂岩不稳定	覆沙砒砂岩相对稳定	溜沙坡	
	90°	>45°	<45°	≈90°	>35°	>35°	<35°	35°	
1	√	√	√	√	√	√	√		2.31
2	√	√	√	√	√	√		√	3.25
3	√	√	√			√		√	3.54
4	√	√	√						2.42
5	√		√						1.57
6	√			√	√	√	√		1.68
7	√			√	√	√		√	0.80
8	√			√		√	√		3.23
9	√			√				√	1.76
10	√				√				1.20
11	√				√			√	1.80
12	√					√	√		10.89
13	√					√		√	14.32
14	√						√		0.30
15	√							√	0.14
16				√	√	√	√		1.60
17				√	√	√		√	7.00
18				√	√	√			1.58
19				√		√	√		2.10
20				√		√		√	1.20
21					√	√	√		1.21
22					√	√		√	5.20
23						√		√	24.23
24						√			4.47

在没有黄土覆盖的区域内，红白相间砒砂岩不稳定单元-溜沙坡单元组成的坡面结构所占比例最高，达到 24.23%，在裸露砒砂岩区占据主导地位。

上述典型坡面的空间组合结构特征表明，在治理覆土砒砂岩区时，应侧重于黄土垂直节理发育单元-红白相间砒砂岩不稳定单元-覆沙砒砂岩相对稳定单元、黄土垂直节理发育单元-红白相间砒砂岩不稳定单元-溜沙坡单元这两类结构的坡面。在裸露砒砂岩区，应注重红白相间砒砂岩不稳定单元-溜沙坡单元的坡面治理，尤其对于溜沙坡单元，要注重溜沙坡的稳定性,通过治理使坡面的发育趋于相对稳定,防治造成二次侵蚀。

8.4　抗蚀促生材料对草本植物的影响

通过室内试验,分析了抗蚀促生材料对单、双子叶植物萌芽能力的影响。选择的试样种子包括百里香(当地自生)、榆树(乡土树种)、蒙古冰草(当地自生)、野牛草(引进试验)。通过相同外界因素的试验对比,观察 4 种植物种子在喷施不同浓度的抗蚀促生材料下的萌发状态,材料浓度分别为 0、2%、4%、6%、8% 和 10%。

图 8-2~图 8-4 为在试验条件下部分植被的生长状况。

图 8-2　不同浓度抗蚀促生材料促生试验组对照图

图 8-3　榆树苗(抗蚀促生材料 2%)

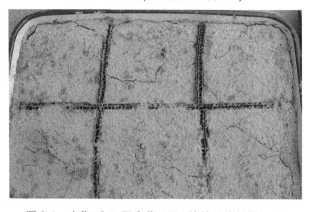

图 8-4　冰草(上)、野牛草(下)(抗蚀促生材料 2%)

抗蚀促生材料的加入能够提高单子叶植物种子的发芽率和发芽时间,但是对不同的植物种子,其最佳浓度是不同的。整体上来说,抗蚀促生材料对单子叶植物的影响呈先升后降的趋势。从图8-5可以看出,与不添加抗蚀促生材料的对比组相比,以2%、4%浓度的抗蚀促生材料可以有效提高野牛草发芽量,而6%、8%和10%的浓度不仅没有提高发芽量,而且减少了发芽量,尤其是对于8%、10%两组,发芽量大大降低。显然,抗蚀促生材料浓度低于4%,可以显著提高其发芽率和发芽时间;当浓度过高时,抗蚀促生材料形成的孔隙较小,固结层强度较高,种子无法顶出土壤而死亡。

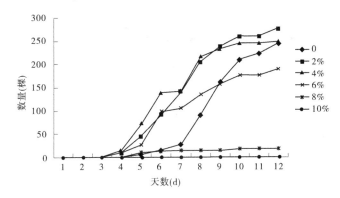

图8-5　野牛草种子发芽量变化过程

从图8-6可以看出,抗蚀促生材料的添加对榆树的发芽率起到抑制作用,双子叶植物不适于使用抗蚀促生材料的环境。图8-7为冰草发芽量变化过程,也表现出在浓度为4%时,不仅提高了冰草的发芽量,而且提前了发芽时间。图8-8中百里香整体发芽率较低,以采用试验田育苗后移栽种植的办法较为合适。抗蚀促生材料在一定程度上可以提高种子萌发能力的原因有两个:一是改善土壤的温度环境;二是能减缓土壤中水分的散失,改善土壤环境。

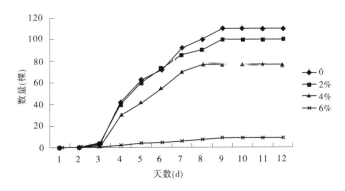

图8-6　榆树种子发芽量变化过程

喷施抗蚀促生材料与未喷施生长情况的差距见图8-9、图8-10,图中左侧均为未喷洒抗蚀促生材料,右侧为喷洒抗蚀促生材料情况,两者植物生长情况差距明显。主要原因有两个：一是喷洒抗蚀促生材料后，减少了水分蒸散发，保证了土壤温度；二是抗蚀促生材料能很好地把种子固定在土壤中，避免浇水等将种子浮于土壤表层。

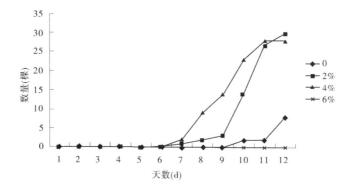

图 8-7　冰草发芽量变化过程

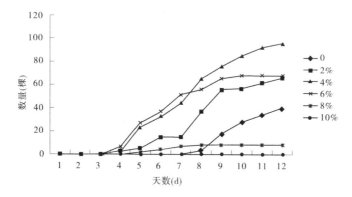

图 8-8　百里香发芽量变化过程

图 8-9　试验组发芽状况

图 8-10   野牛草发芽状况

8.5   不同地貌单元治理措施配置

砒砂岩区侵蚀空间分异大,不同地貌单元的结构、立地条件和生境也有很大差异,因此需要依据砒砂岩区侵蚀、植被、地貌的分异性及其耦合规律,科学配置治理措施。以覆土砒砂岩区二老虎沟小流域为示范范围,开展了坡顶、坡面、沟道不同地貌单元治理措施的配置方式研究。

8.5.1   坡顶植被措施

坡顶配置的措施主要包括穴状栽种沙棘、柠条、榆树幼苗,播撒野牛草、蒙古冰草种子。通过不同配置试验示范,观测植物的适应性及其效益,评价措施配置方式的合理性,揭示植被相互之间的影响关系。

设置的配置模式是:沙棘(1 m×1 m)×野牛草(冰草),柠条(1 m×1 m)×野牛草(冰草),榆树(1 m×1 m)×野牛草(冰草),沙棘×柠条(1 m×1 m),见图 8-11、图 8-12。

通过示范试验观测,沙棘和柠条单独种植时生长状况良好。但是,沙棘与柠条形成混交林时,柠条出现死亡现象,沙棘长势也较差。野牛草、蒙古冰草等草本植物及榆树种子的播种效果较差,不仅种子萌发受到影响,如均低于 60%,榆树种子几乎未萌发,而且后期成活率较低,均低于 32%,其主要原因在于坡顶风大、蒸发量大、土壤干旱板结,储水能力差,造成植物种子易被吹走,以及在萌芽阶段和成长时期缺水严重。沙棘、柠条等灌木与冰草、野牛草等形成的混交林均能够很好地生长,目前尚未发现相互间的抑制现象。

8.5.2   坡面抗蚀促生措施与植被措施

将坡面按坡度进行分级,主要有>70°、35°~70°、<35°,因为不同坡度的坡面生境、侵蚀类型及强度有一定差异,所以实施的治理措施及其配置方式也应有所不同。

(1)坡度>70°的坡面。采用抗蚀促生材料+高分子材料网格固结处理。

图 8-11　种植整体概貌

图 8-12　坡顶野牛草

　　(2)坡度为 35°~70°的坡面。重点布设固化促生措施。在较缓的局部区分别穴栽沙棘、榆树、沙棘种子、榆树种子,株距 0.9 m 左右,行距控制在 0.8~1.0 m;坡面底部栽种杨树,与坡面沙棘形成杨树×沙棘混交林;在坡面行距间条状播撒百里香、冰草、匍匐剪股颖、野牛草。对于不适宜种植植物的大于 45°的陡坡区,喷洒浓度不低于 6%的抗蚀促生材料,进行固结处理。试验中不做后期浇水、清理浮土等养护工作。

　　观测表明,沙棘成活率高,达到 83.3%,长势良好;榆树种子发芽率高、成活率高。野牛草长势良好,抗旱抗寒及固土固沙效果明显。但是,榆树苗木由于受到多重因素干扰,如播种时间较晚、根系较少、水分补给不足等,成活率较低,仅有 9.9%,见图 8-13~图 8-16。同时,大于 45°的陡坡固结效果好,在经历了降雨、冻融和风吹季节后,没有出现明显的侵蚀现象,固结层完好。

图 8-13   45°坡面沙棘生长情况

图 8-14   固结区无侵蚀发生

图 8-15   45°坡面野牛草生长状况

图 8-16　45°坡面榆树发芽状况

（3）坡度<35°的坡面。重点实施抗蚀促生措施。35°以下的缓坡,一般为覆盖有松散堆积物。试验种植的方式是:抗蚀促生材料+柠条×沙柳、榆树、杨树×沙棘。沙柳株距1.5 m,行距 3 m;柠条株距 1 m,行距 1 m;榆树品字形栽种,株距 1.5 m,行距 1.5 m;杨树株距 3 m,栽种 1 行。

试验观测表明,杨树、沙柳、沙棘、柠条成活率高,可以大面积地进行种植。但是沙棘、柠条等灌木在生长前期受其他杂草影响大,长势受限,且少部分出现死亡现象,见图 8-17、图 8-18。

图 8-17　35°以下缓坡榆树长势

8.5.3　沟道砒砂岩改性材料淤地坝工程措施

8.5.3.1　砒砂岩改性材料淤地坝

利用研发的砒砂岩改性材料与技术,在二老虎沟小流域沟口修建了淤地坝示范工程。二老虎沟小流域为覆土砒砂岩区,在坡顶覆盖有 0.3~1.0 m 厚度不等的黄土,在坡面、沟坡几乎全部为裸露的砒砂岩。

图 8-18 35°以下缓坡柠条长势

1. 工程地质参数

准格尔旗二老虎沟砒砂岩改性淤地坝位于纳林川上游右岸支沟内,工程地质条件与相距 5 km 左右的卢家沟中型淤地坝坝址区的基本一致。根据准格尔旗水土保持局提供的《卢家沟中型淤地坝坝址区地质勘察报告》,坝址区地层主要为白垩系下统东胜组砂岩与泥岩及第四系上更新统(Q_3)和全新统(Q_4)。

白垩系下统东胜组(K_1^{dm}):棕红色泥岩与灰白色砂岩互层,两者之比,泥岩约为砂岩的 80%。

第四系上更新统(Q_3):黄土状土(Q_3^{eol})灰白色、灰黄色砂壤土、壤土,质地疏松,具有大孔隙,柱状节理发育,含少量钙质结核,零星分布于两岸山坡,覆盖于白垩系下统东胜组之上,厚 1~5 m。

第四系全新统(Q_4):洪积物(Q_4^{pl}),岩性为砂或砂砾石,分布于谷底。

坝址区为单斜岩层,倾向西北,倾角小于 3°,未发现断层。砒砂岩主要发育两组节理:一是 35°∠82°,节理面弯曲粗糙,微张,无充填,延伸长度 1~5 m;二是 100°∠87°,节理面平直粗糙,闭合,延伸长度 0.5~1.0 m。

坝址区地下水主要为松散岩类孔隙水,赋存于洪积砂砾石、残坡积碎石土中。

据钻孔及坑槽资料,二老虎沟坝址河床覆盖层厚度为 1.0~4.6 m,岩性为砂和砂砾石。左岸为近似 90°的陡坡,砒砂岩基岩完全裸露,仅在山顶和局部坡面有少量残坡积碎石土,厚度一般小于 1.0 m;右岸坡度相对左岸较缓,坡面覆有从坡顶侵蚀滑落下来的黄土和砂类坡积物,厚度 0.6~3.5 m,主要为棕黄色碎石土或黄土,且为阴坡,右岸坡面植被较好。

据河床钻孔 ZK01、ZK02 资料,基岩强风化层厚度为 2.5~3.0 m。

坝址区内没有大的构造,最高水位以下无明显的集中渗漏通道,不会产生严重的渗漏问题。

2. 工程主体基本参数

示范淤地坝总库容 3.26 万 m³,其中淤积库容 0.44 万 m³,滞洪库容 2.82 万 m³;坝高 10.03 m,坝顶长 32 m,坝顶宽 3.0 m,坝顶高程 1 182.53 m,设计淤泥面高程 1 176.108

m,上游坝坡 1:2,下游坝坡 1:1.5,铺底宽 38.105 m;设计洪水标准为 20 年一遇,校核洪水标准为 50 年一遇,校核洪水位 1 181.026 m。

砒砂岩改性淤地坝放水工程采用分级涵卧管,纵坡为 1:2,台阶高为 0.4 m,最低放水孔高程 1 174.3 m,最高放水孔高程为 1 176.84 m,卧管垂直高度为 7.2 m,断面尺寸为 0.40 m×0.40 m。每台阶设 1 孔,放水孔孔径为 0.12 m,设计同时开启 2 孔。

涵管采用 D60 cm 预制钢筋混凝土圆涵,进口底高程 1 172.9 m,出口底高程 1 172.48 m,管长 42 m,纵坡为 1:100。

涵管出口连接段由陡坡段、消力池、出口八字墙组成。陡坡段采用钢筋混凝土圆涵,坡比为 1:2,高差为 0.53 m,涵管投影长为 1.06 m,斜长为 1.19 m,圆涵结构与坝下涵管相同。消力池长度为 2.0 m,宽度为 0.80 m,深度为 0.4 m。

出口八字墙底宽接上游消力池,由 0.80 m 渐变到 2.0 m,长度为 2.50 m,底高程为 1 171.95 m。

3. 主要工程量

主要工程包括坝体、过水建筑物、清基、削坡等。

1) 坝体工程量

坝体填筑土方量计算的依据是实测坝址横断面图、设计坝体横断面图,其工程量见表 8-2。

表 8-2 淤地坝总方量

高程 (m)	坝高 (m)	沟长 (m)	坝体宽 (m)	分层面积 (m²)	平均面积 (m²)	土层厚度 (m)	土层体积 (m³)	坝体土方 (m³)
1 152	0	17.55	38.11	668.83				0
					899.43	1	899.43	
1 153	1	32.65	34.61	1 130.02				1 103.68
					1 307.92	1	1 307.92	
1 154	2	47.76	31.11	1 485.81				1 459.31
					1 610.69	1	1 610.69	
1 155	3	62.86	27.61	1 735.56				1 648.08
					1 685.47	1	1 685.47	
1 156	4	67.83	24.11	1 635.38				1 617.46
					1 549.45	1	1 549.45	
1 157	5	71.01	20.61	1 463.52				1 457.91
					1 366.37	1	1 366.37	
1 158	6	74.18	17.11	1 269.22				1 263.71
					1 161.05	1	1 161.05	
1 159	7	77.36	13.61	1 052.87				1 047.31
					933.57	1	933.57	
1 160	8	80.54	10.11	814.26				808.68
					683.79	1	683.79	
1 161	9	83.71	6.61	553.32				547.79
					411.78	1	411.78	
1 162	10	86.89	3.11	270.23				338.78
					265.92	1	265.92	
1 162.03	10.03	87.20	3.00	261.60				11 292.7

2) 清基、削坡工程量

通过现场踏勘,坝址区属于土质和砒砂岩沟床,清基范围为坝体与地面交线范围,并扩大到交线外 50 cm,清基厚度取 0.40 m,则沟底清基土方为 393 m³、岸坡 1 243 m³。沿坝轴线位置开挖 1 道接合槽,底宽 1.0 m、深度 1.0 m,边坡取 1∶1。接合槽工程量为 218 m^3。

3)过水建筑物工程量

卧管基础开挖方量:平均深度 1.5 m、平均宽度 1.5 m,卧管基础斜坡长度 20.57 m,总方量 V=46 m^3。

卧管基础回填碾压工程量:卧管基础回填平均深度 1 m、平均宽度 0.7 m,卧管基础斜坡长度 20.57 m,总方量 V=14 m^3。

消力池基础人工开挖工程量:消力池池长×池宽×高度=4.0 m×0.8 m×1.5 m。消力池底板厚 0.30 m、侧墙厚 0.3 m。进出口消力池基础人工开挖平均开挖深度 1 m,总方量 V=32 m^3。

消力池基础回填工程量:按进出口消力池基础人工开挖工程量的 30%计算,总方量 V≈10.0 m^3。

涵管基础推土机土方开挖工程量:根据涵管长度 54 m,平均开挖深度 2 m,平均开挖宽度 3 m,工程量 V=324 m^3;陡坡段涵管土方开挖工程量 V=36 m^3。

人工夯实回填涵管基础土方工程量:由于涵管基础平均开挖深度 2 m,回填施工只采用人工夯实水坠回填的方法。人工夯实水坠回填工程量 V=281 m^3;陡坡段涵管人工夯实水坠回填 V=31 m^3。

4)八字墙基础人工开挖工程量

根据八字墙设计尺寸,其开挖量 $V_{挖}$=9 m^3。

另外,还有用于卧管、底板、消力池、涵管、出口八字墙建筑的砒砂岩改性混凝土、钢筋混凝土的方量,共计约 69 m^3,不一一列述。

8.5.3.2　砒砂岩改性材料淤地坝安全性检测

1.检测内容

检测内容包括工程质量检测、安全稳定性分析。

淤地坝工程质量检测:在坝体及坝坡取环刀试样及方块原状土样,分析筑坝材料的压实密度、剪切强度及渗透系数等。

淤地坝安全稳定性分析:选取 1 个断面,采用有限元法及坝坡稳定性评价方法,分析不同水位坝体渗流场变化及坝坡稳定性,评价坝体渗透与结构稳定性。

2.检测依据

包括以下规范(规程):

(1)《水土保持综合治理　技术规范　沟壑治理技术》(GB/T 16453.3—2008)。

(2)《水土保持工程质量评定规程》(SL 336—2006)。

(3)《水利水电工程施工质量检验与评定规程》(SL 176—2007)。

(4)《水利水电工程边坡设计规范》(SL 386—2007)。

(5)《碾压式土石坝设计规范》(SL 274—2001)等。

以及有关淤地坝、土工试验等方面的行业技术标准。

3. 检测方法

基于现场调研情况选取坝体的典型断面,在大坝的上下游及坝顶进行取样(见图 8-19、图 8-20),取样方法包括环刀法及方块取样法,通过环刀取样现场获取坝体材料的天然密度及含水率,方块试样用于室内试验制备试样。采用原位密度试验,获取各取样点土样的各项指标。

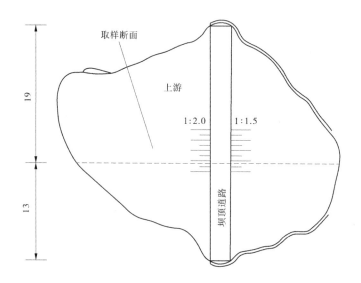

图 8-19　取土断面位置　(单位:m)

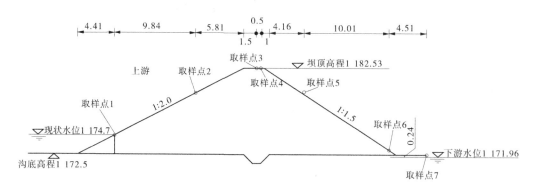

图 8-20　取土点位分布　(单位:m)

依据淤地坝施工的相关行业技术规范要求,碾压坝干容重不得低于 1.55 g/cm³,《圪秋沟小流域准格尔旗二老虎沟砒砂岩改性淤地坝初步设计报告》中规定拖拉机碾压压实土料按照干容重≥16.67 kN/m³ 控制,即干密度≥1.667 g/cm³,压实度控制指标≥0.93,按照干密度控制值 1.667 g/cm³ 计算各取样点处压实度。

4. 稳定性分析方法

采用有限元法分析评价坝坡稳定性。依据淤地坝施工的相关行业技术规范要求,坝坡稳定计算应按照平面问题处理,将滑动面近似为圆弧滑动面,采用简化 Bishop 法和瑞典圆弧法计算。

采用 Geo-STUDIO 软件中的 Seep 及 Slope 模块进行稳定性计算,材料类型选用 Mohr-Coulomb 模型。坝体主要构筑材料为砒砂岩,基于室内试验获取的土工试验,分别取土体饱和与非饱和状态下各参数的平均值作为渗流稳定性分析的参数(见表 8-3)。

表 8-3 数值计算参数

试样类型	湿密度(g/cm³)	含水率(%)	干密度 (g/cm³)	剪切强度		渗透系数 (cm/s)
				c(kPa)	φ(°)	
天然制备样	1.85	14.2	1.62	21.9	24.1	6.16×10^{-5}
饱和制备样	1.98	22.2		6.9	23.1	

砒砂岩改性材料淤地坝的水位-库容、水位-面积关系曲线见图 8-21。淤积年限、坝体浸润线位置等参数按照砒砂岩改性材料设计报告和相关规范(规程)确定。

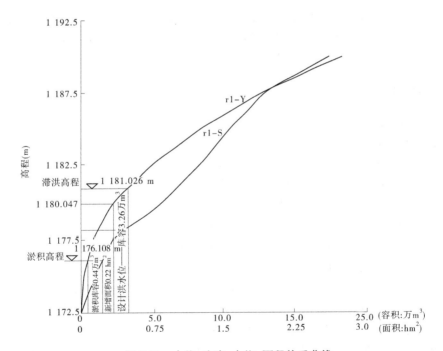

图 8-21 水位-库容、水位-面积关系曲线

在坝体稳定性分析计算中,分别计算上游坝体和下游坝体的稳定系数。按照设计共 4 种计算工况(见表 8-4)。

表8-4 计算工况

序号	时间	具体情况
1	8月27日	实测上游水位1 174.70 m,下游水位1 171.96 m
2	8月17日至8月25日	8月17日暴雨后,上游水位升高至1 179.5 m,下游水位设为1 171.96 m,按照该水位形成稳定浸润线进行稳定性计算
3	8月17日至8月25日	8月17日暴雨后,上游水位升高至1 179.5 m,8月25日,上游水位下降至1 174.7 m,8 d内下降4.8 m,计算过程中水位下降速率按照0.6 m/d计,下游水位设为1 171.96 m
4	—	按照最高放水管高程1 176.84 m作为上游水位,下游水位设为1 171.96 m

5.检测、分析评价结果

现场检测、实验室测试和稳定性计算分析结果表明,砒砂岩改性材料淤地坝各项力学指标是基本满足规范要求的,砒砂岩改性筑坝材料渗透指标、上下游堤坡稳定系数均大于规范要求的正常运行情况下坝体安全系数允许值,砒砂岩原岩改性材料淤地坝坝体的整体稳定性较高。

检测结果也进一步说明,通过在砒砂岩中添加抑制蒙脱石等矿物的改性剂、胶凝抑制剂后,能明显降低其膨胀性,同时其力学强度可得到显著改善,证明通过对砒砂岩改性是可以解决砒砂岩区工程建筑材料问题的。

8.5.4 沟道植物措施配置

8.5.4.1 沟岸缓坡区植物措施

因坡面侵蚀,部分侵蚀物质堆积在沟道两岸上部区域,形成坡度小于坡面、沟坡的缓坡区,类似沟台地貌,这是砒砂岩区特有的一种沟道地貌形态。

在沟道两侧堆积缓坡区密植柳树×柠条或者小叶杨×沙棘,形成混交林。试验结果显示,柳树成活率高,达到80%,比较适宜在砒砂岩沟道内生长。柠条成活率很高,栽种1个月后,柠条成活率基本上达到100%,茎高2~3 cm。但是2个月后,柠条生物量没有发生明显变化,株茎也没有发生明显增高,过了3个月(雨季)后,柠条却开始出现脱叶死亡现象;在植物生长茂盛的8~10月,杂草疯长,但是柠条成活率由最初的100%骤降为8.3%。根据观测分析,其原因主要是柠条栽种初期抗干扰能力弱,与自生杂草相比,竞争能力弱,且植株较小,一旦到夏季,自生草本植物开始疯长,柠条完全丧失竞争优势,逐渐死亡。小叶杨由于采用扦插繁殖,且栽种时节较晚,成活率偏低,仅有21.4%,但小叶杨后期长势良好,未出现死亡现象,且与其他草本植物能够共生,可进行大面积种植。沙棘与柠条生长情况类似,只是相比柠条,最终成活率只有16.8%。

综上所述,在草本植物已经较为茂盛的沟岸,试验种植的乔灌混交模式是不适应的。可以通过喷洒抗蚀促生材料,以种植草本植物为主,作为治理沟道缓坡区的措施。

8.5.4.2 沟道植物柔性谷坊

植物柔性坝是治理沟底下切、滞洪滞沙的有效植物措施。在较宽的沟道内每行呈 V

字形栽种沙柳,三行为一单元,株行距 0.5 m×0.5 m,单元间距 5 m。行间和单元间撒播野牛草、蒙古冰草种子,浅埋赖草繁殖根系(见图 8-22)。

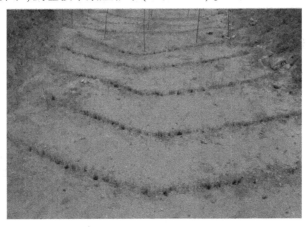

图 8-22　沟道内沙柳×野牛草长势

沙柳成活率不高,只有 23.1%,其原因有两个:一是栽种时间较晚;二是苗木移栽处理不当。因此,成活率低也并不能证明其适应性差。在实地调查中发现,伊金霍洛旗、东胜及神木和府谷等地存在大面积的沙柳人工林。野牛草在沟道内成活率较高,达到 83%以上,赖草根系成活率 100%,蒙古冰草成活率仅有 37%。但是,在雨季沟道内沉积了大量的泥沙几乎全部掩埋已经生长出来的野牛草、赖草和冰草。

后期对沟道内植物生长情况的跟进调查发现,野牛草基本全部死亡,而赖草的成活率依然达到 100%,蒙古冰草成活率仍基本上维持在 20%以上。试验充分证明,根茎型植被(如赖草属和冰草)比较适合在砒砂岩区沟道内生长,有着良好的适应性,泥沙淤埋对这类植物的影响并不太大。

8.5.4.3　沟道防侧蚀措施

在沟道内选择一处底部侧蚀较为严重的坡面进行了治理试验。采用的种植方式是坡底栽种沙柳(0.5 m×0.5 m),分 2 行。沙柳株行间浅埋赖草繁殖根系。

试验结果表明,沙柳自然条件下成活率较高,达到 81.8%,后期无死亡现象。赖草也能够较好地在林间生长。构成的混交林在拦沙方面效果显著,见图 8-23。

图 8-23　沟道防侧蚀试验现场

8.6　二元立体配置综合治理模式

8.6.1　二元立体配置综合治理模式基本内涵

根据前述对砒砂岩区坡面、沟道地貌结构特征,不同地貌单元的侵蚀类型与特征,以及植物生境和植物类型分布、群落特征的调查分析,针对覆土砒砂岩区提出了梁峁顶、梁峁坡、坡面、沟道地貌单元系统一体化综合治理的措施配置模式,见图 8-24。

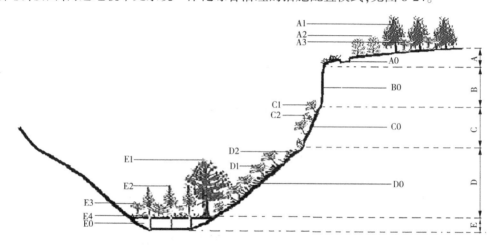

图 8-24　二元立体配置综合治理模式示意图

在空间结构上,把砒砂岩小流域沟坡系统分为 5 个区,即 A 为梁峁顶,B 为 70°以上的坡面,C 为 35°~ 70°的坡面,D 为 35°以下的缓坡,E 为沟道。在此空间结构划分的基础上,分别按照不同地貌单元的空间结构分区配置治理措施,形成抗蚀促生材料措施-工程-生物治理措施体系与坡顶-坡面-沟坡-沟道地貌单元系统相适配的二元立体配置综合治理模式。

8.6.2　坡顶治理措施配置体系

A 区为梁峁顶,因为地势平坦,适宜营造大面积人工林。治理措施包括(见图 8-25):①人工林建设;②沟沿防护措施,人工林的配置模式为油松 A1×沙棘 A3 混交林,若坡顶形成沙棘林,只需在林间补种油松即可。人工林种植采用的整地方式是挖鱼鳞坑或穴状整地。在对沟沿线的防护上,采取的措施是在距离 2~3 m 沟沿处营造 2 行柠条(A2)护崖林带,并在距离沟沿 1.5~2 m 挖截流沟(A0),并喷施浓度 6%以上抗蚀促生固结材料,防止降雨对沟埂造成溅蚀。

8.6.3　坡面治理措施配置体系

8.6.3.1　70°以上坡面

在 B 部分只进行 B0 的工程措施。由于坡面太陡,难以生长植物,因此采取喷洒浓度

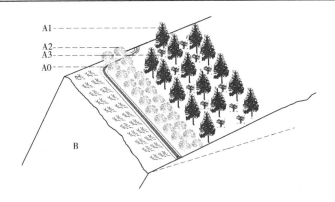

图8-25　坡顶治理措施配置体系

6%以上的抗蚀促生材料进行完全固化的治理措施。这种类型陡坡难以适合植被生长,侵蚀也是相当严重的,对其进行完全固化,可有效防止重力侵蚀发生,亦可防治坡顶下来的径流发生冲刷侵蚀。

8.6.3.2　35°~70°坡面

在这种不稳定坡面上采取生物措施与工程措施相结合的方式。植物措施采取沙棘(C1)×冰草(C2);工程措施为深挖鱼鳞坑栽种树苗,林间挖浅坑条播草籽,喷施浓度4%~6%的抗蚀促生材料(C0)。

8.6.3.3　35°以下坡面

D坡通常是由坡面上部的侵蚀物质滑落堆积形成的,土壤松软,适宜植物生长。该地带的治理采用植物措施+工程措施的配置方式,见图8-26。植物措施是沙棘(D1)×冰草、披碱草(D2),坡脚为沙柳疏林;工程措施是开挖水平沟种植沙棘,喷施浓度2%~4%的固化剂抗蚀促生材料。

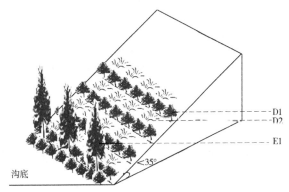

图8-26　35°以下坡面措施配置体系

8.6.4　沟道治理措施配置体系

E区主要是沟道部分。治理的措施主要是修建淤地坝、建植植物"柔性坝"等。

淤地坝措施主要是布置在主沟道内,而柔性坝则主要布置在小支沟内。关于淤地坝的布置和建造方式,在前文已经介绍,不再赘述。

　　在沟道内水分往往相对较多,土壤疏松,适宜于草本植物和根系发达的乔灌植被生长,因此植物"柔性坝"是比较好的治理措施。根据前期试验,建植物"柔性坝"的方式可以采取在沟道内呈 V 形栽种沙柳(沙棘)的方式,形成 V 形柔性体。在沙柳(沙棘)行间挖浅坑撒播草籽,见图 8-27。V 形开口朝向沟道上游,开口角度为斜体,斜体的大小根据沟道水流侵蚀情况及宽度相应改变,且应偏向无侧蚀或者侧蚀较弱的一侧。形成的 V 形柔性体两边的长度也据此做出相应调整,缩短无侧蚀或者侧蚀较弱一侧的长度,增加侧蚀相对严重一侧的长度。沙柳栽种密度为株距 0.5 m,行距 1~2 m,呈品字形栽种。沟道两侧杨树栽种密度为 3 m。草籽间种于沙柳行间,平行于 V 形沟道撒播,行距 50 cm。以沟道内有效距离 20 m 为一个单元,栽种 3 行沙柳。单元间只进行草本植物播种。

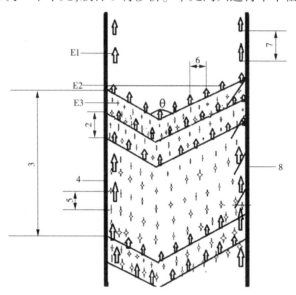

E1—柳树;E2—沙柳;E3—冰草、披碱草;2—单元内沙柳行距 2 m;3—单元间距 20 m;
4—无侧蚀面;5—草本植物行距 0.5 m;6—灌木株距 0.5 m;7—灌木间株距 1 m;8—侧蚀面

图 8-27　沟道内"柔性坝"俯视示意图

　　由此,通过对划分的 5 个空间结构进行了不同的治理措施,构建了一个广泛适用于砒砂岩区的抗蚀促生二元立体配置模式。

8.7　二元立体配置综合治理措施配置优化试验

8.7.1　坡顶治理措施配置优化试验

　　在坡顶已经种植油松和沙棘的情况下,增挖截水沟以防止雨水汇集冲刷坡面。沿截水沟以适当株距种植了柠条,一是以防治沟道径流冲刷;二是可以拦滞径流进入截水沟时挟带的泥沙输往坡顶下方,进而提高截水沟的稳定性。截水沟宽 40 cm 左右,深 30 cm 左右,柠条株距 0.5 m。同时,在汇流比较集中的地方,设置直径 1 m、高 1.2 m 的水窖。共沿着示范区二老虎沟小流域沟道西侧沟岸挖设截水沟 200 m,见图 8-28。

图 8-28   开挖截水沟

根据观测,坡顶雨水主要被截留在整地的鱼鳞坑或穴状坑内,截水沟在降雨强度达到 55.2 mm/h 的条件下也未发生满溢冲毁现象,说明截水沟能够完全拦截流向坡面的雨水, 避免对沟坡形成冲刷。

综合考虑坡顶的生境、水文、地形地貌、土壤等条件选择植物措施:①油松为当地乡土 树种,适宜砒砂岩区降雨稀少、干旱贫瘠的气候、土壤环境。沙棘作为先锋物种,比较适应 于覆土砒砂岩区。②油松×沙棘混交林形成乔灌搭配,不仅有利于提高单元内物种多样 性,有利于生态系统的稳定,提高抗病虫害能力,而且两种植被共生效果良好;沙棘可通过 根部固氮提高土壤肥力,为油松的生长提供养分,促进了油松林的生长。③柠条适应当地 贫瘠干旱的环境,抗病虫害能力强,扎根深,根须多,能够有效地固定沟沿土壤。另外,柠 条采取条播种植的方式,形成的林带根茎丛生、分枝,有效拦截泥沙,分股径流,降低坡面 雨水对沟沿的侵蚀。

8.7.2   陡坡坡面治理措施优化试验

在 70°以上陡坡坡面喷施抗蚀促生固结材料 3 年后的观测和测试,土壤表层依然有 固结层,能够避免水分下渗,防止雨水对坡面的侵蚀,也避免了风力侵蚀,坡面能够较好保 持原貌,说明喷施高浓度抗蚀促生材料具有很强的固结作用,基本上起到了防治雨水和风 力交错侵蚀的作用。作为对比,在无措施的陡坡发生了严重的剥落现象。因此,6%~8% 的抗蚀促生材料完全可以起到固化坡面的效果。

对于 70°以下的坡面以栽种沙棘为主,间种冰草、披碱草等。沙棘株行距 1 m×1 m,沾 生根粉后穴状栽种。根据调查,沙棘是能够在坡面生长良好的灌木,挖穴不仅能够促使沙 棘往深处扎根,而且能够截留坡面径流雨水,为沙棘生长提供水分。冰草等根茎型禾本科 耐土埋,具有根茎繁殖能力。沙棘与根茎型草本植物搭配形成灌草配置方式,能够有效稳 定坡面,提高坡面植被覆盖率,减弱径流对坡面的侵蚀。沙柳根系固土能力强,能够有效 固定坡脚土壤避免被淘空,从而稳定了坡面。水平沟种植沙棘形成沙棘林带,可减缓地表 径流,同时截留雨水,为沙棘和草本植物生长提供水分。

在 35°~70°坡面可优先选用穴植沙棘的治理措施。图 8-29、图 8-30 为坡面治理前、后的对比。可以看出,治理后的效果是明显的,已经有植被生长出来。

(a)治理前　　　　　　　　　　　　　　　(b)治理后

图 8-29　局部坡面治理 1 年后效果对比

(a)治理前　　　　　　　　　　　　　　　(b)治理后

图 8-30　径流试验观测区左侧坡面在治理前、后对比

8.7.3　沟道治理措施优化试验

8.7.3.1　柔性坝治理试验效果

在沟道内栽种沙柳×冰草(披碱草、草木樨)形成灌草配置的植物"柔性坝",采用 V 形布设植物行向。试验表明,沙柳成活且长势良好。利用沙柳耐沙埋特性,利用其根茎拦沙固土作用,减轻沟岸侵蚀,拦截沟岸上方坡面塌落的砂土,形成小于休止角的相对稳定坡面,促进沟坡植物修复。在 1 年后,植物"柔性坝"已初步成型,见图 8-31。

上述治理的优点在于:①沙柳、冰草、披碱草等耐沙埋,沙越埋生长越旺,适宜在砒砂岩区沟道内生长;沙柳、冰草等根部都易生不定根,被泥沙掩埋后,能迅速根蘖出新的植株,在较短时间内能够有效增加沟道植被覆盖率。②植物"柔性坝"能够有效拦截泥沙,控制泥沙输移现象;V 形开口的设定可以有效改变水流走向,避免对沟道两侧造成过度冲刷侵蚀。③促使泥沙淤积,为其他植被的生长提供了稳定的土壤和水分环境。

由于研究周期较短,因此关于植物"柔性坝"的拦沙滞洪效果,有待连续观测一定时段后进行分析评估。不过根据毕慈芬等(2000;2003)以往的试验观测,植物"柔性坝"的滞洪拦沙效果是非常明显的。以在皇甫川西召沟左岸 1.67 km² 的东—支沟开展沟道植物"柔性坝"示范试验工程为例(见表8-5),在距沟头839 m处建造1#谷坊,高9 m;右岸有1 m宽的溢洪道,经过6年,至1997年汛前,谷坊内淤积厚度达6.9 m;1992年在1#谷坊下游579 m处建造2#谷坊。1996年7月14日西召沟3 h降雨量为54 mm,暴雨强度为0.3 mm/min。在1#谷坊回水末端以上,共布设9座坝系,其中主沟道5座、左右支沟各2座。

(a)   (b)

图8-31 沙柳×冰草柔性坝初步成型

表8-5 西召沟东—支沟植物"柔性坝"坝系段沟道基本特征

| 沟道参数 | 沟掌—1#谷坊 | | | | | | | | | 总计 |
| | 主沟 | | | 左支 | | | 右支 | | | |
	平均值	最大值	最小值	平均值	最大值	最小值	平均值	最大值	最小值	
沟道面积(km²)										0.23
沟道长度(m)		839			251			249		1 384
沟道比降(%)		4.4			6.8			5.8		
沟道宽度(m)	4.68	17.2	1.5	2.66	4.4	1.1	1.24	1.6	0.5	4.0
沟道坡度(°)	36.4	87.1	11.0	39.7	49.9	17.1	49.3	56.2	38.9	41.8

经过试验观测,1997~1999年"柔性坝"坝系总拦沙量为985.5 m³,全沟段纵比降比布设"柔性坝"前略为变小,1995年布设前,主沟、左支沟、右支沟平均比降分别为4.4%、6.8%、5.8%,布设后1999年主沟、左支沟、右支沟平均比降分别为3.7%、6.5%、4.6%。

另外,2016年7月下旬准格尔旗西部降一场暴雨,根据准格尔召武家梁村东沟、西沟的试验观测(王浩等,2017),暴雨过后,沙棘"柔性坝"单位面积淤积量达到0.369 m。如前所述,经现场检测分析,砒砂岩改性材料的稳定性、安全性等方面的性能满足相关规范(规程)技术指标要求,已经正常运行。

8.7.3.2 砒砂岩改性材料淤地坝试验效果

2016年8月鄂尔多斯砒砂岩区出现特大暴雨,4 h降雨量达211 mm以上,在试验示范区近邻的十大孔兑等区域20多座黄土淤地坝遭受毁垮,而砒砂岩改性材料淤地坝完好无损,见图8-32。

另外,改性砒砂岩淤地坝材料是一种环保无害、经济、施工简便的新型筑坝材料,建设

(a)砒砂岩改性材料淤地坝完好无损　　　　　(b)垮毁的相邻黄土淤地坝

图 8-32　2016 年特大暴雨后砒砂岩改性材料淤地坝、黄土淤地坝对比

的淤地坝未对环境造成污染。为了评估砒砂岩改性后对环境的影响,按照《土壤环境质量标准》(GB 15618—2008)、《食用农产品产地环境质量评价标准》(HJ/T 332)、《温室蔬菜产地环境质量评价标准》(HJ/T 333—2006)、《展览会用地土壤环境质量评价标准》(HJ/T 350—2007)、《地表水环境质量标准》(GB 3838—2002)、《地下水质量标准》(GB/T 14848—93)、《农田灌溉水质标准》(GB 5084—92)、《土壤环境监测技术规范》(HJ/T 166—2004)、《土壤和沉积物 无机元素的测定波长色散 X 射线荧光光谱法》(HJ 780—2015)、《水质 65 种元素的测定电感耦合等离子体质谱法》(HJ/ 700—2014)、《水质可溶性阳离子(Li^+、Na^+、NH_4^+、K^+、Ca^{2+}、Mg^{2+})的测定离子色谱法》(HJ 812—2016)等规范,对改性砒砂岩淤坝的坝体及坝体周围的土壤、地表水及地下水的相关指标,以及坝身及周围植被的生长情况进行了检测和观测。

　　分别在坝顶、坝肩、坝坡等不同部位使用环刀获取改性砒砂岩土样做土壤安全性检测(见图 8-33);按照棋盘式法取样,同一水平高程的取样位置分左、中、右三个,在上下游坝坡的底部、中部和顶部进行取样做地下水安全性检测;在坝体周围采集水样分析水质。

图 8-33　土壤检测环刀取样位置

综上检测分析,在砒砂岩改性产流淤地坝坝体土壤中并没有超标的污染物被检测出,对土壤环境的影响均在国家标准规范规定的范围内。实际上,在改性砒砂岩筑坝材料中引入的主要为弱碱性无机金属盐类物质,其内部所含的金属离子主要为 Na^+、Ca^{2+},离子团主要为 SiO_3^{2-}、SO_4^{2-}、OH^- 等,改性砒砂岩中并未添加《土壤环境监测技术规范》(HJ/T 166—2004)中所列的土壤无机污染物和有机污染物,只是改变了砒砂岩 pH 值环境,改性后的砒砂岩材料中的 pH 值也基本在 9.0 以内,属于弱碱环境。从砒砂岩改性材料淤地坝建成后的背水坡护坡植被生长情况看,植被生长旺盛,经过 2 年就已经达到80%以上的覆盖度(见图 8-34),也说明了改性材料不会对土壤产生有害污染。

图 8-34 砒砂岩改性材料淤地坝背水坡护坡植物长势

考虑在砒砂岩改性中,引入的有离子交换膨胀抑制改性剂、胶凝改性剂及矿物掺合料,在与砒砂岩反应后,未参与反应的残余改性剂与土壤孔隙中的液体作用后,可能会溶解扩散到液体中,因此对检测水样重点分析了 pH 值、化学需氧量(COD)、五日生化需氧量(BOD_5)、氨氮总量(NH_3-N)、硫酸盐、氯化物、总硬度、高锰酸钾指数、水中总溶解性固体等指标。经测定,与上述相关规范的技术指标参数对比,砒砂岩改性材料淤地坝内存蓄的水体,其水质完全满足要求,见表 8-6。

表 8-6 改性淤地坝周围水样质量指标

序号	检测指标	地表水	地下水	标准范围	是否达标
1	pH 值	8.2	7.8	6~9	达到标准
2	化学需氧量(COD)	19.8	—	0~40	达到标准
3	五日生化需氧量(BOD_5)	5.0	—	0~10	达到标准
4	氨氮总量(NH_3-N)	0.8	—	0~2.0	达到标准
5	硫酸盐(mg/L)	—	24	0~350	达到标准
6	氯化物(mg/L)	—	107	0~350	达到标准
7	总硬度(以 $CaCO_3$ 计,mg/L)	—	378	0~550	达到标准
8	高锰酸钾指数(mg/L)	1.17	1.10	0~10	达到标准
9	水中总溶解性固体(mg/L)	—	415	0~550	达到标准

9 二元立体配置综合治理模式示范区建设

基于抗蚀促生技术、砒砂岩改性技术及二元立体配置综合治理技术等研究成果，在砒砂岩覆土区二老虎沟小流域建设了抗蚀促生材料-工程-生物措施、坡面-沟道系统二元立体配置综合治理的抗蚀促生示范研究区，通过试验示范形成了集抗蚀促生、固结护坡、植物"柔性坝"治沟、砒砂岩改性淤地坝拦沙等一整套的砒砂岩区综合治理技术体系，取得了良好的试验示范效果，为砒砂岩区水土保持与生态治理重大实践提供了坚实的科技支撑。

9.1 示范方案与内容

试验示范区位于内蒙古自治区准格尔旗暖水乡二老虎沟小流域。示范区沟壑深度67 m。黄土覆盖的顶部坡度较缓，而砒砂岩出露的沟坡坡度大。据示范区气象观测，年蒸发量达2 000 mm，干旱指数大于或等于5，属于严重干旱地区。该区降雨特征为暴雨次数多、历时短、强度大，分布不均匀，且降水主要集中在汛期。

（1）通过土壤植被考察、地质勘测、水文统计评估，基于有关对砒砂岩区侵蚀规律、立地条件、生物及工程治理措施、评价预测方法等方面的研究成果，利用系统论、协同学的原理和水土保持学的方法，同时考虑基础设施支撑条件和地形地貌的典型性和代表性，选定抗蚀促生示范径流试验区。

（2）建设气象、径流泥沙观测站点，为治理效果评价提供基础数据；建立全坡面抗蚀促生径流试验小区、小流域示范样区，观测抗蚀促生效果和侵蚀产沙变化规律。

（3）通过工程建设，将砒砂岩区材料措施、工程措施和生物措施优化组合的技术集成与空间配置模式应用于实践中，构建砒砂岩区坡面-沟道二元立体配置结构体系，形成措施类型、空间分布二元架构的立体配置综合治理技术体系。

（4）与当地相关水土保持等管理部门及相关企业相结合，在示范区流域出口建设卡口水沙观测站及砒砂岩改性材料淤地坝；基于研发的适合砒砂岩抗蚀促生新材料及其在不同地质条件、地形条件、地貌条件和气候条件下的施工工艺，建设砒砂岩典型区抗蚀促生的抗蚀促生材料-工程-生物措施体系、坡面-沟道系统的二元立体配置模式展示区。

（5）对砒砂岩区抗蚀促生综合治理技术体系的作用进行研究，评价二元立体配置模式的效果，为砒砂岩区水土流失治理提供科学案例和支撑依据。

9.2 示范区监测设施建设

示范区监测设施主要包括雨量站、水沙观测站和气象园。

2013年6月，对二老虎沟小流域水沙监测站和淤地坝位置进行了详细查勘，优选确定了示范区气象站及流域水沙监测站位置和建设方案、材料治理措施示范实施区域等。

2013 年 8 月,在示范区二老虎沟小流域支沟建成了包括径流测验三角槽、径流泥沙观测房和观测桥的支沟流域出口水沙观测站。

在示范区附近开阔地建成了示范区气象站(见图 9-1、图 9-2)。

在示范区小流域上下游、示范区周边附近区域设立雨量观测点 4 处。

图 9-1　示范区流域泥沙观测站　　　　　　　图 9-2　示范区气象园

9.3　抗蚀促生措施示范工程建设

9.3.1　全坡面抗蚀促生径流试验区

2014 年 4 月 22 日至 5 月 10 日,在二老虎沟小流域主沟道右岸坡面,设立了两个全坡面自然径流试验区(见图 9-3、图 9-4),其中一个设置为无措施的空白对比区,另一个为抗蚀促生治理措施试验区。两个小区宽度均为 3.5 m,从坡顶至坡底长 43.5 m,每个小区水平投影面积约 106 m²。

图 9-3　小区建设前原状　　　　　　　图 9-4　抗蚀促生试验区建设过程

全坡面径流试验区下段设置集流箱(见图 9-5),每一个径流试验区设两个,考虑到该区暴雨多、强度大,集流箱容积按 50 年一遇洪水设计,同时考虑分流设施。

试验区分为固结抗蚀区(坡度大于 60°)、抗蚀促生区(坡度为 30°~60°)和抗蚀促生(固结)绿化区(坡度小于 35°)。抗蚀促生区采取草灌结合,种植了冰草、野牛草和沙棘等。抗蚀促生绿化区采取草灌乔结合,种植了油松(见图 9-6)。

图 9-5　全坡面径流试验区下方的集流箱

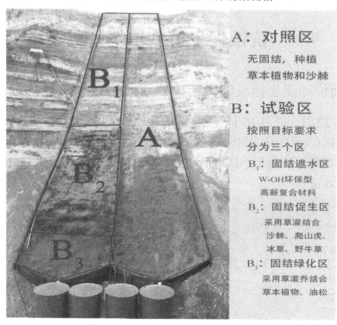

图 9-6　抗蚀促生治理全坡面径流试验区措施布设

　　两个全坡面径流试验区的坡顶平缓处,将对照区按保持原始地貌进行围挡(见图 9-7),不做任何人为干扰措施(见图 9-8)。在试验区距离沟缘线 0.5 m 处挖掘了截水沟,并将截水沟引至埋藏于地表之下的水窖,截水沟通过将坡顶汇集的雨水大部分引入水窖中,不仅减少了坡面汇流对砒砂岩陡坡的侵蚀破坏,还为坡面下部种植的草被措施提供了水源,可以取得一举两得的良好效果。

　　在全坡面径流试验区沟缘线以上的坡顶较平缓的地区采取草灌混交模式,种植沙棘、羊草等植物。

 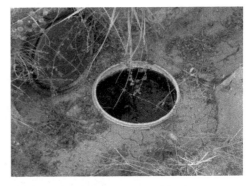

图9-7　径流试验区坡顶部分的围挡　　　图9-8　位于坡顶处的径流口

陡坡段喷施抗蚀固结材料,防治土壤侵蚀;对下部的缓坡区喷施抗蚀促生材料,并种植不同草被植物。全坡面径流试验区的治理区缓坡段引进种植的野牛草、冰草和棒棒草,经过4个月的生长期,生长高度达50 cm以上,覆盖度达到95%以上(见图9-9),表明了研发的抗蚀促生材料具有较好的促生功能,且说明了引进的野牛草能够适应当地土壤及气候条件,具有明显的抗寒能力。

(a)6月长势(实施措施后第10 d)　　　　(b)9月长势

图9-9　全坡面径流试验区抗蚀促生治理效果

9.3.2　典型小流域示范样区

在二老虎沟小流域典型坡面、典型沟段,利用抗蚀促生技术,开展了坡面治理、沟道治理措施建设,作为试验样区,探索经验。

根据二老虎沟小流域地形地貌及侵蚀情况,在关键措施的施工过程中采用以下步骤和施工方法:

(1)挖掘截水沟和储水窖。截水沟和储水窖的设置是否恰当和合理直接关系作业面雨水的收集效果,影响植被供水等生长环境,截水沟应设置在坡顶利用收集雨水。根据当地20年一遇洪水重现期设计截水沟及储水窖。

截水沟底部、沟壁及储水窖内壁需喷涂高浓度的抗蚀促生材料溶液,沟上口线外0.5 m左右范围内地表喷涂高浓度的抗蚀促生材料溶液,形成厚1~3 cm的固结层,增强截水沟稳定性和储水窖的储水效果。

(2)微润系统铺设。砒砂岩区每年降水量400 mm左右,但年内集中,暴雨强度大,易在坡顶形成径流冲蚀坡面砒砂岩,导致严重的水土流失。为减少坡顶径流下坡,同时为提高促生区植物的成活率,利用蓄水池雨水,设置微润灌溉措施,在示范点布置了中缓坡、缓坡区铺设微润管等微润系统(见图9-10)。

图9-10　铺设坡面微润管

微润管铺设在促生区,采用坡顶储水窖供水,微润管的铺设间距为60~100 cm,管道埋设深度为5~15 cm,覆盖土应压实。微润管的主管上设置有减压阀,每一个减压阀控制3~4根微润管,同一减压阀控制的微润管尾端用快速接头进行连接,形成并联回路,防止微润管因接头损坏导致整根无法使用。

微润管铺设完成后应进行试水试压,出水及水压力需满足设计值。当不能满足要求时,应检查问题原因,及时排除,必要时更换已铺设管件,直至试水试压满足设计要求后方可进行下一步施工。

(3)雨水积蓄利用系统试运行。雨水积蓄利用系统施工完成后,要进行试运行。首先将储水窖内注满水,再调节阀门或水窖水位控制微润管出水量,观察系统输水是否通畅,能否有效输入抗蚀促生区,以及对促生区土壤含水率的调控作用。

(4)喷涂固结促生材料。抗蚀促生复合材料是以水为溶剂,该材料可与水发生快速反应,生成保水性能好的弹性凝胶体。该凝胶体性质稳定,并与表层土壤有良好的黏结性,形成网状包裹层。施工时根据抗蚀促生材料的固化特点,采用双管道、双系统分别输送抗蚀促生复合材料和水,并在Y形管喷头快速混合,喷洒出去,混合与喷涂同步进行,该喷涂施工装备很方便地通过调节各系统的输送速率,控制喷涂浓度和喷洒量(见图9-11)。

(a)　　　　　　　　　　　　　　　　　　(b)

图9-11　陡坡喷洒固化剂

施工时先连接好输料管、水管,接好喷枪头,启动时枪口朝下,设备接通电源开机后,打开枪头药管阀门,待稳定后打开水管阀门,满足设计浓度后正常喷涂施工。

喷涂施工结束时,先关闭药管阀门,水管继续出水,枪头清洗干净后关闭水管阀门,最后关闭设备电源。喷涂过程应自上而下,应保证溶液喷洒均匀。

(5)植物种植。根据坡面岩性组成和性质、当地气候条件、施工季节,选择适合当地生长的草本植物及乔、灌木。经过2014年的试验研究和市场上植被种子的供应情况,最后选择坡面的主要植生材料为草木樨、冰草、披碱草和沙棘等。

(6)沟底植物"柔性坝"的植物布设形式在上述有关章节已有介绍,不再赘述。选择的植物为沙棘和沙柳,并混交草木樨、冰草和披碱草(见图9-12)。

(a)   (b)

图 9-12 沟底植物"柔性坝"

小流域大面积示范样区的试验表明,二元立体配置模式在促生、抗蚀两方面均取得了明显效果。大面积治理试验区种植的植被,经过4个月的生长期,生长高度达50 cm以上,覆盖度达到65%以上,说明研发的抗蚀促生技术初步达到了设计目的,提出的砒砂岩抗蚀促生治理模式是可行的。

二老虎沟小流域抗蚀促生示范样区部分措施治理效果见图9-13、图9-14。

(a)治理前   (b)治理后

图 9-13 试验样区坡面治理3个月后抗蚀促生效果

(a)治理前　　　　　　　　　　　　　　(b)治理1年后

图 9-14　示范区坡面样区治理效果对比

10　示范区抗蚀促生综合治理效益评价

通过三年抗蚀促生示范区建设,初步形成了多技术集成的综合治理模式,并利用径流试验区观测、遥感影像监测和数学模型模拟评估等方法,对抗蚀促生示范区的减水减沙、植被覆盖度、土地利用、土壤侵蚀等综合治理效益开展了综合评价分析,为完善治理模式和砒砂岩区水土流失治理提供技术支撑。

10.1　全坡面径流试验区减水减沙效益观测分析

根据2014~2016年7~9月对抗蚀促生全坡面径流试验区的观测,三年共发生9次产流降雨(见表10-1)。与无措施的裸露区对照分析,实施抗蚀促生治理措施全坡面径流试验区的产流产沙量明显减少,其中径流量减少70%以上、产沙量减少90%以上。另外,根据样方观测,植被覆盖度由原来的不足5%提高到70%以上,试验区下部的植被覆盖度达到了90%以上。

表 10-1　抗蚀促生措施减流减沙效益

日期 (年-月-日)	降雨量 (mm)	小区类型	径流量 (m³)	减水效益 (%)	泥沙量 (kg)	减沙效益 (%)
2014-07-01	16.4	对照区	0.47		216.1	96.0
		治理区	0.13	72.3	8.6	
2014-08-02	35.6	对照区	1.27		1 895.1	99.4
		治理区	0.38	70.1	11.9	
2014-08-22	22.6	对照区	0.08		18.7	91.4
		治理区	0.02	75.0	1.6	
2014-09-22	42.4	对照区	0.24		9.6	99.6
		治理区	0.02	91.7	0.04	
2015-07-18	52.8	对照区	0.10		8.1	95.1
		治理区	0.02	80.0	0.4	
2016-07-15	34.2	对照区	2.47		710.5	98.6
		治理区	0.12	95.1	9.6	

续表 10-1

日期 （年-月-日）	降雨量 （mm）	小区类型	径流量 （m³）	减水效益 （%）	泥沙量 （kg）	减沙效益 （%）
2016-07-24	42.2	对照区	0.26		83.9	90.2
		治理区	0.08	69.2	8.2	
2016-08-12	96.2	对照区	2.59		1 048.0	97.5
		治理区	0.16	93.8	26.0	
2016-08-17	161.2	对照区	6.57		1 793.0	95.7
		治理区	4.97	24.3	77.0	

10.2　示范区治理效益遥感动态分析

10.2.1　数据采集

抗蚀促生示范区治理效益评价的信息源为无人机航拍影像,其多波段空间分辨率达到 0.1 m,航拍影像见图 10-1。采集时间为 2013 年、2015 年、2016 年的 8~10 月。该时段具有植被发育好、地表信息丰富,有利于对生态环境因子的辨识。同时结合地面调查,调查采取取样点布设、取样、观测等方法,调查参数包括土地利用、植被类型、土壤质地、土壤侵蚀等,了解生态现状及近几年水土流失程度等因素的变化,以及当地水土保持与生态环境建设的规划等。

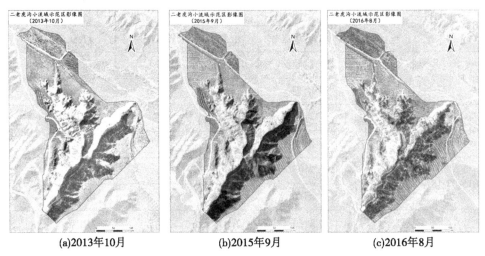

(a)2013年10月　　　　　(b)2015年9月　　　　　(c)2016年8月

图 10-1　砒砂岩示范区航拍遥感影像

在实地调查的基础上,结合航拍影像图,取得植被组成、土地利用现状及水土保持等基础数据资料,并利用 ArcGIS 处理软件绘制评价区相关生态图件和资料统计表。

10.2.2 示范区侵蚀环境本底值

基于对 2013 年拍摄的遥感影像解译,提取了示范区的土地利用、植被类型、植被覆盖度、土壤侵蚀等信息,了解砒砂岩抗蚀促生综合治理示范区的侵蚀环境本底值,为效益评价提供对比的基础数据。

10.2.2.1 土地利用

二老虎沟小流域示范区土地利用类型单一,根据对土地利用现状的外业调查,将土地利用类型分为灌木林、人工沙棘林、草地、道路、建设用地和水面共 7 类,见图 10-2、表 10-2。

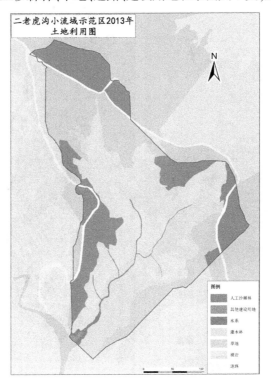

图 10-2 2013 年示范区土地利用图

表 10-2 2013 年示范区土地利用类型及面积

地类	面积(m²)	比例(%)	地类	面积(m²)	比例(%)
灌木林	20 666.64	21.40	道路	1 836.88	1.90
人工林	23 705.35	24.54	建设用地	153.07	0.16
草地	22 698.83	23.50	水系	1 187.30	1.23
裸岩	26 341.91	27.27	总计	96 589.99	100

二老虎沟小流域示范区乔木林稀少,主要为单株或少量成片的松树、榆树等,无法统计其面积。灌木林面积 20 666.64 m²,其中稀疏灌木面积为 10 767.57 m²,主要分布在坡

面上,大部分集中于阴坡,占总面积的 21.40%;人工林占总面积的 24.54%;草地面积占总面积的 23.50%;裸岩面积占总面积的 27.27%;道路面积占总面积的 1.90%;建设用地面积占总面积的 0.16%;水系面积 1 187.30 m²,占总面积的 1.23%。因此,示范区的裸岩面积最大,该地类占比超过 1/4。图 10-3 为灌木林、稀疏灌木、人工林、草地等空间分布。

10.2.2.2　植被覆盖度

基于解译得到的植被类型图,用一定大小的网格与之进行叠加运算,计算每个网格内的植被所占面积比例,进而得到植被覆盖度分布图(见图 10-4),按照 20%、40%、60% 为间隔划分植被覆盖度等级。

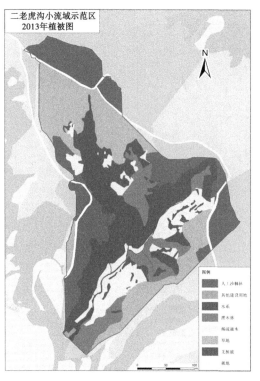
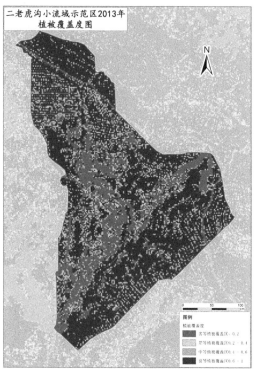

图 10-3　2013 年示范区植被类型分布　　　　图 10-4　2013 年示范区植被覆盖度分布

不同植被覆盖度等级所占面积见表 10-3。

表 10-3　2013 年示范区各等级覆盖度面积

植被覆盖度	面积(m²)	比例(%)
0~0.2	24 473.00	25.34
0.2~0.4	8 474.00	8.77
0.4~0.6	8 434.00	8.73
0.6~1	55 208.99	57.16
总计	96 589.99	100

10.2.2.3　土壤侵蚀

利用外业调查、资料收集、遥感解译等得到的数据,基于 USLE 模型,计算 2013 年示范区土壤侵蚀不同等级的面积及其分布见表 10-4、图 10-5。

表 10-4　示范区 2013 年各侵蚀等级面积

侵蚀等级	面积(m^2)	比例(%)
微度侵蚀	46 250	47.88
轻度侵蚀	21 742	22.51
中度侵蚀	15 038	15.57
强度侵蚀	11 626	12.04
极强度侵蚀	1 843	1.91
剧烈侵蚀	91	0.09
总计	96 589.99	100

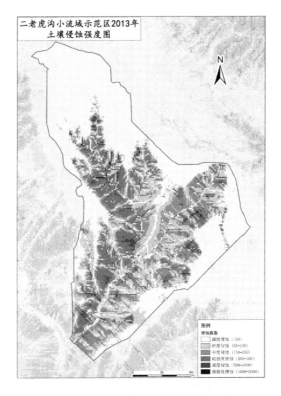

图 10-5　2013 年示范区土壤侵蚀强度分布

因为二老虎沟小流域为覆土砒砂岩区,因此在未治理情况下微度侵蚀面积占比为 47.88%,其主要分布于坡顶和沟底,但其中度侵蚀、强度侵蚀面积所占比例却达到 27.61%,极强度侵蚀、剧烈侵蚀面积占比为 2%,这类等级的侵蚀面积主要分布于坡面。因此,示范区小流域的中度侵蚀以上分布的坡面是治理的重点区位,同时也是最难治理的部位。

10.2.3 综合治理效益遥感监测评价

10.2.3.1 土地利用变化

基于 2015 年、2016 年的航拍影像解译土地利用(见图 10-6),统计土地利用的变化信息(见表 10-5)。

自 2013 年以来,示范区灌木林和人工林在逐年增加,尤其是 2016 年增加最多,分别比 2013 年增加了 8.17% 和 3.31%,裸露地面积逐年减少,2016 年比 2013 年减少了 11.35%。

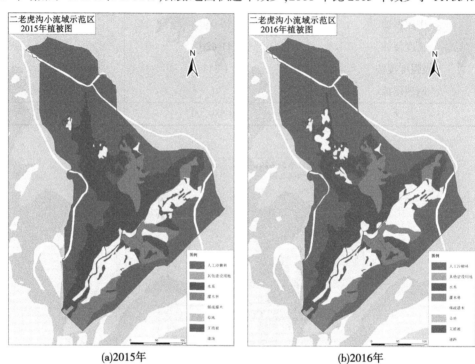

(a)2015年   (b)2016年

图 10-6 示范区 2015 年和 2016 年的土地利用

表 10-5 示范区土地利用信息

地类名称	不同年份各地类面积(m²)		
	2013 年	2015 年	2016 年
灌木林	20 666.64	20 687.05	22 354.36
人工林	46 404.18	46 540.60	47 941.43
裸岩	26 341.91	26 185.16	23 352.96
道路	1 836.88	1 836.83	1 635.46
建设用地	153.07	153.07	153.08
水系	1 187.3	1 187.27	1 152.7
总计	96 589.99	96 589.99	96 589.99

10.2.3.2　植被覆盖度变化

同上述方法,基于 2015 年、2016 年的航拍影像解译,计算植被覆盖度及其不同覆盖度的面积,与 2013 年对比表明(见表 10-6),在治理初期,低覆盖度面积与高覆盖度面积的变化有所不同,低覆盖区的面积增加而中低覆盖度以上的面积反而减少;到治理后的 2016 年覆盖度变化与初期的相反,高覆盖度面积有了较大幅度增加而低覆盖度面积则有所减少,见图 10-7。在 2016 年,植被覆盖度 0~20% 的面积减少了 5.01%;植被覆盖度 20%~40% 的面积增加了 11.00%;植被覆盖度 60%~100% 的面积增加了 3.54%。

表 10-6　示范区植被覆盖度变化

覆盖度(%)	不同年份各级覆盖度面积(m²)		
	2013 年	2015 年	2016 年
0~20	24 473	33 675.81	23 249.35
20~40	8 474	4 877.39	9 406.14
40~60	8 434	5 239.35	6 772.68
60~100	55 208.99	52 797.44	57 161.82
总计	96 589.99	96 589.99	96 589.99

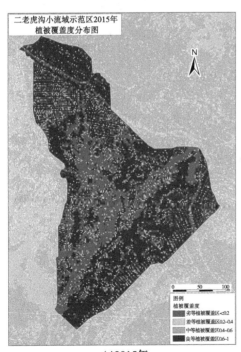

(a)2015年

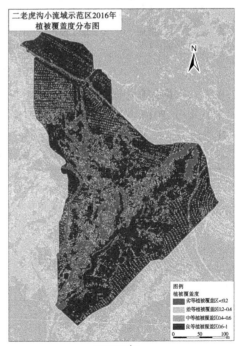

(b)2016年

图 10-7

通过无人机对试验区进行连续观测也可以看出治理效果是非常明显的,见图 10-8。2013 年示范区的砒砂岩坡面几乎完全处于裸露状态,植被覆盖度非常低。而经过治理后的 2015 年、2016 年均可看出植被得到明显恢复。

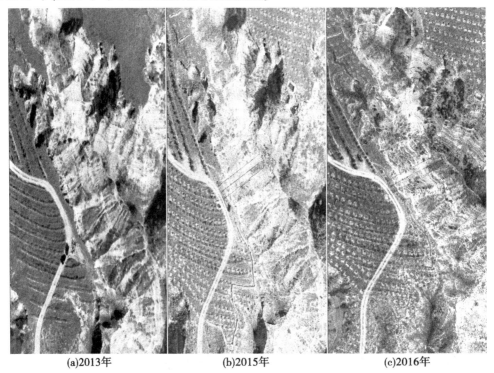

| (a)2013年 | (b)2015年 | (c)2016年 |

图 10-8 示范区无人机监测航片

10.2.3.3 土壤侵蚀变化

同理,基于 2015 年、2016 年的航拍影像解译,计算了不同等级的土壤侵蚀面积,见表 10-7。

表 10-7 示范区土壤侵蚀变化

侵蚀等级	不同等级的土壤侵蚀面积(m^2)		
	2013 年	2015 年	2016 年
微度侵蚀	46 250	46 250	47 894
轻度侵蚀	21 742	21 746	22 806
中度侵蚀	15 038	15 034	14 358
强度侵蚀	11 626	11 626	10 242
极强度侵蚀	1 843	1 844	1 242

续表 10-7

侵蚀等级	不同等级的土壤侵蚀面积(m²)		
	2013 年	2015 年	2016 年
剧烈侵蚀	91	90	48
总计	96 589.99	96 589.99	96 589.99

通过治理,示范区土壤侵蚀程度有明显减轻,尤其是到了 2016 年,中度侵蚀的面积减少较多,而其以下的侵蚀面积增加,说明抗蚀促生治理技术对于阻控侵蚀的作用是明显的。到 2016 年微度侵蚀面积增加了 3.55%,强度侵蚀、极强度侵蚀和剧烈侵蚀分别减少了 11.90%、32.61% 和 47.25%。示范区整体侵蚀状况在不断趋向好转。

以上分析表明,示范区坡面抗蚀促生综合治理的效果非常明显。从整个示范区的土地利用变化情况看,植被区域面积明显增加,而裸露砒砂岩区的面积明显减少;从植被覆盖度的变化看,高植被覆盖度的区域增加,而低植被覆盖度的区域减少,说明促生效益显现;从土壤侵蚀变化看,轻度侵蚀区面积在逐年增加,而强度侵蚀以上的区域面积在逐年减少,尤其是剧烈侵蚀区域减少显著,抗蚀效果明显。

因此,总体来说,整体抗蚀促生效益是非常明显的,为砒砂岩地区土壤侵蚀的治理提供了有效的措施和途径。

10.3 示范区减水减沙效益数学模型评价

10.3.1 建模方法

抗蚀促生技术示范区位于覆土砒砂岩区的二老虎沟小流域,该小流域属于黄河一级支流皇甫川的二级支流。由于示范区小流域缺乏水文泥沙的长期观测资料,难以满足直接建模的要求,而皇甫川与示范区小流域相邻的二级支流尔架麻沟则具有较长期的水文泥沙观测资料,能够满足建模的要求。因此,提出了"降尺度"的建模方法,即先以皇甫川流域作为建模的一级对象,而后下推至二级对象尔架麻沟,继而再推至二老虎沟小流域,开展模型评价应用。

10.3.2 降尺度建模流域基本概况

10.3.2.1 皇甫川流域

1. 环境基本特征

皇甫川是黄河中游的一级支流,位于河口镇—龙门区间(简称河龙区间)上段,发源于鄂尔多斯高原与黄土高原的过渡地带,流经准格尔旗的纳林、沙圪堵镇,经至陕西省府谷县汇入黄河,流域面积 3 246 km²,干流全长 137 km(见图 10-9)。皇甫川流域属于典型的干旱半干旱区,砒砂岩大面积裸露,风沙地分布面积广大,属于黄河流域的粗泥沙集中来源区。据治理措施较少的 1954~1969 年资料统计,流域年均降水量 431.2 mm,年均径流量 2.07 亿 m³,年均输沙量 0.62 亿 t,侵蚀强度高,面积大,侵蚀剧烈程度在黄河流域甚至在世界上也是罕见的。

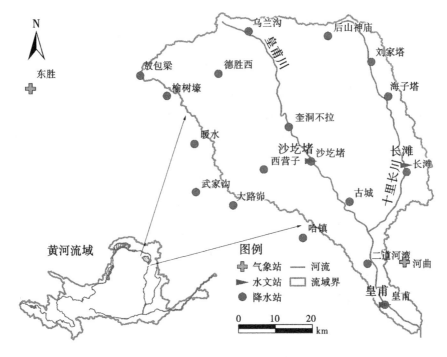

图 10-9　皇甫川流域地理位置

皇甫川流域的治理始于 20 世纪 50 年代,主要以林草措施为主,梯田、淤地坝等工程措施较少。至 20 世纪 70 年代前,流域治理度仅有 6.7%,其中林草措施治理面积占了86.3%,工程措施占 13.7%。1983 年,该流域被列为全国八片重点治理区之一,治理速度加快,到 1989 年年底治理度已经达到 17.1%,较之前提高了 2 倍多。在治理措施中造林和草地面积所占比例较大,分别为 61.9% 和 27.0%,其淤地坝、梯田等工程措施的占比为11.1%。到 1993 年,开始实施了第二期重点治理工程,1997 年年底的治理程度已达 28.2%,其中造林和草地面积所占比例为 52.78% 和 35.58%,工程措施所占比例为 11.64%。

皇甫川流域属于黄土丘陵沟壑区第一副区,按照侵蚀程度和地表土层覆盖的差异,大致可分为三个水土流失类型区:

(1)砒砂岩丘陵沟壑区。主要分布于流域西北部纳林川两岸的虎石沟、圪秋沟、干昌板沟和尔架麻沟,其面积为 948 km²,基本上占皇甫川流域总面积的 1/3,达到 29.2%,沟壑密度也比较高,平均为 7.42 km/km²。该区水土流失极为严重,地形切割十分破碎,坡陡沟深,植被覆盖度很低,基岩大面积外露。区内侵蚀以水蚀为主,复合有重力侵蚀。

(2)黄土丘陵沟壑区。主要分布于流域的东部和西南部,其面积为 1 756 km²,占流域总面积的 54.1%,沟壑密度也比较大,为 5~9 km/km²。该区黄土层较厚,呈现较典型的黄土梁峁和黄土沟谷地貌,除部分梁峁和缓坡地为耕地外,多为天然草场,植被覆盖度为20%左右。区内土壤侵蚀以水蚀为主,水蚀、风蚀和重力侵蚀交替发生。

(3)沙化黄土丘陵沟壑区。该类型区面积为542 km²,占流域总面积的16.7%,主要分布在纳林川中下游以东到十里长川以西地区和库布齐沙漠边缘,平均沟壑密度为4.2 km/km²,地表沙化严重,以风蚀为主要侵蚀方式,呈现出风蚀、水蚀复合侵蚀的景观。

2. 植被覆盖时空演变特征

植被是受人类活动影响较大的自然因子,强烈的人类干扰可在短时间内促使植被格局发生改变,从而影响土壤侵蚀过程。植被覆盖变化可以对区域水循环、泥沙输移、土地利用、植物群落结构以及多样性等方面产生影响。

以250 m空间分辨率的MODIS遥感影像MOD13Q1为数据源,通过数据预处理获得2000~2014年皇甫川流域年均NDVI时间序列,采用规避误差能力较强的Mann-Kendall和Theil-Sen median趋势分析方法,研究皇甫川流域植被覆盖区域NDVI的时间变化特征、空间分布特征和变化趋势特征等。

2000~2014年皇甫川流域植被覆盖NDVI呈显著增加趋势(见图10-10),NDVI值变化范围为0.278 6~0.499 1,增速为11.3%/10 a,且通过0.05显著性水平检验,最大值出现在2013年,最小值出现在2012年。

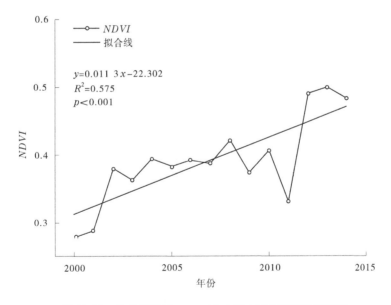

图10-10 皇甫川流域2000~2014年NDVI年际变化趋势

从空间分布特征看,皇甫川流域的植被NDVI整体上呈现中部、东部高,西北部低的空间分布格局。高值区主要集中在中部、东部的河谷地区,主要原因是由于该地区的土地利用类型主要为耕地和林地,低值区主要集中在流域西北部地区,这些地区主要为低覆盖度的草地和裸地[见图10-11(a)]。从其频率分布[见图10-11(b)]看,皇甫川流域的NDVI呈现单峰结构,NDVI值处于0.3~0.4和0.4~0.5的区域所占比例分别达到52.22%和37.18%,远高于NDVI值处于0.2~0.3和0.5~0.6的比例5.82%和4.45%。

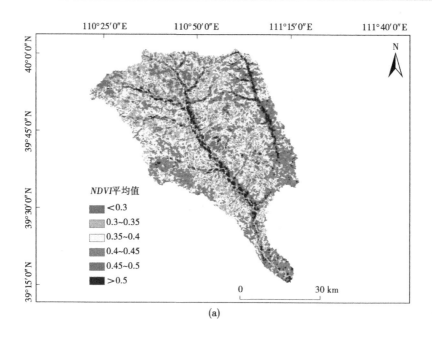

(a)

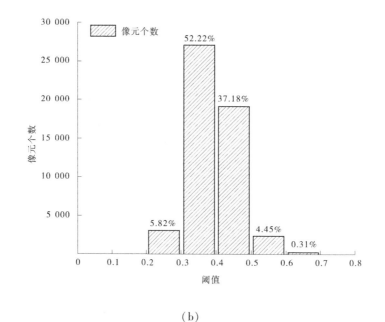

(b)

图 10-11 皇甫川流域 *NDVI* 空间分布及其频率分布

采用 M-K 方法对 2000~2014 年 *NDVI* 的 Sen 趋势进行了检验,将结果划分为极显著变化($p< 0.01$)、显著变化($p< 0.05$)、弱显著变化($p< 0.1$)和无显著变化 4 个等级。分析表明,皇甫川流域植被覆盖整体表现为上升趋势,呈现增加和减小趋势的面积分别占 90.53% 和 0.21%,无显著变化趋势的面积占 9.30%。就上升的趋势来看,呈弱显著上升

趋势、显著上升趋势和极显著上升趋势的面积分别占 5.33%、18.73% 和 66.47%（见表 10-8）。

表 10-8　皇甫川流域 2000~2014 年植被变化类型像元个数及百分比

变化趋势	像元个数	像元百分比(%)	累计百分比(%)
极显著下降	55	0.11	0.11
显著下降	33	0.06	0.17
弱显著下降	19	0.04	0.21
无显著下降	4 467	8.65	8.86
无显著上升	335	0.65	9.51
弱显著上升	2 749	5.33	14.83
显著上升	9 667	18.73	33.56
极显著上升	34 309	66.47	100

从空间分布看,极显著上升区域主要分布于草地和裸地,其原因可能是由于这些地区原来的植被覆盖较少,经过退耕还林还草工程后,使得植被覆盖度得到了显著的提升(见图 10-12)。

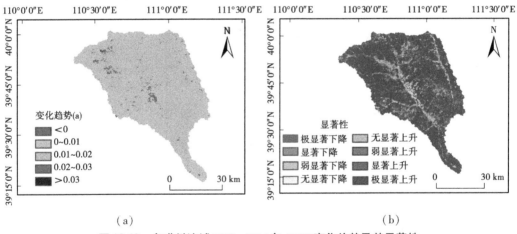

图 10-12　皇甫川流域 2000~2014 年 NDVI 变化趋势及其显著性

3. 土地利用/覆被变化特征

以国家科技基础条件平台建设项目"地球系统科学数据共享平台(www.geodata.cn)"提供的 20 世纪 80 年代和 2005 年两期 100 m 空间分辨率的土地利用数据为基础,分析了皇甫川流域 1980 年和 2005 年间土地利用的时空演变特征。皇甫川流域 1980 年和 2005 年的土地利用类型见图 10-13、表 10-9。2005 年皇甫川流域草地面积较 1980 年减少了 0.86%;农田和村镇主要分布在河岸边及流域河谷地区,分别减少 3.74% 和增加 0.57%;林地主要分布在流域中游地区,增加 14.67%;裸地主要集中在流域西北部的中上游地区,增加 15.55%;水体增加了 7.67%。

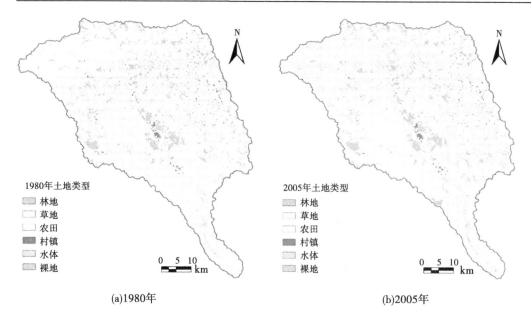

(a)1980年　　　　　　　　　　　　　　　(b)2005年

图 10-13　皇甫川流域 1980 年和 2005 年土地利用类型

表 10-9　皇甫川流域 1980 年和 2005 年土地利用类型面积变化

土地利用类型	1980 年		2005 年		面积变化量	
	面积（km²）	百分比（%）	面积（km²）	百分比（%）	面积（km²）	百分比（%）
林地	151.42	4.69	173.64	5.38	22.22	14.67
草地	2 160.54	66.96	2 142.05	66.39	-18.49	-0.86
农田	707.31	21.92	680.87	21.10	-26.44	-3.74
村镇	28.10	0.87	28.26	0.88	0.16	0.57
水体	67.31	2.09	72.47	2.25	5.16	7.67
裸地	111.86	3.47	129.25	4.01	17.39	15.55

　　根据土地利用变化转移矩阵可以看出,2005 年林地面积的 87.03%,即 151.12 km² 没有变化,其余的林地面积主要由 15.17 km² 的草地和 7.29 km² 的农田转化而来,见表 10-10。另外,15.13 km² 的农田和 7.85 km² 的裸地转化为草地,但仍有 21.61 km² 的草地和 3.67 km² 的农田转化为裸地,这表明皇甫川流域仍然面临土壤退化和荒漠化问题。

表 10-10　皇甫川流域 1980 年和 2005 年土地利用变化转移矩阵　　（单位：km²）

土地类型	林地	草地	农田	村镇	水域	裸地	总计
林地	151.12	0.3	0	0	0	0	151.42
草地	15.17	2 118.27	5.46	0	0.03	21.61	2 160.54
农田	7.29	15.13	675.19	0.17	5.86	3.67	707.31
村镇	0	0.01	0	28.09	0	0	28.1
水域	0.06	0.49	0.13	0	66.57	0.06	67.31
裸地	0	7.85	0.09	0	0.01	103.91	111.86
总计	173.64	2 142.05	680.87	28.26	72.47	129.25	

4. 水沙及气候特征

分别采用非参数 Mann-Kendall 趋势检验方法和非参数 Pettitt 检验方法等识别皇甫川流域近 60 年来水沙变化趋势和突变点。

图 10-14 是皇甫川流域出口控制断面皇甫水文站 1954~2012 年累计径流量和输沙量变化过程。近 60 年来，皇甫川流域径流量和输沙量呈显著减少趋势，尤其是自 20 世纪 80 年代中期以后减少明显。采用非参数 Mann-Kendall 趋势检验方法对近 60 年皇甫川流域年径流量、输沙量的变化趋势检验（见表 10-11）表明，年径流量和输沙量的 Z 统计量和 Sen's 斜率均为负值，且通过 0.001 显著性水平，表明 1954~2012 年皇甫川流域水沙均呈显著减少趋势。

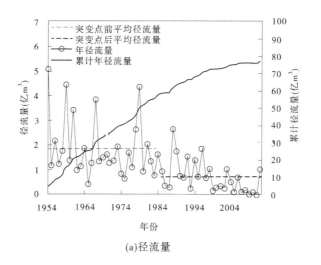

(a)径流量

图 10-14　皇甫川流域逐年和累计径流量、输沙量、降水量、气温变化过程

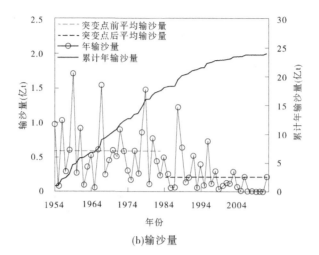

(b)输沙量

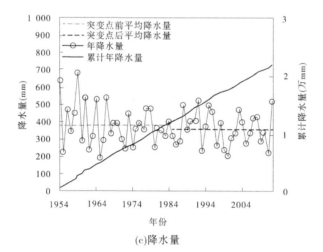

(c)降水量

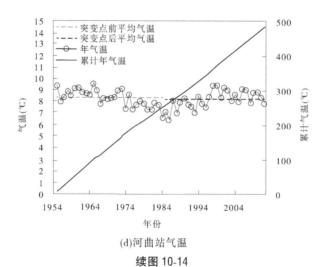

(d)河曲站气温

续图 10-14

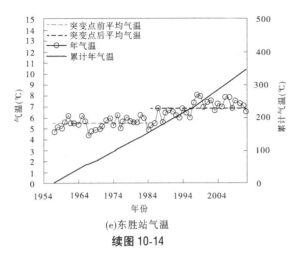

(e)东胜站气温

续图 10-14

表 10-11 皇甫川流域水文气象变量趋势检验结果

水文变量	Z 统计量	Sen's 斜率估计量 Q	显著性水平 α
年径流量	-5.32	-298.778	0.001
年输沙量	-4.68	-94.857	0.001
年降水量	-0.64	-0.658	>0.1
河曲站年均气温	-0.94	-0.006	>0.1
东胜站年均气温	6.39	0.047	0.001

　　年降水量减小趋势的显著性水平超过 0.1,表明年降水量减小趋势不显著。径流量、输沙量的锐减与降水量减少及气温升高有一定关系,此外,水土保持措施等人类活动也对皇甫川流域水沙减少起到了重要作用。

　　年径流量在 1984 年出现了 0.001 显著性水平上的突变点,年输沙量也在 1984 年后出现锐减现象(见图 10-15)。另外,年输沙量与年径流量均在 1989 年出现了突变点,而年降水量并未出现突变点。

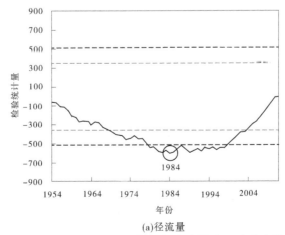

(a)径流量

图 10-15 皇甫川流域年径流量、输沙量、降水量、气温突变点检验结果

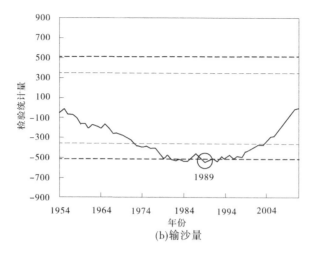

(b)输沙量

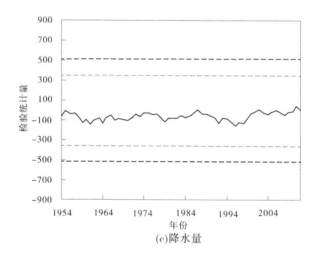

(c)降水量

(d)河曲站气温

续图 10-15

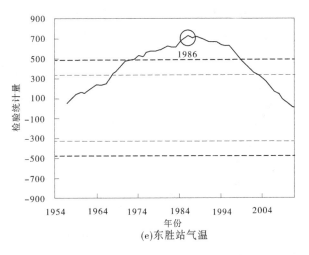

(e)东胜站气温

续图 10-15

根据突变点检验结果,将研究期划分为两个时段,第一时段为 1954~1984 年的突变点前,第二时段是突变后的 1985~2012 年(见表 10-12)。

表 10-12 皇甫川流域突变前后水文气象变量平均值变化

水文气象变量	1954~1984 年	1985~2012 年	变化量	变化率
年径流量(亿 m³)	1.85	0.70	−1.15	−61.97%
年输沙量(亿 t)	0.58	0.21	−0.37	−63.27%
年降水量(mm)	384.46	360.58	−23.88	−6.21%
河曲站年平均气温(℃)	8.40	8.30	−0.10	−1.23%
东胜站年平均气温(℃)	5.49	6.87	1.38	25.18%

两个时段年径流量和年输沙量分别减少 61.97%和 63.27%,然而年降水量仅减少 6.21%,年平均气温升高 25.18%。这一现象表明,年降水量和年平均气温的变化与年径流量、年输沙量的变化并不一致,这可能与大面积的退耕还林还草和其他水土保持措施有关,而降水量变化的影响比较小。在 20 世纪 70 年代以前,治理度仅为 6.8%,但到 1989 年和 1997 年已分别达 17.1%和 28.2%,反映了 20 世纪 80 年代的水土保持工程治理效果。皇甫川流域的淤地坝数量从 1978 年的 390 座增加到 2010 年的 567 座,控制面积已增加到 2 216.47 km²,几乎占流域总面积的 2/3。另外,自 20 世纪 80 年代以来,煤炭开采、河道采砂以及水资源开发利用也显著增加,这些由人类活动引起的土地利用变化改变了流域下垫面状况,这也是流域水沙量变化的另一个重要原因。

10.3.2.2 尔架麻沟小流域

尔架麻沟小流域按行政区划属内蒙古自治区鄂尔多斯市准格尔旗沙圪堵镇。地理坐标为东经 110°34′11″~110°46′04″,北纬 39°34′36″~39°38′43″,整个流域西高东低,最高海拔为 1 400 m,最低海拔 1 040 m,相对高差 360 m。按水土流失类型划分属典型的黄土丘陵沟壑区。流域总面积为 29.26 km²,地理位置见图 10-16。

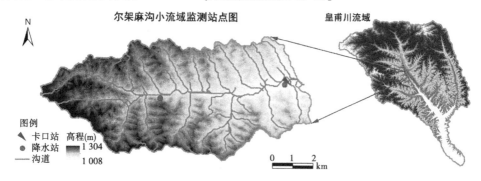

图 10-16　尔架麻沟小流域地理位置

尔架麻沟小流域属于砒砂岩区,其砒砂岩大面积出露。尔架麻沟小流域地势总的轮廓是西北高、东南低。流域内沟壑纵横密布,地表被切割得支离破碎状,风蚀沙化也非常严重,对流域内农业用地的集约化利用以及交通、能源和工业等的建设很不利。该流域是水土流失最严重的地区之一,生态环境十分脆弱。

尔架麻沟小流域属于典型中温带大陆性气候,冬长夏短,四季分明。温度、降水和蒸发自西北向东南递增,风速和大风日数自西北向东南递减。尔架麻沟小流域地貌丘陵起伏,沟壑发育,沙地散布,小气候类型多样,表现为坡顶与沟谷、阴坡与阳坡、丘陵与沙地的小气候都有一定差异。该流域热量资源丰富,多年平均气温 7.3 ℃,绝对最高气温 39.1 ℃,绝对最低气温 32.8 ℃,≥0 ℃的年积温 3 450.7 ℃,≥10 ℃的有效年积温为 2 350℃。降水量少而集中,降水年际及年内变化大,最大年降水量 621.3 mm,最小年降水量 230 mm,多年平均降水量 400 mm,80%以上集中在 6~9 月,且多以暴雨形式出现,最大一日降水量 130 mm,占同期雨量的 34%。洪水特征表现为暴涨暴落,历时短、洪峰流量大,洪量小。多年平均 24 h 最大暴雨 63 mm,10 年一遇 24 h 最大暴雨为 145 mm,20 年一遇 24 h 最大暴雨为 195 mm。多年平均径流深 60 mm。平均蒸发量为 1 300 mm,相对湿度为 53%,无霜期天数为 128 d,6~9 月出现冰雹的日数平均为 9 d,多年平均日照时数 3 117 h,多年平均日照百分率为 56%~70%,总辐射量 143 kcal/cm²,日照资源比较丰富。冬季盛行西北风,夏季流行东南风,年均风速由东南向西北递增,多年平均风速 2.4~3.0 m/s,大风日数 28.6 d,最大瞬时风速 19 m/s。每年的 4 月发生沙尘暴天气多且最为严重,已成为当地灾害性天气。

10.3.2.3　二老虎沟小流域

二老虎沟小流域位于内蒙古自治区准格尔旗境内,是黄河中游皇甫川支流纳林川右岸的一条二级支沟,流域面积 3.23 km²,地理坐标东经 110°36′2.74″,北纬 39°47′38.79″。流域行政区域辖准格尔旗暖水乡的郝家阳塔等 2 个行政村,由于暖水乡整乡生态移民搬迁,目前全流域基本上无农户居住,地理位置见图 10-17。

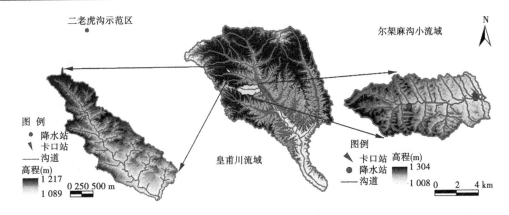

图 10-17　二老虎沟小流域地理位置

　　二老虎沟小流域属典型砒砂岩区,坡面、沟坡有大面积出露的砒砂岩;梁峁顶零星分布有黄土或栗钙土,土层较薄,厚度一般在 0~1 m。二老虎沟小流域的沟坡基岩(砒砂岩)为白色和红色交错组合的裸露砒砂岩,胶结程度差、结构松散奇特的地质地貌被俗称为"五花肉",基本上无草无树,植被覆盖度极低,严重的水土流失被喻为地球生态"癌症"。

　　二老虎沟小流域基本上位于温带草原到温带荒漠草原的过渡区(见图 10-18),为典型的干旱草原植被,以旱生草本为主,种类单一植被稀疏,主要有芒草、蒿类、芨芨草、胡枝子、画眉草、车前草、蒙古荒等灌草丛群落;流域内人工林主要分布在河阶地及梁峁顶上,乔木树种有杨树、柳树、油松等;经济林分布于背风向阳土层较厚以及房前屋后,主要有山杏、海红果等;灌木主要分布于流域中上游梁峁与沟坡上,主要有柠条、沙棘、沙柳等;人工草地零星分布于缓坡和退耕地上,主要有苜蓿、沙打旺、草木樨等。

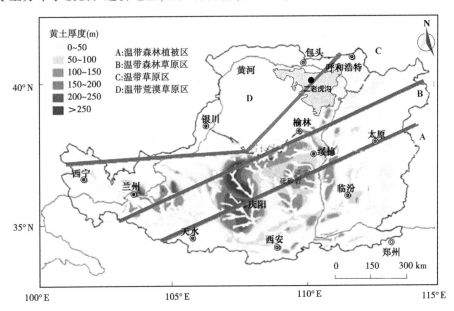

图 10-18　二老虎沟小流域植被类型区

二老虎沟小流域属典型的大陆性季风气候。主要特点是冬季寒冷漫长,夏季炎热短暂,春季多风沙少雨水,以西北风为主,降雨少且年内、年际分配极为不均。据沙圪堵气象站资料统计,雨水多集中在7月、8月、9月三个月,占全年总降水量的60%~80%;其多年平均降水量只有386.4 mm,不过实测年最大降水量亦可达636.5 mm(1967年),而年最小降水量却仅有100.8 mm(1962年)。多年平均蒸发量2 234.4 mm,干旱指数$d \geqslant 5$,年平均日照时数在3 000 h,全年平均风速2.2 m/s,大风主要集中在4~5月和10月、11月。年平均扬沙日数32.8 d,年均沙尘暴日数15.2 d,年平均气温7.3 ℃,1999年7月28日发生高温,属多年的极端最高气温,达到38.3 ℃,1971年1月2日出现多年的最低气温,为−30.9 ℃。无霜期153 d,封冻期为11月至次年3月底,最大冻土深度可达1.5 m。

二老虎沟小流域属典型的以砒砂岩为主的砾质丘陵沟壑区,全流域总土地面积为3.23 km²,其中水土流失面积3.23 km²,占流域总面积的100%。流域坡面陡峭、地形破碎、沟道纵横、植被稀疏,坡顶上伏厚度不均的黄土,其结构松散、孔隙大、抗冲蚀能力差,坡面和沟坡下伏基岩砒砂岩完全裸露,重力、水力、风力侵蚀非常严重。在梁峁顶主要发生面状侵蚀,同时在坡顶道路有线状侵蚀发生,有沟蚀处的坡顶径流往往较为集中以线状切入坡面;梁峁之间为沟状侵蚀,表现为沟底下切、沟坡侧蚀和沟头溯源侵蚀。由于沟道汇集了坡面大量来水,冲刷作用大,能切至基岩,侵蚀甚为活跃;重力侵蚀发生在沟壑边坡和陡峭的坡面,侵蚀形态有崩塌、泻溜等,较黄土地区而言,更多地发生较大规模的块体状重力侵蚀,其发生部位多位于坡面的上段(见图10-19);风蚀主要发生在寒暑剧变、温差大的季节,出露岩层及表土热胀冷缩,产生大量的碎屑风化物及沙土,由于坡面植被覆盖度小,这些物质遇大风时就会产生风蚀而流失。

图10-19　发生在坡面上段的块体状重力侵蚀

在梁峁顶,坡度平缓,为5°~15°,侵蚀相对轻微;坡面和沟坡的坡度都比较大,在流域的一些部位甚至很难区分坡面和沟坡,多在35°以上,坡面的上段往往可以达到70°左右,侵蚀剧烈,其侵蚀量大多来源于坡面和沟坡,占流域总侵蚀量的70%以上。

根据实地踏勘,流域上游以及下游的支沟沟谷坡砒砂岩裸露严重,以重力和水力复合侵蚀为主;流域中游梁峁顶及坡度较缓的沟坡水蚀为主,重力侵蚀次之。

另外,据皇甫川流域有关资料分析,坡面风力侵蚀强度也很大,完全可以达到与水力侵蚀同一等级。风力与水力复合侵蚀严重,加大了流域坡面侵蚀中的粗泥沙来源,是造成皇甫川流域高含沙量洪水的主要原因之一。

二老虎沟小流域是皇甫川流域的三级支流,属季节性河流无常流水。据《内蒙古自治区水文手册》,流域多年平均径流深 55 mm,多年平均径流量为 17.77 万 m³,全流域平均汛期径流量占年径流量的 80% 以上,汛期径流主要集中于几次洪水,洪水径流占年径流量的 70% 左右。受暴雨的影响流域洪水具有历时短、峰值高、来势猛、灾害性强等特点。

流域内原有耕地已全部退耕还林还草,特别是内蒙古自治区鄂尔多斯市准格尔旗砒砂岩区水土保持科技示范园项目的建设,以及圪秋沟重点小流域综合治理项目实施以来,二老虎沟小流域得到了一定程度的治理,治理措施包括坡顶造林种草、退耕还林还草等。但是治理的多为坡顶和缓坡部位,不少较陡的坡面及沟坡基本上仍是出露的砒砂岩。

10.3.3 基于 SWAT 模型的流域产水产沙模型基本原理

SWAT(soil and water assessment tool)模型是由美国农业部(USDA)农业研究局(ARS)在 CREAMS 和 SWRRB 模型基础上发展起来的分布式水文模型(J. G. Arnold, et al.,1998;S. L. Neitsch,et al.,2005),是由 Jeff Amold 博士于 1994 年开发的。主要用于模拟地表水和地下水水质水量、预测土地管理措施对不同土壤类型、土地利用方式和管理条件的大面积复杂流域的水文、泥沙和农业污染物的影响。SWAT 模型采用日为时间步长,可进行长时间连续计算,但其在一般情况下不适合于对次洪水过程的详细计算(贾仰文等,2005)。

10.3.3.1 SWAT 模型框架

SWAT 模型将流域划分为多个子流域,每一个子流域又由不同的水文响应单元(HRU)组成,在子流域内 HRU 采用同一水文变量进行模拟。模型能够模拟林冠截留、入渗、蒸散发、土壤水、地表径流、地表填注及河道径流等。模型还可模拟土壤水的再分布、非饱和层与饱和层之间水分交换,并采用动力波蓄水模型模拟各个土壤层的侧向水流。

SWAT 模型包含气象、水文、泥沙输移、植被生长、营养物质、污染物和农作物管理等模块(Di Luzio et al.,2004;Arnold and Fohrer,2005;S. L. Neitsch,et al.,2005)。该模型还可以模拟土壤含水层、半透水层和补给层所组成的越流过程,模型几乎可以完整地模拟水文循环过程(见图 10-20)。

对于 SWAT 模型来说,首先要建立研究区空间数据库和属性数据库。空间数据库的建立主要包括地图投影转换、土地利用数据处理、土壤类型数据处理及数字高程模型(DEM)数据处理几个部分。属性数据库主要分为土地利用属性数据库、土壤属性数据库及气象资料数据库等。然后基于 DEM,计算水文参数,确定网格单元流向;计算单元集水面积,划分流域分水界线、生成河网。在参数率定验证的基础上,对研究区生态水文过程进行模拟计算。

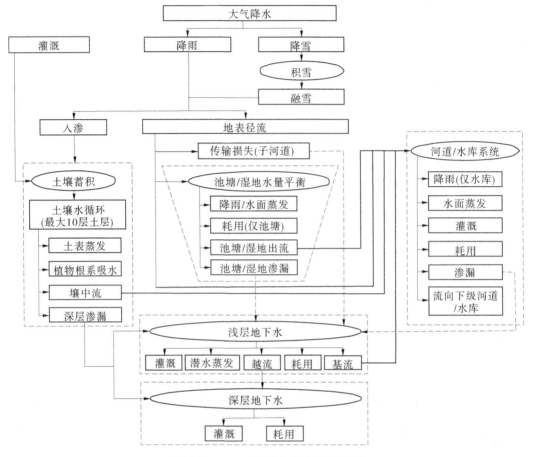

图 10-20　SWAT 模型水文过程模拟框架

10.3.3.2　SWAT 模型结构

SWAT 模型的主要子模型有水文过程子模型、土壤侵蚀子模型和污染负荷子模型,以下仅介绍水文过程子模型和土壤侵蚀子模型的原理。

1. 水文模型

SWAT 模型中水文过程子模型采用的水量平衡表达式为

$$SW_t = SW_0 + \sum_{i=1}^{t} (R_{day} - Q_{surf} - E_a - W_{seep} - Q_{gw}) \tag{10-1}$$

式中: SW_t 为时段末土壤含水量,mm; SW_0 为时段初土壤含水量,mm; t 为时间步长,d; R_{day} 为第 i 天的降水量,mm; Q_{surf} 为第 i 天的地表径流量,mm; E_a 为第 i 天的蒸发量,mm; W_{seep} 为第 i 天土壤剖面地层的渗透量及侧流量,mm; Q_{gw} 为第 i 天的地下水含量,mm。

1) 地表径流

SWAT 模型中采用两种方法来计算地表径流,分别为 SCS 径流曲线数法和 Green-Ampt 入渗方程。Green-Ampt 入渗方程要求输入次降雨数据,对数据量要求较大,因此一般采用 SCS 径流曲线数法来计算地表径流:

$$Q_{surf} = \frac{(R_{day} - I_a)^2}{R_{day} - I_a + S} \qquad (10\text{-}2)$$

式中：Q_{surf} 为径流量，mm；R_{day} 为日降水量，mm；I_a 为初始的损耗，包括表层土的储存、截留及径流产生前的入渗量，mm；S 为土壤滞蓄量，mm，S 和土壤、土地利用、坡度、土壤含水量等有关。

SWAT 模型对 SCS 曲线数方法中的土壤滞蓄量 S 进行了改进，提出滞蓄量随植物累计蒸散量变化而变化的估算方法，即

$$S = S_{prev} + E_0 \times \exp\left(\frac{-C_{ncoef} - S_{prev}}{S_{max}}\right) - R_{day} - Q_{surf} \qquad (10\text{-}3)$$

式中：S 为日土壤滞蓄量，mm；S_{prve} 为前 1 d 的土壤滞蓄量，mm；S_{max} 为日最大可能滞蓄量，mm；E_0 为日潜在蒸散量，mm；C_{ncoef} 为与植物蒸散有关的权重系数，以计算滞蓄量与 CN 值之间的关系；R_{day} 为日降水量，mm；Q_{surf} 为地表径流量，mm。

2）土壤水

进入土壤的水分可被植被吸收或蒸发，或从土壤剖面底部渗入，最终变为含水层出流，或在土壤剖面中做水平运动补给河道径流。模型假设仅当上层土壤含水率达到田间持水量并且下层土壤未饱和时，才能有多余的水分下渗到下层土壤，上、下两层之间的水分传输量采用蓄量演算方法估算：

$$w_{perc,ly} = SW_{ly,excess}\left[1 - \exp\left(\frac{-\Delta t}{TT_{perc}}\right)\right] \qquad (10\text{-}4)$$

式中：$w_{perc,ly}$ 为一个土层向下一层运动的水量；$SW_{ly,excess}$ 为模拟日土层中可以排出的水量；Δt 为时间步长；TT_{perc} 为渗漏传播时间。

另外，非饱和层与饱和层之间存在水流交换，用动力波蓄量模型模拟各土壤层的侧向水流。

3）蒸散发

采用 Penman-Monteith 法，对供水良好植被，若风速分布为对数型，则有 Penman-Monteith 方程：

$$\lambda E_t = \frac{\Delta(H_{net} - G) + \gamma K_1(0.622\lambda\rho_{air}/P)(e_z^o - e_z)/r_a}{\Delta + \gamma(1 + r_c/r_a)} \qquad (10\text{-}5)$$

式中：λE_t 为潜热通量密度，MJ/m²d；λ 为蒸发潜热，MJ/kg；E_t 为蒸发深度速率，mm/d；Δ 为饱和水汽压温度曲线斜率，de/dt(kPa/℃)，e 为水汽压，t 为温度；H_{net} 为净辐射，MJ/m²d；G 为地表热通量密度，MJ/m²d；γ 为湿度计常数，kPa/℃；K_1 为用来保证表达式中两个计算项具有相同单位的尺度系数；ρ_{air} 为空气密度，kg/m³；P 为大气压，kPa；e_z^o、e_z 为在高度 z 处饱和水汽压和与实际水汽压，kPa；r_a 为空气层弥散阻抗，s/m；r_c 为植被冠层阻抗，s/m。

SWAT 假设首先蒸发的是植被冠层截留的降水，采用与 Ritchie（1972）类似的方法估算最大腾发量及最大升华/土壤蒸发量，然后估算土壤实际升华量和蒸发量。根据不同土壤层的蒸发需求确定不同深度的最大蒸发量：

$$E_{soil,z} = E_s'' \frac{z}{z + \exp(2.374 - 0.00713z)} \qquad (10\text{-}6)$$

式中:$E_{soil,z}$ 为深度 z 处的蒸发需求;E_s'' 为模拟日最大土壤水蒸发;z 为距离地表的深度。

另外,其修正方程为

$$E_{soil,ly} = E_{soil,zl} - E_{soil,zu} E_{sco} \tag{10-7}$$

式中:$E_{soil,ly}$ 为第 ly 土层的蒸发需求;$E_{soil,zl}$ 为土层下部的蒸发需求;$E_{soil,zu}$ 为土层上部的蒸发需求;E_{sco} 为土壤蒸发补偿系数。

4)地下水

模型采用下列表达式计算流域地下水:

$$Q_{gw,i} = Q_{gw,i-1} esp(-\alpha_{gw}\Delta t) + w_{rchrg}[1 - \exp(-\alpha_{gw}\Delta t)] \tag{10-8}$$

式中:$Q_{gw,i}$ 为第 i 天进入河道的地下水补给量,mm;$Q_{gw,i-1}$ 为第 $(i-1)$ 天进入河道的地下水补给量,mm;Δt 为时间步长,d;w_{rchrg} 为第 i 天蓄水层的补给流量,mm;α_{gw} 为基流的退水系数。

其中,补给流量由下式计算:

$$w_{rchrg,i} = [1 - \exp(-1/\delta_{gw})]w_{seep} + \exp(-1/\delta_{gw})w_{rchrg,i-1} \tag{10-9}$$

式中:$w_{rchrg,i}$ 为第 i 天蓄水层补给量,mm;δ_{gw} 为补给滞后时间,d;w_{seep} 为第 i 天通过土壤剖面底部进入地下含水层的水分通量,mm/d。

2. 土壤侵蚀模型

SWAT 模型采用修正的 MUSLE 方程模拟土壤侵蚀过程。USLE 是通过降雨动能函数预测年均侵蚀量,由于降雨动能因子代表的能量只在流域内起作用,因此需要输移比参数(河道上某断面输沙量/断面以上土壤侵蚀量)。而在 MUSLE 中,用径流因子代替降雨动能,使得无须再通过计算泥沙输移比就可以预测流域泥沙产量,并且可以将方程用于单次暴雨事件,克服了 SWAT 模型难于计算次暴雨产沙过程的问题。

MUSLE 方程为

$$Y = 11.8(QP_r)^{0.56}K \cdot C \cdot P \cdot LS \tag{10-10}$$

式中:Y 为土壤侵蚀量,t;Q 为地表径流,mm;P_r 为洪峰径流,m³/s;K 为土壤侵蚀因子;C 为植被覆盖和作物管理因子;P 为水土保持措施因子;LS 为地形因子。

1)土壤侵蚀因子 K

当其他影响土壤侵蚀的因子不变时,K 因子反映不同类型土壤抵抗侵蚀力的高低,与土壤物理性质(如机械组成、有机质含量、土壤结构、土壤渗透性等)有关。当土壤颗粒粗、渗透性大时,K 值就低,反之则高;一般情况下 K 值的变幅为 0.02~0.75。

测定 K 值的传统方法是在标准小区(坡长 22.1 m、宽 1.83 m、坡度 9%)上没有任何植被、完全休闲、无水土保持措施的情况下,降雨后收集由于坡面径流而冲蚀到集流槽内的土壤,烘干、称重,由公式计算得到 K 值。

试验测算 K 值既费时又费力,1971 年 Wischmeier 等发展了一个通用方程来计算土壤侵蚀因子 K 值,该方程在土壤黏土和壤土组成少于 70% 时适用:

$$K = \frac{0.00021M^{1.14}(12 - OM) + 3.25(c_{soilstr} - 2) + 2.5(c_{perm} - 3)}{100} \tag{10-11}$$

式中:M 为土壤粒径参数;OM 为有机物含量百分比;$c_{soilstr}$ 为土壤分类中的土壤结构代码;c_{perm} 为土壤渗透性等级。

1995 年,Williams 提出了另一个替换方程:

$$K = f_{csand}f_{cl\text{-}si}f_{orgc}f_{hisand} \tag{10-12}$$

式中:f_{csand} 为粗糙沙土质地土壤侵蚀因子;$f_{cl\text{-}si}$ 为黏壤土土壤侵蚀因子;f_{orgc} 为土壤有机质因子;f_{hisand} 为高沙质土壤侵蚀因子。

各因子计算式为

$$f_{csand} = \left\{ 0.2 + 0.3\exp\left[-0.256m_s\left(1 - \frac{m_{silt}}{100}\right) \right] \right\} \tag{10-13}$$

$$f_{cl\text{-}si} = \left(\frac{m_{silt}}{m_c + m_{silt}} \right)^{0.3} \tag{10-14}$$

$$f_{orgc} = \left\{ 1 - \frac{0.25orgC}{orgC + \exp(3.72 - 2.95orgC)} \right\} \tag{10-15}$$

$$f_{hisand} = \left\{ 1 - \frac{0.7\left(1 - \frac{m_s}{100}\right)}{\left(1 - \frac{m_s}{100}\right) + \exp\left[-5.51 + 22.9\left(1 - \frac{m_s}{100}\right) \right]} \right\} \tag{10-16}$$

式中:m_s 为 0.05~2.00 mm 沙粒的百分含量;m_{silt} 为 0.002~0.05 mm 的淤泥、细沙百分含量;m_c 为粒径<0.002 mm 的黏土百分含量;$orgC$ 为土层中有机碳含量(%)。

2)植被覆盖和作物管理因子 C

植被覆盖和作物管理因子 C 表示植物覆盖和作物栽培措施对防治土壤侵蚀的综合效益,其含义是在地形、土壤、降雨条件相同的情况下,种植作物或林草地的土地与连续休闲地土壤流失量的比值,最大取值为 1.0。由于植被覆盖受植物生长期的影响,SWAT 模型通过下面的方程调整植被覆盖和作物管理因子 C:

$$C = \exp\left[(\ln0.8 - \ln C_{mn})\exp(-0.00115rsd_{surf}) + \ln C_{mn} \right] \tag{10-17}$$

式中:C_{mn} 为最小植被覆盖和作物管理因子值;rsd_{surf} 为地表植物残留量,kg/hm²。

最小 C 因子可以由已知年平均 C 值,通过以下方程计算:

$$C_{mn} = 1.463\ln C_{aa} + 0.1034 \tag{10-18}$$

式中:C_{aa} 为不同植被覆盖的年均 C 值。

3)水土保持措施因子 P

水土保持措施因子 P 是指有水土保持措施的地表土壤流失量与不采取任何措施的地表土壤流失量的比值,水土保持措施包括等高耕作、带状种植和梯田。等高耕作对减少坡度3%~8%坡面的水土流失非常有效。不同坡度等高耕作的 P 因子值见表 10-13,带状等高种植 P 值见表 10-14。

表 10-13 等高耕作 P 因子值

坡度(%)	P	最大坡长(m)	坡度(%)	P	最大坡长(m)
1~2	0.60	122	13~16	0.70	24
3~5	0.50	91	17~20	0.80	18
6~8	0.50	61	21~25	0.90	15
9~12	0.60	37			

注:由 Wischmeier 和 Smith(1978)得出。

表 10-14　带状等高种植 P 因子值

坡度(%)	P			间距(m)	最大坡长(m)
	A	B	C		
1~2	0.30	0.45	0.60	40	244
3~5	0.25	0.38	0.50	30	183
6~8	0.25	0.38	0.50	30	122
9~12	0.30	0.45	0.60	24	73
13~16	0.35	0.52	0.70	24	49
17~20	0.40	0.60	0.80	18	37
21~25	0.45	0.68	0.90	15	30

注:由 Wischmeier 和 Smith 于 1978 年得出。A—中耕作物、小粒谷类作物、草地(2 年)4 年轮作;B—2 年中耕作物、冬谷类作物、草地(1 年)4 年轮作;C—中耕作物和冬谷类作物间种。

4)地形因子 LS

地形因子 LS 的计算公式如下:

$$LS = \left(\frac{L_{hill}}{22.1}\right)^m (65.41\sin^2\alpha_{hill} + 4.56\sin\alpha_{hill} + 0.065)　　　　(10-19)$$

式中:L_{hill} 为坡长;m 为坡长指数;α_{hill} 为坡度,(°)。

坡长指数 m 的计算式为

$$m = 0.6[1 - \exp(-35.835slp)]　　　　(10-20)$$

式中:slp 为坡度,$slp = \tan\alpha_{hill}$。

10.3.3.3　基于 SUFI-2 算法的参数率定和验证

SUFI-2(sequential uncertainty fitting version 2)算法可用于参数敏感性分析、率定、验证及不确定性分析,并通过 SWAT-CUP 软件与 SWAT 模型进行链接(Abbaspour,2007)。SWAT-CUP 软件由瑞士联邦水科学技术研究所、Neprash 公司及美国得克萨斯州农工大学等单位合作开发,其将 GLUE、ParaSol、SUFI-2、MCMC 及 PSO 的 5 种参数率定、不确定性分析算法与 SWAT 进行链接。

1. SUFI-2 算法

选用 SUFI-2 算法作为参数估计的最优化方法,该算法考虑了输入数据、模型结构、参数及实测数据等的不确定性,并将其反映在率定后的参数范围内,参数率定后 95% 置信水平上的不确定性区间(95% prediction uncertainty,95PPU)包含大多数实测数据。通过拉丁超立方采样,计算输出结果在 2.5%(L95PPU)和 97.5% 分位数(U95PPU)上的累计分布得到模拟结果的不确定性(Abbaspour,2007;Schuol et al.,2008)。

2. 参数敏感性分析

通过下述回归模型确定参数的敏感性,将拉丁超立方采样生成的参数与目标函数值 g 进行回归分析,即

$$g = \alpha + \sum_{i=1}^{m} \beta_i b_i　　　　(10-21)$$

式中:α 为常数。

采用 T 检验方法确定各参数 b_i 的相对显著性。当其他参数改变时,上述敏感性是由各参数变化引起的目标函数变化的平均估算值。相对敏感性是基于线性近似的,因此仅提供目标函数对模型参数敏感性的部分信息。

t 统计量提供了度量参数敏感性的方法,其绝对值越大,敏感性越高。p 值确定参数敏感性的显著性,其值越接近零,显著性越高。

3. 不确定性分析

参数取值范围的变化会影响分析结果。例如,较小的参数范围能获取较窄的不确定性区间,并能提高模拟的置信水平,但却会降低参数变异的敏感性,并导致大部分观测数据落在不确定性区间之外;较大的参数范围能够反映出参数对模拟结果的影响,但由此产生较宽的不确定性区间,降低了模拟的置信水平。此处选取 2.5% ~ 97.5% 区间作为SUFI-2 算法的 95% 置信区间(95PPU)。

4. 评价指标

SUFI-2 算法采用两个指标衡量率定结果及不确定性分析结果:一是 P-factor:95PPU区间包含实测数据的百分数;二是 R-factor:由实测数据标准差划分的 95PPU 区间的平均宽度。理论上,P-factor 的范围是 0 ~ 100%,而 R-factor 的范围是 0 ~ ∞。P-factor 接近 1、R-factor 接近 0,表明模拟的结果完全接近于实测数据。随着 P-factor 增大,R-factor 也将增大,为此就需要平衡这两个评价指标,从而找到折中的方法(Abbaspour,2007;Yang et al.,2008;Faramarzi et al.,2009)。

选取基于实测值和最优模拟值(即拥有最大目标函数值的模拟值)计算 ϕ、确定性系数 R^2 及 Nash-Suttcliffe 效率系数 ENS,来综合评价 SWAT 模型在研究区率定期和验证期对径流和泥沙模拟的效果。

确定性系数 R^2 通过线性回归法计算得到,能够评价实测值与模拟值序列变化趋势的一致性,R^2 为 1 时,表示实测值与模拟值的变化趋势完全一致;R^2 偏离 1 越远,表示实测值与模拟值吻合程度越低,变化趋势越不一致。

Nash-Suttcliffe 效率系数 ENS 的计算式如下:

$$ENS = 1 - \frac{\sum_{i=1}^{n}(Q_o - Q_p)^2}{\sum_{i=1}^{n}(Q_o - Q_{avg})^2} \tag{10-22}$$

式中:Q_o 为实测值;Q_p 为模拟值;Q_{avg} 为实测平均值;n 为实测数据个数。

ENS 越接近 1,表明模拟值越接近实测值;ENS 等于 1 时,表明模拟值等于实测值;ENS 越偏离 1,表明模拟值越偏离实测值。

确定性系数与回归线系数之积能够解释实测值与模拟值数值大小的差异(由 b 体现),以及变化(由 R^2 体现),目标函数 ϕ 表达式为

$$\phi = \begin{cases} |b|^1 R^2 & \text{若} |b| \leq 1 \\ |b|^{-1} R^2 & \text{若} |b| > 1 \end{cases} \tag{10-23}$$

10.3.4 效益评价技术方案

针对示范区二老虎沟小流域缺少长序列流量、泥沙等监测资料,不满足水文模型构建

和参数率定的需要,为此提出了降尺度转换(亦简称为尺度转换)+参数移植技术方法解决资料缺乏问题。该方法就是自大尺度流域至小尺度示范区做模型降尺度处理,即从皇甫川流域→尔架麻沟小流域→二老虎沟示范区依次降尺度,为缺实测水文泥沙资料的二老虎沟小流域的示范区效益评估提供技术方案。

10.3.4.1 尺度转换与参数移植

1. 尺度转换

尺度转换是不同时空层次上过程联结的概念,指不同尺度间信息传递,也就是利用某一尺度上所获得的信息和知识来推测其他尺度上的现象。按照尺度转换的方向不同,可分为尺度上推(升尺度)和尺度下推(降尺度),前者是指把小尺度的信息推绎到大尺度的过程,是一种信息的聚合;后者则是把大尺度上的信息推绎到小尺度上的过程,是信息的分解。

自皇甫川大尺度流域至小尺度示范区的降尺度处理,就是一种信息的分解过程,不同尺度流域的关系见图 10-21。

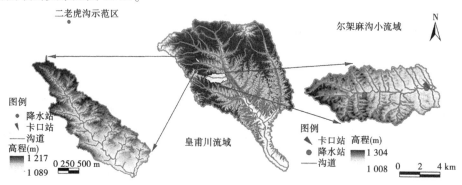

图 10-21 皇甫川流域→尔架麻沟→二老虎沟→示范支沟位置关系

首先,构建示范区所属的砒砂岩区大尺度流域皇甫川分布式产流产沙模型,对模型参数进行率定和验证,完成产流产沙模拟,并基于长序列的水沙监测数据分析土地利用和气候变化对流域产水产沙量的影响;其次,在建立皇甫川大尺度流域参数体系时,充分考虑到下一级尺度流域的产流产沙环境及规律,实现相关参数体系具有不同尺度的嵌套性和扩展性,参数指标的通用性及参数向下一级尺度流域的可移植性,就是说在指标体系构建中要保证满足尺度转换的需求。进而,借助在大尺度流域皇甫川分布式产流产沙模型及其参数化结果,在中尺度流域尔架麻沟流域构建分布式产流产沙模型,继续率定和验证模型参数,同样基于降尺度的需求,进一步验证该模型在下一级尺度流域的适用性。最后,同理将构建的效益分析评估模型推至示范区二老虎沟小流域,基于小流域把控制断面水文泥沙的有限观测数据,通过模型率定移植,再进行分析与评估二老虎沟小流域实施抗蚀促生综合治理的效益。

2. 参数移植

对流域水文过程和侵蚀产沙过程的模拟需要提供研究区较多的信息和数据,如果流域内一些重要的基本信息、资料不能获取,例如降雨站点在流域内的缺失或稀疏,以及径流和泥沙等实测资料的缺失,都会形成无资料或缺资料流域(地区),这对模型模拟甚而管理都将造成很大影响。

国内外研究者为了应对无资料地区的径流泥沙模拟预测问题,通常采用参数区域化方法确定缺资料地区水文模型参数,即通过数据信息完整的参证流域的模型参数推算出无资料地区的参数,国际上常用的参数区域化方法为参数移植法。

参数移植法就是通过选择与研究流域相似的有资料流域作为参证流域,然后将参证流域的参数移用到缺资料流域,作为其模型参数。根据水文学原理,其理论依据为:对于水文相似的 2 个流域,其水文模型参数也应该是相似的。参数移植法包括空间相近法和属性相似法,前者是指寻找与缺乏资料流域在地理位置上相邻的一个或多个流域;后者是指寻找与缺乏资料流域在下垫面属性上(如地形、植被、土壤、气候等)相似的流域。研究表明,空间相近法和属性相似法都是进行参数移植寻找参证流域的有效途径。同时,这也为降尺度的空间尺度转换提供了理论依据。

以缺乏径流泥沙资料的二老虎沟小流域为研究区,以有径流泥沙资料的皇甫川流域为参证流域,以介于两者空间尺度之间的尔架麻沟小流域为验证流域。将参证流域的径流和泥沙参数移植到验证流域,验证 SWAT 模型对径流泥沙参数移植的适用性,再将参证流域径流和泥沙参数移植到研究区开展模拟。

10.3.4.2 皇甫川流域模型构建及敏感性分析

采用基于 ArcGIS10.1 平台的 ArcSWAT2012 分布式水文模型作为构建皇甫川流域产流产沙的基础。

1. 空间数据库构建

基础数据库包括空间数据库、属性数据库。所采用空间数据的分辨率、数据格式及数据来源见表 10-15。选用的空间数据均采用 Krasovsky 椭球体,Albers 等积圆锥投影,使其可以在同一坐标系下实现叠加分析和模拟计算,其投影具体参数见表 10-16。土地利用图和土壤类型图均转换为与数字高程模型(DEM)具有同样栅格大小的 ESRI grid 形式。

表 10-15 皇甫川流域建模所需空间数据分辨率、格式及来源

数据名称	分辨率	数据格式	数据来源
DEM	1:5万	ESRI grid	中国科学院资源环境科学数据中心
土地利用图	1:10 万	Arc/Info coverage	中国科学院资源环境科学数据中心
土壤类型图	1:100 万	Arc/Info coverage	中国科学院资源环境科学数据中心

表 10-16 皇甫川流域建模所需空间数据投影设置及参数

中央经线	第一标准纬线	第二标准纬线	椭球体	单位
108°	33°	39°	Krasovsky	m

DEM 数字高程模型是对地形地貌离散状况的数字表达,也是水文模型的水系生成、子流域划分和水文过程模拟的关键输入数据。图 10-22 为分辨率 DEM 数字高程图。

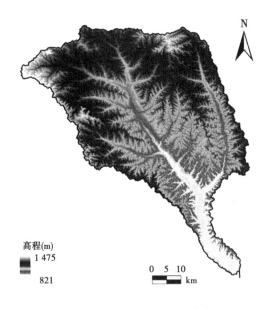

高程(m)

1 475

821

0　5　10
km

图 10-22　皇甫川流域 DEM 数字高程图

采用 ArcMap 软件合并获取土地利用类型图,并采用流域边界对其进行切割,从而得到土地利用类型图(见图 10-23)。建立土地利用类型查找表,当 SWAT 模型加载土地利用类型图成功后对其进行重分类,进而得到建模所需的土地利用类型图,以及各土地利用类型所占比例(见表 10-17)。

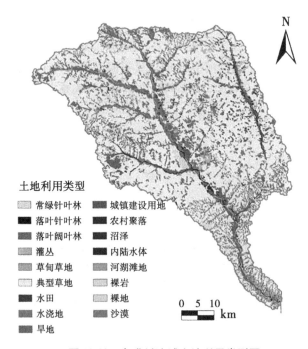

土地利用类型

▢ 常绿针叶林　　■ 城镇建设用地
■ 落叶针叶林　　■ 农村聚落
■ 落叶阔叶林　　■ 沼泽
▢ 灌丛　　　　　■ 内陆水体
▢ 草甸草地　　　▢ 河湖滩地
▢ 典型草地　　　▢ 裸岩
■ 水田　　　　　▢ 裸地
■ 水浇地　　　　▢ 沙漠
■ 旱地

0　5　10
km

图 10-23　皇甫川流域土地利用类型图

表 10-17 皇甫川流域土地利用类型信息

一级类型	二级类型	编码	比例（%）
林地	常绿针叶林	11	0.65
	落叶针叶林	13	0.09
	落叶阔叶林	14	2.06
	灌丛	16	2.58
草地	草甸草地	21	0.72
	典型草地	22	65.65
农田	水田	31	0.06
	水浇地	32	1.98
	旱地	33	19.14
村镇	城镇建设用地	41	0.15
	农村聚落	42	0.72
湿地	沼泽	51	0.08
水域	内陆水体	53	1.08
	河湖滩地	54	1.07
荒漠	裸岩	61	0.45
	裸地	62	0.02
	沙漠	63	3.52

同理,得到的土壤类型分布(见图 10-24),以及各土壤类型编码及所占比例见表 10-18。

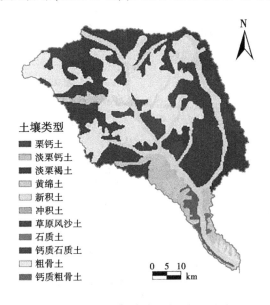

图 10-24 皇甫川流域土壤类型分布图

表 10-18　皇甫川流域土壤类型及代码

土纲	土纲代码	土类	土类代码	亚类	亚类代码	土壤代码	比例(%)
钙层土	12	栗钙土	11	栗钙土	2	23112112	8.00
				淡栗钙土	3	23112113	2.30
		栗褐土	12	淡栗褐土	2	23112122	28.51
初育土	15	黄绵土	10	黄绵土	1	23115101	6.88
		新积土	12	新积土	2	23115122	13.04
				冲积土	3	23115123	0.01
		风沙土	14	草原风沙土	2	23115142	11.84
		石质土	18	石质土	1	23115181	0.26
				钙质石质土	4	23115184	0
		粗骨土	19	粗骨土	1	23115191	27.40
				钙质粗骨土	4	23115194	1.76

　　气象数据主要来源于相关的气象、水文观测站点。我国的气象站点大多设有日降水、最高气温、最低气温、相对湿度、风速及日照时数等观测项目。

　　采用皇甫川流域周边 2 个国家基本气象站,分别为东胜站和河曲站,数据年限为建站至 2012 年(见图 10-25、表 10-19)。

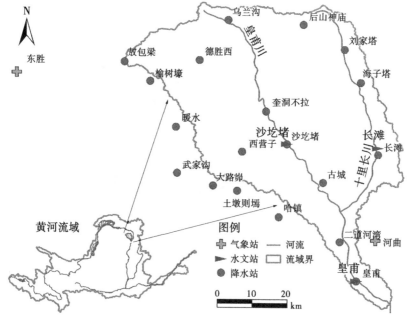

图 10-25　皇甫川流域气象、降水、水文站点分布图

表 10-19 皇甫川流域气象站点信息

测站编码	站名	东经	北纬	高程(m)	年份
53543	东胜	109°59′	39°50′	1 461.9	1956~2012
53564	河曲	111°09′	39°23′	861.5	1954~2012

根据《黄河流域水文资料》第 3 册遴选出皇甫川流域及周边现有降水站点 19 个(见表 10-20),数据年限为 2006~2011 年。

表 10-20 皇甫川流域降水站点信息

测站编码	站名	东经	北纬	年份
40623350	乌兰沟	110°41′	39°57′	2006~2011
40623500	德胜西	110°35′	39°51′	2006~2011
40623600	奎洞不拉	110°48′	39°43′	2006~2011
40623650	沙圪堵	110°52′	39°38′	2006~2011
40623700	西营子	110°43′	39°37′	2006~2011
40623750	古城	110°59′	39°32′	2006~2011
40623450	后山神庙	110°56′	39°56′	2006~2011
40623800	刘家塔	111°04′	39°52′	2006~2011
40623900	海子塔	111°07′	39°47′	2006~2011
40623950	长滩	111°10′	39°36′	2006~2011
40624050	二道河湾	111°02′	39°23′	2006~2011
40624100	皇甫	111°05′	39°17′	2006~2011
40624150	大路峁	110°37′	39°32′	2006~2011
40624200	哈镇	110°50′	39°27′	2006~2011
40624250	土墩则塌	110°43′	39°24′	2006~2011
40734400	敖包梁	110°20′	39°51′	2006~2011
40735000	榆树壕	110°25′	39°48′	2006~2011
40735600	暖水	110°30′	39°41′	2006~2011
40736200	武家沟	110°30′	39°34′	2006~2011

径流泥沙数据来源同样遴选了皇甫川流域 2 个水文站,分别为沙圪堵站和皇甫站(见图 10-25),数据年限为 2006~2011 年(见表 10-21)。

表 10-21　皇甫川流域水文站点信息

测站编码	站名	河名	东经	北纬	年份	监测项目
40601005	沙圪堵	纳林川	110°52′	39°38′	2006~2011	日流量、日输沙率
40600900	皇甫	皇甫川	111°05′	39°17′	2006~2011	日流量、日输沙率

　　基于 DEM 数据提取皇甫川流域河网,并采用国家五级河流数字水系对生成的河网进行校正,通过设定临界集水面积为 1 000 hm²,将流域划分为 165 个子流域(见图 10-26)。

图 10-26　皇甫川流域河网提取及子流域划分

　　划分子流域后,根据土地利用、土壤类型及坡度数据进一步定义水文响应单元。水文响应单元是子流域的一部分,具有唯一的土地利用、土壤类型和坡度属性。通过设定土地利用类型阈值为 20%,土壤类型阈值为 10%,坡度阈值为 20%,将流域进一步划分为 976 个水文响应单元(HRUs)(见图 10-27)。

　　2. 参数敏感性分析

　　表 10-22 是皇甫川流域径流量和输沙量参数的敏感性分析结果。径流量最敏感的参数是 CN2,其次是 ALPHA_BNK、GWQMN、EVRCH、CH_K1、GW_REVAP 和其他参数。对输沙量来说,最敏感的参数也是 CN2,其次是 HRU_SLP、USLE_P、ALPHA_BF、USLE_K、CH_COV、RCHRG_DP、ADJ_PKR、PRF 等。与径流量有关的参数如 CN2、ALPHA_BF 也对输沙量敏感,这是因为 SWAT 是一个模拟过程交互的复杂模型。因此,很多参数均影响多种过程。随着地表径流的变化,水量平衡的所有因子均会发生相应变化,泥沙输移过程也将直接受到地表径流的影响。

水文响应单元划分
—— 河网
　水文响应单元

0　　5　10 km

图 10-27　皇甫川流域水文响应单元划分

表 10-22　皇甫川流域参数敏感性分析

参数	径流量			输沙量		
	t-value	P-value	排名	t-value	P-value	排名
v__SHALLST. gw	−1.62	0.11	15	0.51	0.61	33
v__GW_DELAY. gw	−0.83	0.41	30	0.16	0.87	50
v__ALPHA_BF. gw	0.30	0.77	44	2.78	0.01	4
v__GWQMN. gw	2.85	0.01	3	0.09	0.93	54
v__GW_REVAP. gw	−2.27	0.03	6	−0.87	0.39	24
v__REVAPMN. gw	0.72	0.47	34	−0.21	0.83	49
v__RCHRG_DP. gw	−1.27	0.21	20	2.24	0.03	7
r__BIOMIX. mgt	−0.06	0.96	53	0.21	0.83	48
r__CN2. mgt	16.95	0	1	4.80	0	1
v__USLE_P. mgt	−1.18	0.24	21	3.23	0	3
r__SOL_Z. sol	−0.38	0.71	41	−2.05	0.05	10
r__SOL_BD. sol	−1.70	0.10	12	1.11	0.27	19
r__SOL_AWC. sol	−0.75	0.46	32	0.44	0.66	37

续表 10-22

参数	径流量			输沙量		
	t-value	P-value	排名	t-value	P-value	排名
r__SOL_K. sol	0.69	0.49	35	−0.45	0.65	36
r__SOL_ALB. sol	−0.89	0.38	27	1.96	0.06	13
r__USLE_K. sol	1.44	0.16	17	2.63	0.01	5
v__CH_N2. rte	−1.08	0.29	24	−1.41	0.16	17
v__CH_K2. rte	−0.36	0.72	42	0.83	0.41	26
v__ALPHA_BNK. rte	2.91	0.01	2	0.77	0.44	27
v__CH_EROD. rte	−0.11	0.91	50	−1.57	0.12	15
v__CH_COV. rte	−0.36	0.72	43	2.37	0.02	6
v__SLSUBBSN. hru	−0.55	0.59	37	0.33	0.75	41
v__OV_N. hru	−0.16	0.88	49	−0.85	0.40	25
v__LAT_TTIME. hru	−1.67	0.10	13	1.31	0.20	18
v__LAT_SED. hru	1.16	0.25	22	0.28	0.78	45
v__SLSOIL. hru	−0.94	0.35	26	−0.93	0.35	22
v__CANMX. hru	−1.28	0.21	19	0.73	0.47	29
v__ESCO. hru	−1.99	0.05	8	−1.45	0.15	16
v__EPCO. hru	0.85	0.40	29	−1.86	0.07	14
v__HRU_SLP. hru	−0.28	0.78	46	4.33	0	2
v__TLAPS. sub	−0.74	0.47	33	0.42	0.67	38
v__CH_K1. sub	−2.70	0.01	5	1.06	0.30	20
v__CH_N1. sub	0.29	0.77	45	0.65	0.52	31
v__SFTMP. bsn	−0.05	0.96	54	−0.33	0.74	40
v__SMTMP. bsn	0.88	0.38	28	1.01	0.32	21
v__SMFMX. bsn	0.79	0.44	31	0.54	0.59	32
v__SMFMN. bsn	−1.51	0.14	16	0.76	0.45	28
v__TIMP. bsn	−0.39	0.70	39	0.70	0.49	30
v__SNOCOVMX. bsn	1.66	0.10	14	−1.96	0.06	12
v__SNO50COV. bsn	0.57	0.57	36	1.97	0.06	11

续表 10-22

参数	径流量			输沙量		
	t-value	P-value	排名	t-value	P-value	排名
v__SURLAG. bsn	−1.15	0.26	23	0.30	0.77	44
v__PRF. bsn	0.09	0.93	52	−2.12	0.04	9
v__SPCON. bsn	0.09	0.93	51	0.28	0.78	46
v__SPEXP. bsn	−2.20	0.03	7	−0.11	0.91	52
v__EVRCH. bsn	2.82	0.01	4	0.31	0.76	43
v__ADJ_PKR. bsn	0.19	0.85	47	2.22	0.03	8
v__BLAI{FRST}. crop. dat	−0.39	0.70	40	0.46	0.65	35
v__BLAI{PAST}. crop. dat	0.45	0.66	38	−0.36	0.72	39
v__BLAI{AGRL}. crop. dat	1.73	0.09	11	−0.32	0.75	42
v__BLAI{BARR}. crop. dat	−0.97	0.34	25	−0.50	0.62	34
v__USLE_C{FRST}. crop. dat	1.87	0.07	9	0.88	0.39	23
v__USLE_C{PAST}. crop. dat	−1.41	0.16	18	0.16	0.88	51
v__USLE_C{AGRL}. crop. dat	0.18	0.86	48	0.10	0.92	53
v__USLE_C{BARR}. crop. dat	1.79	0.08	10	0.26	0.79	47

3. 模型适用性分析

以 1979~1981 年为率定期,其中 1978 年作为模型预热期,以降低初始条件的影响,其模拟结果不参与模型评价;验证期为 1982~1984 年。对皇甫川流域月径流、输沙量在率定期和验证期的模拟结果见图 10-28。

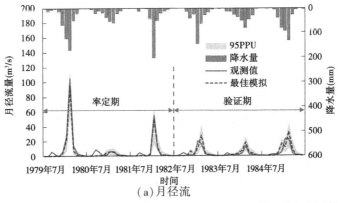

(a)月径流

图 10-28 皇甫川流域率定期和验证期月径流、输沙量过程模拟值与实测值对比

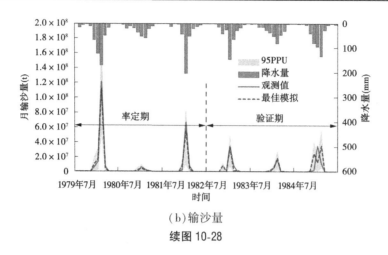

（b）输沙量

续图 10-28

根据 P 因子、R 因子、确定性系数 R^2、Nash-Suttcliffe 效率系数 ENS 和 R^2 对径流量、输沙量模拟效果进行评价,结果见表 10-23。

表 10-23　皇甫川流域月径流量和输沙量模拟效果评价指标

评价 指标	率定期（1979~1981 年）		验证期（1982~1984 年）	
	径流量（m³/s）	输沙量（t）	径流量（m³/s）	输沙量（t）
P 因子	0.69	0.50	0.53	0.67
R 因子	0.32	0.36	0.86	0.62
R^2	0.98	0.99	0.63	0.47
ENS	0.98	0.99	0.61	0.43

如果多数实测径流量落在 95PPU 不确定性区间内,且不确定性区间带又足够窄,就表明径流模拟的不确定性相对较小。需要指出的是,在模拟时要注意 P 因子和 R 因子两个评价指标均相对最优,可以通过增大 R 因子值使更多的实测数据落在 95PPU 不确定性区间内。采用 SUFI-2 参数率定与不确定性分析算法进行 8 次迭代,每次迭代模拟 200 次,尽可能增大 P 因子且减小 R 因子。采用 Nash-Suttcliffe 效率系数 ENS 作为目标函数,阈值设置为 0.5。径流量模拟率定期的 R^2 和 ENS 均为 0.98,但这两个评价指标在验证期有所降低,主要是由于夏季峰值模拟过大导致的。另外,实测径流量在每年春季都有一次较小的峰值,这一特征在模型模拟时未很好地体现,有待对模型进一步研究完善。

对于输沙量模拟而言,较低的实测输沙量并未落在 95PPU 不确定性区间内。这一部分输沙量多为当年 12 月至次年河道结冰期,这主要是由 SWAT 模型模拟融雪能力较弱所致。输沙量模拟率定期的 R^2 和 ENS 均为 0.99,与径流模拟结果相似的是,这两个评价指标在验证期均有所降低。另外一个可能导致泥沙模拟效果略差的原因是“二次暴雨效应”。SWAT 模型模拟产沙量采用的是 MUSLE 方程,但 MUSLE 是一个用于模拟长期平均水土流失量的经验模型,这导致在模拟短期产沙量时的精度可能会降低。然而 SWAT 模型在皇甫川流域输沙量的趋势和过程模拟时足够满足精度要求。但总的来说,对径流、输沙量的模拟效果是可接受的,可用于评价分析的实践中。因此,利用该模型开展了不同情景下皇甫川流域产水产沙的模拟应用。

表 10-24 是对不同土地利用和气候变化情景下皇甫川流域年产水产沙量的模拟结果。情景 2 和情景 1(基准期)的产水量之差代表土地利用变化的影响,减少了 14.0 mm,占情景 1 产水量的 25.3%;情景 3 和情景 1 的产水量之差代表气候变化的影响,减少了 29.8 mm,占基准期产水量的 53.7%。综合了土地利用和气候变化影响的情景 4,减少了 29.5 mm 的水量,占基准期产水量的 53.1%。

表 10-24 皇甫川流域不同情景下年产水产沙量

情景	基准年	时段(年)	产水量			产沙量		
			平均值 (mm)	变化量 (mm)	比例 (%)	平均值 (t)	变化量 (t)	比例 (%)
1	1980	1979~1984	55.6	—	—	196.7	—	—
2	2005	1979~1984	41.5	-14.0	-25.3	116.8	-79.9	-40.6
3	1980	2006~2011	25.8	-29.8	-53.7	37.3	-159.4	-81.0
4	2005	2006~2011	26.1	-29.5	-53.1	39.9	-156.8	-79.7

因此,土地利用和气候变化均对皇甫川流域的径流量减少起到了重要作用,在设定的土地利用情景下,气候变化和土地利用变化的影响作用基本上是等量的。

从产沙量的模拟结果看,土地利用和气候变化仍然对皇甫川流域产沙量的减少起重要作用。相对基准期来说,情景 2、情景 3 分别代表的土地利用变化和气候变化的影响导致了 2 种情景的产沙量减少 40.6% 和 81.0%,而情景 4 的综合影响导致产沙量减少 156.8 t/hm²。由此也可以看出,土地利用和气候变化对产沙量的影响要大于对产水量的影响。

图 10-29 为不同情景下皇甫川流域年平均产水产沙量空间分布。基准期产水量最大值出现在流域的上游地区,为 98 mm/a;最小值出现在流域中游地区,为 16 mm/a。情景 2 下的产水量的空间分布基本上与情景 1 一致,但由上游地区贡献的最大值有所减少,减至 60 mm/a,而最小值则基本上无明显变化。情景 3 和情景 4 下的产水量空间分布较为相似,由上游向下游沿程逐渐增大,最小值为 8.4 mm/a,最大值为 72 mm/a 出现在流域出口区域。产水空间变化与降雨空间分布是有关系的。基准期、情景 2 的降雨中心分布在上游地区,而情景 3 和情景 4 的降雨就偏中下游,因此前两者的上游就成为产水量主要贡献区,后两者的贡献区也就在中下游。当然了,与不同情景下的水土保持措施空间布置也是有关的。

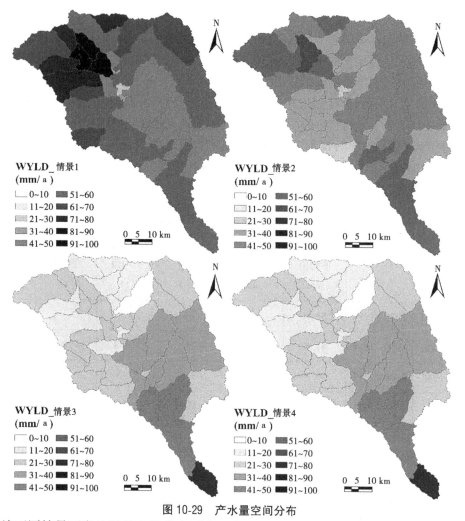

图 10-29　产水量空间分布

　　就不同情景下产沙量的空间分布而言(见图 10-30),情景 1 下的上游地区产沙量大于下游的,最大值为 400 t/(hm²·a)。情景 2 下的产沙量小于情景 1 下的产沙量,最大值为 280 t/(hm²·a),两个情景下的产沙量空间分布特征较为一致。情景 3 和情景 4 下的产沙量空间分布特征较为相似,最大值出现在中游地区,为 120 t/(hm²·a)。产沙量的空间分布规律与产水量是相一致的,这也是符合黄河多沙粗沙区产流与产沙关系非常密切的基本规律。

　　根据皇甫川流域不同情景与基准期的水沙变化空间分布看(见图 10-31),由土地利用变化导致的最大产水减少量(情景 2 减情景 1,简写为 S2-S1)38 mm/a,小于由气候变化导致的 73 mm/a 最大减少量(情景 3 减情景 1,简写为 S3-S1)。由不同因子导致的产水变化量的空间分布基本一致,上游地区的产水减少量比下游地区的多。图 10-31 中的 S4-S1 表示情景 4 减情景 1 的差值。

　　与产水量相似的是,不同情景下上游减沙量均比下游的大。由土地利用变化导致的最大减沙量为 206 t/(hm²·a),由气候变化导致的最大减沙量为 365 t/(hm²·a)。

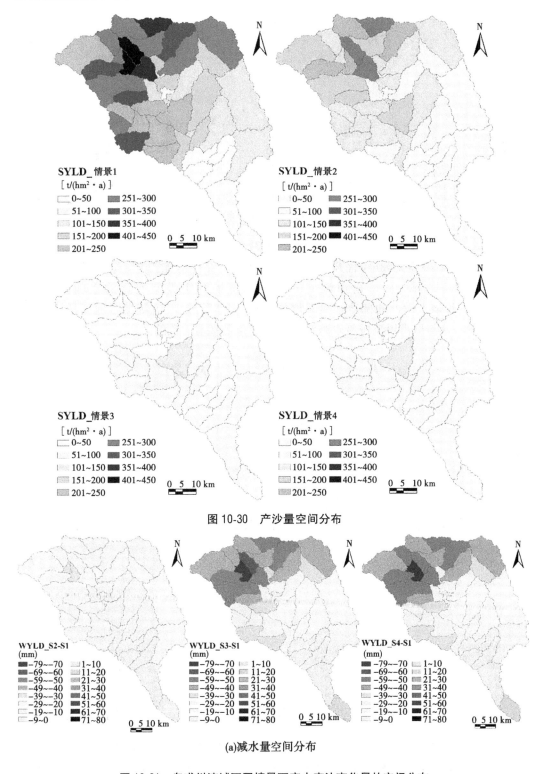

图 10-30　产沙量空间分布

(a)减水量空间分布

图 10-31　皇甫川流域不同情景下产水产沙变化量的空间分布

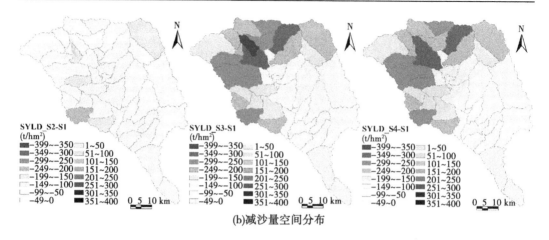

(b)减沙量空间分布

续图 10-31

　　皇甫川流域 20 世纪 80 年代开始大规模实施水土保持措施,20 世纪 90 年代后期开始退耕还林工程建设,从皇甫川流域 6 种不同土地利用类型变化的空间分布(见图 10-32)看,流域上游西北部草地显著增加,而农田显著减少;流域下游地区林地增加,而农田减少。这与皇甫川流域减水减沙的空间分布是基本一致的。

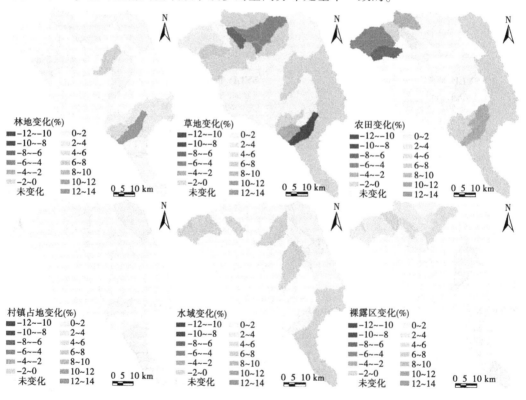

图 10-32　皇甫川流域 1980 年、2005 年 6 种土地利用类型空间变化

　　此外,1979~1984 年降水量主要发生在 7~8 月,占全年降水量的 71%,而 2006~2011 年 7~8 月的降水量减少占全年降水量的 53%,这意味着 1984 年以后降水量的年内变化

更为均匀,而且降水量峰现时间由 8 月转移至 9 月,这种降水时间分布的变化也会起到一定的减水减沙作用。

10.3.4.3　评价模型在尔架麻沟流域的适用性分析

1. 空间数据库构建

由于尔架麻沟流域空间数据来源、投影等信息与皇甫川流域类似,此处不再赘述。

尔架麻沟流域 30 m 分辨率 DEM 数字高程见图 10-33。

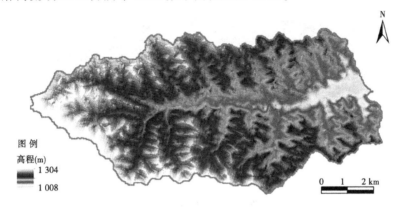

图 10-33　尔架麻沟流域 DEM 数字高程图

图 10-34 为土地利用类型空间分布,各类型编码及其占比见表 10-25。

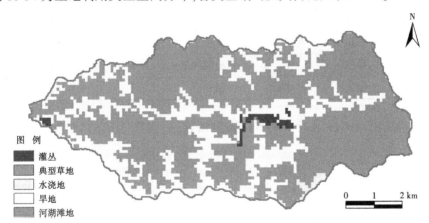

图 10-34　尔架麻沟流域土地利用类型图

表 10-25　尔架麻沟流域土地利用类型信息

一级类型	二级类型	编码	比例(%)
林地	灌丛	16	1.33
草地	典型草地	22	72.19
农田	水浇地	32	0.58
	旱地	33	25.83
湿地、水域	河湖滩地	54	0.07

采用 ArcMap 软件合并土壤类型图,并用流域边界进行切割,从而得到研究区土壤类型图。如果在 SWAT 模型中加载土壤类型图,则需要对其重新分类。图 10-35 为尔架麻沟流域土壤类型图,表 10-26 为土壤类型编码及占比。

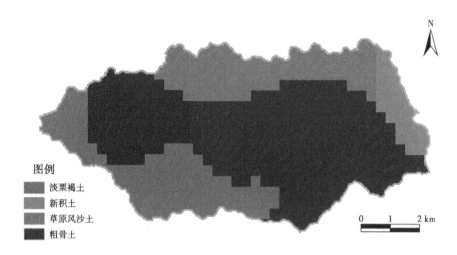

图 10-35 SWAT 模型加载的尔架麻沟流域土壤类型图

表 10-26 SWAT 模型加载的尔架麻沟流域土壤类型及代码

土纲	土纲代码	土类	土类代码	亚类	亚类代码	土壤代码	比例(%)
钙层土	12	栗褐土	12	淡栗褐土	2	23112122	20.13
初育土	15	新积土	12	新积土	2	23115122	5.46
		风沙土	14	草原风沙土	2	23115142	17.13
		粗骨土	19	粗骨土	1	23115191	57.28

降水资料采用小流域附近奎洞不拉雨量站数据(见图 10-36),数据时长为 2006 ~ 2011 年。

图 10-36 尔架麻沟流域雨量站和卡口站点分布

水沙数据采用位于尔架麻沟流域出口处的白太仆村水文站观测资料,观测要素主要包括流量、输沙量等,观测数据的时长为 2007 ~ 2011 年(见表 10-27)。

表 10-27　研究区雨量站、流域卡口站点信息

站名	东经	北纬	年份	监测项目
奎洞不拉雨量站	110°48′	39°43′	2006~2011	日降水量
尔架麻沟水文站	110°47′	39°41′	2007~2011	日流量、日输沙率

2. 模型适用性分析

基于 DEM 数据提取尔架麻沟流域河网,设定单元临界集水面积为 55 hm²,将流域划分为 41 个子流域(见图 10-37)。

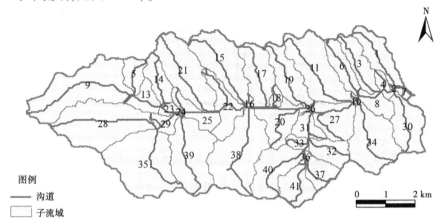

图 10-37　尔架麻沟流域河网提取及子流域划分图

将坡度划分为 0~35°、35°~40°、40°~45°、45°~50° 及 50° 以上共 5 级,从而将流域进一步划分为 190 个水文响应单元(HRUs)(见图 10-38)。

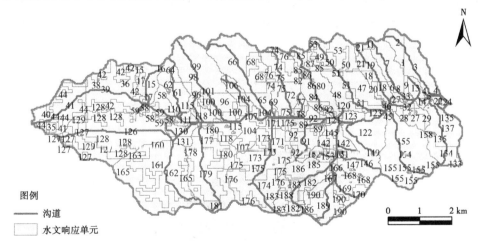

图 10-38　尔架麻沟流域水文响应单元划分

基于尔架麻沟流域空间数据和属性数据,构建研究区分布式水文模型 SWAT,通过参数敏感性分析,遴选出对水文过程较为敏感的参数,如 CN2、SOL_AWC、ESCO 等。选取 2006~2009 年为率定期,其中 2006 年作为模型预热期,以降低初始条件的影响,其模拟结果不参与模型评价;验证期为 2010~2011 年。选取确定性系数 R^2 和 Nash-Suttcliffe 效率

系数 ENS 评价 SWAT 模型对于研究区水文过程的模拟效果。

图 10-39 为尔架麻沟流域水沙卡口水文站月径流过程最优模拟值与实测值的对比,总体而言,模拟过程线与汛期实测值吻合较好,但略有偏大,需进一步率定参数以达到较好的模拟效果。

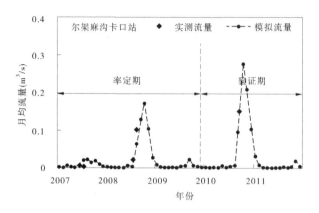

图 10-39　尔架麻沟流域率定期和验证期月径流模拟值与实测值对比

10.3.4.4　评价模型在二老虎沟小流域的适用性分析

1. 空间数据库构建

二老虎沟小流域空间数据投影等信息与皇甫川流域、尔架麻沟小流域类似,此处不再赘述。

利用的二老虎沟小流域 DEM 数据源为无人机航拍数据,覆盖全流域的航片共 24 景,原始影像分辨率为 0.1 m。对 DEM 数据进行重采样,选取 1 m 为影像分辨率(见图 10-40)。二老虎沟小流域高程由流域西北向东南递减,最高点高程为 1 217 m,最低点高程为 1 089 m。

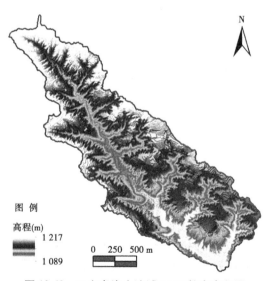

图 10-40　二老虎沟小流域 DEM 数字高程图

采用的土地利用数据源来自对无人机航拍影像的解译,覆盖全流域的航片共 24 景,分辨率为 0.1 m。采用 ArcGIS 10.1 和 ENVI4.8 软件对影像进行合并裁剪,得到研究区域的影像图(见图 10-41)。

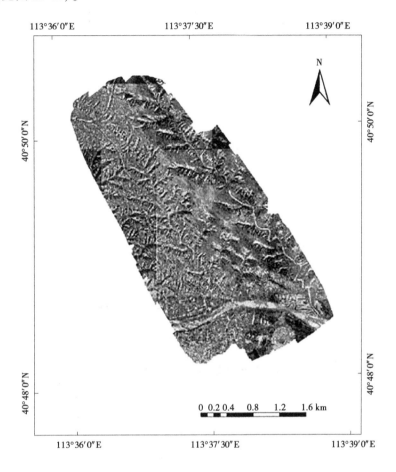

图 10-41 二老虎沟小流域无人机航拍影像合并图

在 ENVI4.8 平台下,采用非监督分类方法对原始影像分类,设定最初的分类数目为20,通过人工交互式图像解译方式,根据不同地物在影像的纹理、颜色、特征等对初始分类的结果进行后处理,合并同一地物的分类结果,修改错误的图斑,得到的二老虎沟小流域土地利用分类,见图 10-42。

二老虎沟小流域土地利用类型空间分布见图 10-43。按照 SWAT 模型自带的土地利用数据库对原有的土地利用数据再分类,从而使原来的土地分类系统与 SWAT 模型保持一致,重分类后的类型与原有土地利用类型的对应关系见表 10-28。二老虎沟小流域土地利用类型中占比最大的为裸地,占流域总面积的 57.49%;林地占比次之,为 34.60%;草地占比最低,仅占 7.91%。

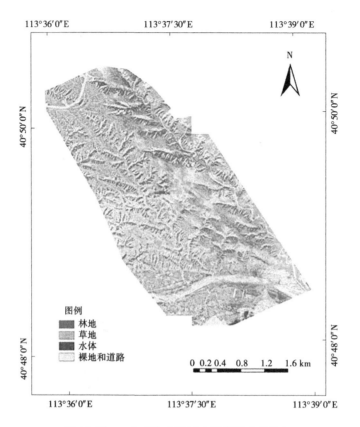

图 10-42 二老虎沟小流域土地利用分类结果

图 10-43 二老虎沟小流域土地利用类型空间分布

表 10-28　二老虎沟小流域土地利用类型与重分类代码

土地利用类型	SWAT 模型分类及其代码	占比(%)
林地	FRST(Forest-mixed)	34.60
草地	PAST(Pasture)	7.91
裸地	BARR(Barren)	57.49

　　图 10-44 为土壤类型空间分布,土壤类型编码及比例见表 10-29。二老虎沟小流域仅有淡栗褐土和黄绵土两种类型,其中淡栗褐土占比较大,占流域总面积的 66.6%;黄绵土占比较小,为 33.4%。

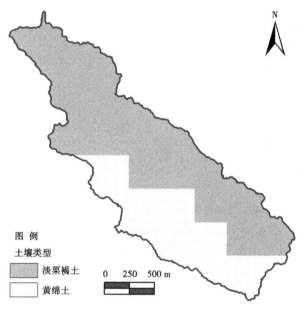

图 10-44　二老虎沟小流域土壤类型空间分布

表 10-29　二老虎沟小流域土壤类型及代码

土纲	土纲代码	土类	土类代码	亚类	亚类代码	土壤代码	比例(%)
钙层土	12	栗褐土	12	淡栗褐土	2	23112122	66.6
初育土	15	黄绵土	10	黄绵土	1	23115101	33.4

　　气象数据来源一部分采用尔架麻沟的,另一部分采用在二老虎沟小流域设立的雨量站、水沙卡口站的观测资料,处理方法同皇甫川、尔架麻沟流域的。

　　在二老虎沟专门设立的雨量站(见表 10-30),位于二老虎沟小流域沟掌敖包焉处,观测数据年限为 2013 年、2014 年、2015 年。另外,还专门设了二老虎沟试验区出口断面的径流泥沙观测站(见图 10-45),控制面积 0.10 km²。

表 10-30 二老虎沟小流域降水站、卡口站点信息

站名	东经	北纬	年份	监测项目
2#雨量站	110°36′7.93″	39°48′30.61″	2014~2015	日降水量
水沙卡口站	110°36′2.74″	39°47′38.79″	2014~2015	日流量、日输沙率

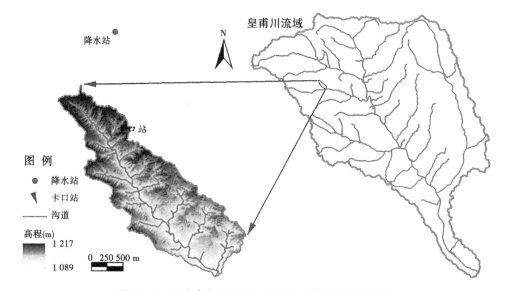

图 10-45 二老虎沟小流域雨量站和水沙卡口站点分布

基于 DEM 提取二老虎沟小流域河网,设定单元临界集水面积为 2 hm²,将流域划分为 87 个子流域,示范区位于第 3、6、8 号子流域(见图 10-46)。

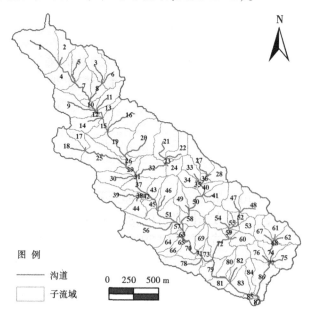

图 10-46 河网提取及子流域划分

设置土地利用类型、土壤类型以及坡度的阈值为 20%、10% 和 20%,并将坡度划分为 0~35°、35°~40°、40°~45°、45°~50° 及 50° 以上,共 5 级,从而将流域进一步划分为 400 个水文响应单元 HRUs(见图 10-47)。

图 10-47 水文响应单元划分

2. 模型适用性分析

模型率定期为 2014 年,验证期为 2015 年。图 10-48 为二老虎沟小流域卡口站日径流过程模拟值与实测值的对比,对 2014 年的两次洪峰过程均很好地进行了模拟,模拟误差较小。

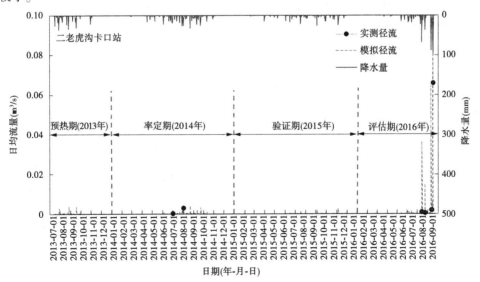

图 10-48 二老虎沟小流域卡口站日径流过程模拟值与实测值对比

图 10-49 为二老虎沟小流域水沙卡口站日输沙过程模拟值与实测值的对比,在率定期 2014 年和验证期 2015 年的模拟效果同样是令人满意的,对 2014 年的两次输沙过程均很好地进行了模拟,模拟误差较小。

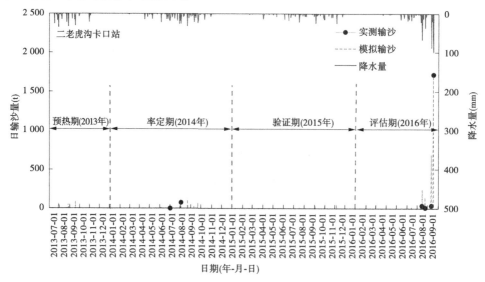

图 10-49 二老虎沟小流域水沙卡口站日输沙过程模拟值与实测值对比

因此,综上验证分析,可以采用该模型对抗蚀促生示范区综合治理的减水减沙效益进行分析评估。

10.3.5 抗蚀促生示范区减沙效益评价

选取 2013 年 7 月至 2013 年 12 月示范区小流域建设初期作为评估模型预热期,为评估模型提供初始条件,2014 年作为评估模型参数率定期,2015 年作为模型验证期,最后选取进行大面积抗蚀促生二元立体配置模式治理的 2016 年作为评估期,并重点选取 2016 年 7 月和 8 月的 4 场洪水进行抗蚀促生效益分析与评估。

表 10-31 为评估期 2016 年 4 场洪水过程的抗蚀促生减水效益。在二老虎沟小流域示范区实施二元立体配置模式综合治理后,对 2016 年 3 场中等洪水过程峰值削减效益十分显著,减少径流量达 96% 以上,对 8 月 17 日的大暴雨洪水过程峰值削减效益也非常有效,达 33%。

表 10-31 2016 年 4 场洪水过程模拟结果及抗蚀促生减水效益

日期(年-月-日)	实测径流(m³/s)	模拟径流(m³/s)	减水比例(%)
2016-07-15	0.001	0.036 39	−97.3
2016-07-24	0.000 4	0.015 05	−97.3
2016-08-12	0.002	0.064 63	−96.9
2016-08-17	0.066	0.098 4	−32.9

表 10-32 为评估期 2016 年 4 场输沙过程的抗蚀促生减沙效益。在实施二元立体配置模式综合治理后,对 2016 年 3 场洪水的输沙过程峰值削减作用十分显著,减少输沙量达 84% 以上,最高达 95%。不过,对于 8 月 17 日大洪水的输沙峰值的削减效益并不明显,这可能与植被控制大暴雨的作用有限是有一定关系的(姚文艺等,2011)。

表 10-32   评估期 2016 年 4 场输沙过程模拟结果及抗蚀促生减沙效益

日期(年-月-日)	实测输沙(t)	模拟输沙(t)	减沙比例(%)
2016-07-15	38.81	245.4	−84.2
2016-07-24	11.18	145.7	−92.3
2016-08-12	37.76	687.6	−94.5
2016-08-17	1 720.3	1 712	0.5

上述分析表明,二老虎沟小流域实施二元立体配置模式综合治理后,对洪水泥沙的控制作用是明显的,取得了较好的抗蚀效益。尤其是对减少洪水径流量效益显著,减少径流量达 96% 以上,同时对洪峰的削减效益也是有效的,达 33%;对侵蚀产沙的控制作用也十分显著,减少输沙量达 84% 以上,最高达 95%,不过,对沙峰的削减效益相对较低,这和以往分析的水土保持措施减沙规律是一致的。

11 讨论与展望

11.1 讨 论

砒砂岩区是黄河流域典型的生态极度脆弱区和黄河粗泥沙来源的核心区,为黄河流域生态屏障的关键带,同时也是黄河流域最难治理的区域,由此也成了目前黄河流域治理最为薄弱的地区。围绕砒砂岩区水土流失治理和生态恢复的重大实践需求,近年来对砒砂岩区水土流失规律开展了不少研究,在砒砂岩侵蚀类型及其分布、砒砂岩岩体结构特征、侵蚀岩性机制、综合治理技术等方面取得了丰硕成果。然而,由于砒砂岩区属于典型的水力、风力、冻融多动力驱动的复合侵蚀区,对砒砂岩侵蚀规律及其发生发展机制的研究远非那么简单,而且治理技术的创新与突破也仍然是黄河流域生态治理重大实践所面临的挑战。砒砂岩侵蚀属于多动力交替(耦合)作用的地表剥蚀过程,时空分异性大,加之砒砂岩本身的岩体结构复杂,目前对复合侵蚀发生发展及其过程机制还需进一步深入量化认识。同时,砒砂岩区的退化生态环境条件对侵蚀有着密不可分的关系,两者具有互馈作用,对此的研究也是很薄弱的。因此,生态治理与生态经济协同发展业已成为国家生态文明建设高质量发展的重大战略方向。

从砒砂岩区生态治理实践及学科发展的需求角度,还需加强以下几方面有关砒砂岩区土壤侵蚀规律、治理理论与技术的研究工作。

1. 砒砂岩区多动力复合侵蚀时空分异规律

水蚀-风蚀-冻融侵蚀是自然界水、风、温度综合作用的结果,在时空分布、能量供给、物质来源等方面相互耦合,形成了与单一的水蚀或风蚀发生机制完全不同的泥沙侵蚀、搬运、沉积过程。而以往对多动力复合侵蚀的交替过程与机制研究涉及较少,关于砒砂岩复合侵蚀对产沙过程的驱动机制仍不清楚,而这也正是砒砂岩区生态治理实践中迫切需要解决的关键科学问题之一。因此,需要通过野外定位观测试验、室内复合侵蚀实体模型试验反演及遥感解译等多种方法,揭示水力、风力、冻融侵蚀交替发生发展的过程特征及其变化规律,阐明砒砂岩区复合侵蚀时空分布规律及复合侵蚀发生的动力机制、动力效应与动力临界,揭示复合侵蚀过程与机制,以及粗泥沙产输过程对植被覆盖变化的响应,为破解砒砂岩区植被退化的侵蚀动力机制提供基础支撑。

2. 复合侵蚀与植被退化的响应关系

土壤侵蚀使植被赖以生存的土壤及养分流失、水分难以留存,必然驱动植被退化;而植被退化又促使水文环境恶化,地表覆盖物减少,为水蚀、风蚀的发生提供了更为有利的动力条件与边界条件,进而又加剧了土壤侵蚀。因此,土壤侵蚀与植被退化有着明显的互馈作用,尤其是对于砒砂岩生态脆弱区,这种关系表现得更为突出。为此,应把砒砂岩区复合侵蚀与生态退化作为一个整体动力系统加以认识,分析砒砂岩区植被退化时空特征及与集水区汇流关系,分析土地利用/植被覆盖时空变化及水沙序列演变特征,研究流域水文条件对植被演变的综合响应,明晰土壤侵蚀强度格局与植被景观格局的空间关系,模拟反演植被影响下的水沙动态过程,分析植被格局对土壤侵蚀的反馈规律,揭示多动力驱动下植被退化与多营力侵蚀互馈的力学机制。

3. 复合侵蚀过程试验观测技术与方法

复合侵蚀研究最大的难点之一是从总侵蚀量中分离各动力作用的贡献量。目前对水蚀与风蚀研究的理论基础大都是流体力学,然而,由于风蚀和水蚀物质运移的方向性与维度不同,通常是作为两个独立的过程分别测量。水蚀有明显的边界,可以通过测量流域出口的径流泥沙而得到,而风蚀没有明显的边界,只能通过跟踪土壤表面的变化或分析微粒来测量风蚀通量。目前,分析风蚀产沙常用的方法有直接估算法、输沙量平衡法、粒度分析法、模型法、同位素示踪法等。其中,前三种方法是通过风沙观测或试验,利用风力、下垫面、典型取样及调查资料计算风蚀量,但是很难反映风蚀与水蚀之间的交互作用,而同位素示踪法一般适用于风积作用的定量观测,而对风化作用造成的影响尚无法定量。复合侵蚀是一个多动力交互作用构成的地表剥蚀的过程,有其内在规律性。因此,必须在模拟试验及分析方法上有所突破,需要开展基于降雨、风力、冻融、径流等多动力交替循环试验模拟技术方面的研究,为揭示水力、风力、冻融等交替侵蚀过程与作用机制提供有效的研究手段,在多动力复合侵蚀模拟研究的方法、技术上创新。

4. 砒砂岩区治理的生态承载力约束临界

砒砂岩区水资源匮乏,土壤贫瘠,立地条件极差,因此砒砂岩区退化生态系统的有效恢复重建受到其生态承载力的严格约束,砒砂岩区治理技术、模式的研发与选取也均应以生态承载力为前提。当前,在生态承载力研究中,大多侧重于城市、森林、草原和流域方面,对荒漠生态区尤其是砒砂岩区研究较少,且未开展区域或流域承载力阈值研究。为此,需要基于水资源刚性约束条件,在植被空间格局、退化成因及植被与复合侵蚀耦合研究的基础上,通过构建砒砂岩区生态承载力评价指标体系,定量评估砒砂岩覆土、覆沙、裸露不同类型区的生态承载力,研究砒砂岩区生态承载力维持与提升机制,进而为研发砒砂岩区生态治理技术提供基础支撑。

5. 复合土壤侵蚀综合治理技术

砒砂岩区复合侵蚀特征十分突出,多种动力侵蚀交替(耦合)发生,因此对砒砂岩区侵蚀治理应考虑不同类型侵蚀的发生机制、复合侵蚀规律及其空间分异性,需要从流域尺度的视角,以系统的观点综合研发不同地貌单元的治理技术,在明晰不同类型区水力、风力、冻融、重力等多动力复合类型及其时空分异性,阐明坡顶—坡面—沟道地貌系统产汇流及泥沙产输规律基础上,研发坡顶径流控制与高效利用技术、坡面复合侵蚀综合防控技术、沟道重力侵蚀及产输沙综合防控技术、流域土壤侵蚀与粗泥沙综合治理技术,开辟砒砂岩侵蚀治理的固结植生等新技术、新途径,实现砒砂岩全区域—侵蚀全类型—生态全要素的综合治理,解决生态系统持续退化的侵蚀环境问题。

6. 资源开发的生态安全保障技术

砒砂岩区富含煤炭等能源资源,资源开发等人类活动强烈,加剧了该区的土壤侵蚀程度。因此,研发资源开发等人类活动侵蚀与生态破坏的治理、防控技术,实现资源开发与生态良性维持仍是一项挑战性的课题。为此,需要分析资源开发与区域生态安全之间的相互关系,揭示其对区域生态安全的影响途径与机制,重点研发实现工程创面防护和生态恢复双重作用的技术,突破资源开发区域伴生物稳定无害化原位利用、资源开发区域砒砂岩土壤化改质—肥力提升、资源开发区域边坡抗蚀—植生技术体系,建立多因素驱动下的资源开发与生态安全的协同机制,形成资源开发—生态修复及安全保障的技术模式。

7. 砒砂岩资源利用及生态产业技术

为实现砒砂岩区治理的可持续性,保障治理与经济协同发展,使砒砂岩区当地农民摆脱"生态致贫"的困境,把生态治理与生态衍生产业发展有机结合是非常重要的,这也是实现新时期水土保持与生态治理可持续高质量发展的必由之路。应充分结合砒砂岩区生态、经济、社会优势资源,根据砒砂岩区的水土保持与生态治理技术发展及能源资源开发状况,研发集成砒砂岩质地土壤改良、沙地整治、砒砂岩改性、生物质资源利用等产业技术,通过生态恢复与林果产业发展相结合、工程治理与砒砂岩改性相结合,发展生态产业经济,构建生态恢复—衍生产业经济协同高质量发展型模式,实现砒砂岩区"侵蚀治理—生态恢复—经济提升"的良性发展。

11.2　展　望

砒砂岩区生态极度脆弱,煤气资源又极为丰富,在我国北疆生态安全屏障构筑、能源安全保障、"一带一路"建设国家战略中具有十分重要的地位。虽然经过几十年的治理,砒砂岩区局部植被得到一定恢复,水土流失强度有所减轻,生态环境有所改善,但是由于没有形成完善有效的综合治理措施体系,砒砂岩区生态治理仍相当薄弱,传统治理局部化、零散化、间断化问题突出,缺乏全区域尺度山水林田湖草沙空间一体化综合治理,同时也缺乏对诸如抗蚀促生、砒砂岩改性材料筑坝等有效的治理新技术、新模式的推广应用,迄今并没有从根本上遏制砒砂岩区生态环境退化的趋势,经济社会发展与水土资源、生态资源匮乏的矛盾不断加剧,砒砂岩区生态治理还面临许多新的问题。

在国家区域高质量经济发展、生态安全屏障构建的双重压力叠加、负重前行的关键期,砒砂岩区生态治理成为构建我国北方生态安全屏障最难啃的"硬骨头"。因此,加强砒砂岩区水土保持与生态治理工作,补强祖国北疆生态屏障鄂尔多斯防线,创新生态保护与经济协同发展途径与模式,对构筑坚实的祖国北疆生态安全屏障、改善当地群众生产和生活环境、保障黄河长治久安具有十分重要意义。

可以坚信,随着黄河流域生态保护和高质量发展重大国家战略实施,必将推进砒砂岩区的生态保护治理工作,砒砂岩区生态保护治理也必将成为黄河流域生态长廊建设的重点。在砒砂岩区治理中,集成适宜的新技术、新模式和新措施是实现快速、有效治理的重要技术途径,协同水土保持—生态—经济—社会发展是砒砂岩区高质量治理的必然选择。

随着对砒砂岩区治理实践的发展,需要采用 GIS、RS 等现代信息采集分析技术及统计学方法、野外定位观测与室内实体模拟试验、数学模型模拟反演技术的有机结合、土壤侵蚀与水土保持科学、水文泥沙科学、流体动力学、生态学、环境学、岩石学等多学科交叉,重点围绕砒砂岩复合侵蚀驱动力作用关系、复合侵蚀与植被退化的动力耦合机制等问题开展研究,由此必将在多动力复合侵蚀交替(耦合)规律、复合侵蚀与植被退化的互馈动力机制、脆弱生态区生态—气候—人为多系统响应关系、生态保障功能提升机制、生态治理与经济协同高质量发展模式与技术,以及多动力复合侵蚀模拟方法与技术等应用基础、关键技术方面取得突破,促进我国生态治理技术进步,奠定我国对极度脆弱生态区治理技术在国际上的引领地位。

参 考 文 献

[1] 毕慈芬,2002.砒砂岩地区沟道植物"柔性坝"拦沙试验[J].中国水土保持(5):18-20.

[2] 毕慈芬,等,1999.砒砂岩地区沟道水土流失的分析[R]//毕慈芬,李桂芬,于倬德,等.砒砂岩地区植物"柔性坝"试验研究阶段总报告(1995—1998).水利部黄委会黄河上中游管理局:1-33.

[3] 毕慈芬,李桂芬,1998.沙棘在治理砒砂岩地区水土流失中的特殊功能[J].水利水电快报,19(18):1-3.

[4] 毕慈芬,王富贵,2002.沙棘在砒砂岩地区水土资源可持续利用中的协调功能的探讨[J].沙棘,15(2):19-21.

[5] 毕慈芬,王富贵,李桂芬,等,2003a.砒砂岩地区沟道植物"柔性坝"拦沙试验[J].泥沙研究(2):14-25.

[6] 毕慈芬,乔旺林,2000.沙棘柔性坝在砒砂岩地区沟道治理中的试验[J].沙棘,13(1):28-34.

[7] 毕慈芬,邰源林,王富贵,等,2003b.防止砒砂岩地区土壤侵蚀的水土保持综合技术探讨[J].泥沙研究(3):63-65.

[8] 陈明涛,赵忠,2011.干旱对4种苗木根系特征及各部分物质分配的影响[J].北京林业大学学报,33(1):16-22.

[9] 陈溯航,李晓丽,张强,等,2016.鄂尔多斯红色砒砂岩冻融循环变形特性[J].中国水土保持科学,14(4):34-41.

[10] 崔灵周,李占斌,郭彦彪,等,2007.基于分形信息维数的流域地貌形态与侵蚀产沙关系[J].土壤学报,44(2):197-203.

[11] 崔灵周,肖学年,李占斌,2004.基于GIS的流域地貌形态分形盒维数测定方法研究[J].水土保持通报,2:38-40.

[12] 党晓宏,2012.鄂尔多斯砒砂岩地区沙棘林生态效益分析研究[D].呼和浩特:内蒙古农业大学:23-46.

[13] 邓伟军,2015.EN-1离子土壤固化剂改性膨胀土试验研究[J].中外公路,35(2):248-250.

[14] 丁小龙,张兴昌,窦晶晶,等,2012.EN-1固化剂对4种土壤饱和导水率的影响研究[J].水土保持通报,32(1):132-134.

[15] 董纪新."晋陕蒙砒砂岩区沙棘生态工程"调查[N].人民日报,2001-07-23(011).

[16] 董有福,汤国安,2012.DEM点位地形信息量化模型研究[J].地理研究,31(10):1825-1836.

[17] 范·奥尔芬,1979.黏土胶体化学导论[M].北京:农业出版社.

[18] 樊恒辉,高建恩,吴普特,2006.土壤固化剂研究现状与展望[J].西北农林科技大学学报(自然科学版),34(2):142-146,152.

[19] 冯国安,1997.关于黄甫川流域产沙问题的思考[J].中国水土保持(2):50-54.

[20] 冯浩,吴淑芳,吴普特,2006.高分子聚合物对土壤物理及坡面产流产沙特征的影响[J].中国水土保持科学,4(1):15-19.

[21] 范林峰,胡瑞林,张小艳,等,2012.基于GIS和DEM的水系三维分形计盒维数的计算[J].地理与地理信息科学,28(6):28-30.

[22] 高志义,2003.2003年全国沙棘学术交流技术总结[J].国际沙棘研究与开发,2(1):46-47.

[23] 郭伟玲,2012.坡度和坡长尺度效应与尺度变换研究[D].北京:中国科学院研究生院(教育部水土保持与生态环境研究中心).

[24] 韩学士,2016a.砒砂岩的侵蚀特征及治理对策[C]//卢明山,等.鄂尔多斯生态研讨—治理·开发·经济.鄂尔多斯:鄂尔多斯市老科学技术工作者协会:127-133.

[25] 韩学士,宋日升,1996.伊克昭盟砒砂岩侵蚀特征及治理对策[J].人民黄河,18(1):3-33.

[26] 韩学士,2016b.谈谈鄂尔多斯的生态自然修复[C]//卢明山,等.鄂尔多斯生态研讨—治理·开发·经济.鄂尔多斯:鄂尔多斯市老科学技术工作者协会:49-55.

[27] 韩兆敏,姚云峰,郭月峰,等,2017.砒砂岩区油松的茎流特征及其环境因子的关系[J].生态环境学报,26(7):1145-1151.

[28] 何德伟,马东涛,吴杨,2008.敦煌莫高窟北区岩体变异变形及修复对策[J].工程地质学报,16(2):283-288.

[29] 贺勤,2016.秦汉以来鄂尔多斯地区气候变化概述[C]//卢明山,等.鄂尔多斯生态研讨—治理·开发·经济.鄂尔多斯:鄂尔多斯市老科学技术工作者协会:69-75.

[30] 胡建忠,2011.砒砂岩沟谷种植沙棘林防止土壤重力侵蚀的实践[J].中国水土保持,11(5):37-39.

[31] 胡建忠,刘丽颖,殷丽强,2010.砒砂岩沟坡沙棘群落冠层结构特征及密度调控思考[J].国际沙棘研究与开发,8(4):7-9.

[32] 黄鹤,张俐,杨晓强,等,2000.水泥土材料力学性能的试验研究[J].太原理工大学学报,31(6):705-709.

[33] 贾景超,2010.膨胀土膨胀机理及细观膨胀模型研究[D].大连:大连理工大学.

[34] 贾仰文,王浩,倪广恒,等,2005.分布式流域水文模型原理与实践[M].北京:中国水利水电出版社.

[35] 贾志斌,金争平,张占全,等,2001.不同治理措施植被恢复效果的初步研究[J].干旱区资源与环境,15(3):57-62.

[36] 金双彦,朱世同,张志恒,等,2013.皇甫川流域次洪水沙特征值变化特点[J].水文(5):88-91,96.

[37] 金争平,2003.砒砂岩区水土保持与农牧业发展研究[M].郑州:黄河水利出版社.

[38] 金争平,苗宗义,王正文,等,1999.水土保持与水土资源和环境——以黄土高原准格尔旗试验区为例[J].土壤侵蚀与水土保持学报,5(2):1-7.

[39] 金争平,石培军,1987.内蒙古半干旱地区土壤侵蚀过程的研究:以内蒙古准格尔旗为例[J].干旱区资源与环境,1(2):55-66.

[40] 蒋定生,1997.黄土高原水土流失与治理模式[M].北京:中国水利水电出版社.

[41] 冷佩,宋小宁,李新辉,2010.坡度的尺度效应及其对径流模拟的影响研究[J].地理与地理信息科学,26(6):60-62,74.

[42] 李雪梅,杨汉颖,林银平,等,1999.黄河中游多沙粗沙区区域界定[J].人民黄河,21(12):9-11.

[43] 李晓丽,苏雅,齐晓华,等,2011.高原丘陵区砒砂岩土壤特性的实验分析研究[J].内蒙古农业大学学报,32(1):315-318.

[44] 李晓丽,于际伟,刘李杰,等,2016.鄂尔多斯砒砂岩力学特性的试验研究[J].干旱区资源与环境,30(5):118-123.

[45] 李耀林,郭忠升,2011.平茬对半干旱黄土区陵区柠条林地土壤水分的影响[J].生态学报,31(10):2727-2736.

[46] 李怀恩,张康,毕慈芬,等,2007.沙棘植物柔性坝坝体变形初步分析[J].干旱区资源与环境,21(3):146-148.

[47] 李利波,2012.基于 ASTER-GDEM 渭河中上游流域的地貌量化分析及其构造意义[D].北京:中国

地质科学院.

[48] 李晓琴,秦富仓,杨振奇,等,2017.砒砂岩区主要造林树种沙棘生长限制因子的研究[J].内蒙古水利(6):6-8.

[49] 李臻,王宗玉,1997. 新型化学固沙剂的试验研究[J].石油工程建设(2):3-6.

[50] 梁月,殷丽强,2014.砒砂岩区沙棘人工林对土壤化学性质的影响分析[J].国际沙棘研究与开发,12(2):15-17.

[51] 林凯荣,刘珊珊,陈华,等,2007. DEM 网格尺度对水文模拟影响的研究[J].水力发电,12:12-14.

[52] 刘红艳,2011. 基于 DEM 的坡度尺度效应研究[D].杨凌:西北农林科技大学.

[53] 刘李杰,白英,李晓丽,等,2016.多因素耦合作用下砒砂岩冻胀性能试验[J].哈尔滨工业大学学报,48(11):69-173.

[54] 刘学军,卢华兴,仁政,等,2007. 论 DEM 地形分析中的尺度问题[J].地理研究(3):433-442.

[55] 刘向军,王玉梅,2002.浅析砒砂岩水土流失重点治理区的沙棘生态建设[J].内蒙古水利(1):56-57.

[56] 龙毅,周侗,汤国安,等,2007.典型黄土地貌类型区的地形复杂度分形研究[J].山地学报,25(4):385-392.

[57] 鲁克新,王民,李占斌,等,2012.岔巴沟流域三维地貌多重分形特征量化[J].农业工程学报,28(18):248-254.

[58] 卢立娜,赵雨兴,胡莉芳,等,2015.沙棘(Hippophae rhamnoides)种植对鄂尔多斯砒砂岩地区土壤容重、孔隙度与储水能力的影响[J].中国沙漠,35(5):1171-1176.

[59] 马飞,姬明飞,陈立同,2009.油松幼苗对干旱胁迫的生理生态响应[J].西北植物学报,29(3):548-554.

[60] 马锦绢,2012.地形复杂度量化研究[D].南京:南京师范大学.

[61] 马士彬,安裕伦,2012.基于 ASTER GDEM 数据喀斯特区域地貌类型划分与分析[J].地理科学,32(3):368-373.

[62] 马超德,尹伟伦,陈敏,等,2005.沙棘治理砒砂岩工程建设与管理[J].中国水土保持(10):22-24.

[63] 孟秀元,2017.谈生态混凝土在高速公路岩质边坡防护中的应用[J].山西建筑,43(28):131-133.

[64] 聂良佐,项伟,2013.土工试验指导书[M].武汉:中国地质大学出版社.

[65] 潘兆橹,万朴,1993.应用矿物学[M].武汉:武汉工业大学出版社,1993.

[66] 乔贝,张磊,冯伟风,等,2016.砒砂岩区典型坡面稳定特性及空间组合结构[J].人民黄河,38(6):26-29.

[67] 单志杰,2010.EN-1 离子固化剂加固黄土边坡机理研究[D].北京:中国科学院研究生院(教育部水土保持与生态环境研究中心).

[68] 沈玉昌,苏时雨,尹泽生,1982.中国地貌分类、区划与制图研究工作的回顾与展望[J].地理科学,2(2):97-105.

[69] 拾兵,曹叔尤,2000.植物治沙动力学[M].青岛:青岛海洋大学出版社.

[70] 石迎春,叶浩,侯宏冰,等,2004.内蒙古南部砒砂岩侵蚀内因分析[J].地球学报,25(6):659-664.

[71] 苏涛,张兴昌,王仁君,等,2015.植被覆盖度对砒砂岩地区边坡侵蚀的减流减沙效益[J].水土保持学报,29(3):98-101,255.

[72] 孙翠玲,朱占学,王珍,等,1995.杨树人工林地退化及维护与提高土壤肥力技术的研究[J].林业科学,31(6):506-511.

[73] 孙立群,胡成,陈刚,2008.TOPMODEL 模型中的 DEM 尺度效应[J].水科学进展,5:699-706.

[74] 孙特生,李波,张新时,2012.皇甫川流域气候变化特征及其生态效应分析[J].干旱区资源与环境,

26(9):1-7.

[75] 谭罗荣,1997.蒙脱石晶体膨胀和收缩机理研究[J].岩土力学,18(3):13-18.

[76] 陶象武,2012.基于 GIS 的流域地貌形态分形空间变异特征研究[D].北京:中国地质大学.

[77] 唐瑞,刘筱玲,陈代果,等,2017.生态混凝土制备及其植生性能试验研究[J].混凝土与水泥制品(10):18-23.

[78] 唐政洪,蔡强国,李忠武,等,2015.内蒙古砒砂岩地区风蚀、水蚀及重力侵蚀交互作用研究[J].水土保持学报(2):25-29.

[79] 汤国安,刘学军,房亮,等,2006. DEM 及数字地形分析中尺度问题研究综述[J].武汉大学学报(信息科学版),12:1059-1066.

[80] 汤国安,赵牧丹,李天文,等,2003.DEM 提取黄土高原地面坡度的不确定性[J].地理学报(6):824-830.

[81] 童彬,李真,2009.土壤固化剂研究进展[J].合肥师范学院学报,27(3):91-93.

[82] 王百田,杨雪松,2002.黄土半干旱地区油松与侧柏林分适宜土壤含水量研究[J].水土保持学报,16(1):80-84.

[83] 王笃庆,马永林,耿绥和,1994.晋陕蒙接壤地区砒砂岩分布范围及侵蚀类型区划分[R].绥德:黄河水利委员会绥德水土保持科学试验站:1-10.

[84] 王俊岭,王雪明,冯萃敏,等,2015.植生混凝土的研究进展[J].硅酸盐通报(7):1915-1920.

[85] 王继庄,1983.游离氧化铁对红黏土工程特性的影响[J].岩土工程学报,5(1):147-155.

[86] 王伦江,张兴昌,韩凤鹏,等,2015.晋陕蒙交界地区砒砂岩陡坡水力侵蚀试验[J].人民黄河,37(11):92-96.

[87] 王强恒,孙旭,刘昀,等,2013.室内模拟水岩作用对砒砂岩风化侵蚀的影响[J].人民黄河,35(4):45-47.

[88] 王浩,杨方社,李怀恩,等,2017.沙棘柔性坝对砒砂岩沟道泥沙粒径分布及有机质影响[J].水土保持学报,31(5):158-163.

[89] 王随继,闫云霞,颜明,等,2012.皇甫川流域降水和人类活动对径流量变化的贡献率分析—累积量斜率比较法的提出及应用[J].地理学报,67(3):388-397.

[90] 王民,李占斌,崔灵周,等,2008.基于变分法和 GIS 的小流域模型三维地貌分形特征量化研究[J].水土保持学报,22(4):197-203.

[91] 王万忠,1983. 黄土地区降雨特性与土壤流失关系的研究[J].水土保持通报,3(4):7-13.

[92] 王万忠,1984.黄土地区降雨特性与土壤流失关系研究Ⅲ:关于侵蚀性降雨的标准问题[J].水土保持通报,4(2):58-63.

[93] 王银梅,徐鹏飞,2018.新型高分子材料固化黄土边坡的抗冲刷试验[J].中国地质灾害与防治学报,29(6):92-96.

[94] 王愿昌,吴永红,李敏,等,2007.砒砂岩地区水土流失及其治理途径研究[M].郑州:黄河水利出版社.

[95] 汪习军,曹全意,陈江南,1992.砒砂岩区区位特征分析及植被建设探讨[J].人民黄河,14(7):32-34.

[96] 王晓燕,林青慧,2011. DEM 分辨率及子流域划分对 AnnAGNPS 模型模拟的影响[J].中国环境科学(S1):46-52.

[97] 吴淑芳,2003.高分子聚合物径流调控功能试验研究[D].杨凌:西北农林科技大学.

[98] 吴淑芳,吴普特,冯浩,等,2004.高分子聚合物防治坡地土壤侵蚀模拟试验研究[J].农业工程学报,20(2):19-22.

[99] 武剑雄,2016.鄂尔多斯生态历史观[R]//卢明山,等.鄂尔多斯生态研讨—治理·开发·经济.鄂尔多斯:鄂尔多斯市老科学技术工作者协会:25-27.

[100] 吴利杰,李新勇,石建省,等,2007.砒砂岩的微结构定量化特征研究[J].地球学报,28(6):597-602.

[101] 吴永红,胡建忠,闫晓玲,等,2011.砒砂岩区沙棘林生态工程减洪减沙作用分析[J].中国水土保持科学,9(1):68-73.

[102] 夏海江,苏炜焕,高岩,2011.聚丙烯酰胺防治土壤侵蚀的持效性研究[J].中国水土保持(1):49-50.

[103] 徐建华,李光圻,甘枝茂,2000.黄河中游多沙粗沙区区域界定[J].中国水利(12):37-38.

[104] 徐建华,林银平,吴成基,等,2006.黄河中游粗泥沙集中来源区界定研究[M].郑州:黄河水利出版社.

[105] 许炯心,姚文艺,韩鹏,等,2009.基于气候地貌植被耦合的黄河中游侵蚀过程[M].北京:科学出版社.

[106] 徐双民,2000.砒砂岩区沙棘苗木现状及对策[J].沙棘,13(2):13-14.

[107] 徐双民,田广源,2008.沙棘治理砒砂岩技术探索[J].国际沙棘研究与开发,6(3):17-20.

[108] 闫冬冬,吕胜华,赵洪壮,等,2011.六棱山北麓中段冲沟地貌发育的定量研究及其新构造意义[J].地理科学,31(2):244-250.

[109] 杨方社,曹明明,李怀恩,等,2013.沙棘柔性坝影响下砒砂沟道土壤水分空间变异分析[J].干旱区资源与环境,27(7):161-166.

[110] 杨方社,李怀恩,杨寅群,等,2010.沙棘植物对砒砂岩沟道土壤改良效应的研究[J].水土保持通报,30(1):49-52.

[111] 姚文艺,徐建华,冉大川,等,2011.黄河流域水沙变化情势分析与评价[M].郑州:黄河水利出版社.

[112] 杨具瑞,方铎,毕慈芬,等,2002.沙棘在砒砂岩区小流域冻融风化侵蚀中的作用[J].水土保持学报,16(4):41-44.

[113] 杨具瑞,方铎,毕慈芬,2003.砒砂岩区小流域沟冻融风化侵蚀模型研究[J].中国地质灾害与防治学报,14(2):87-93.

[114] 杨晓东,盛明,乔旺林,等,2010.鄂尔多斯市风蚀规律试验研究[J].内蒙古水利(1):9-11.

[115] 杨族桥,2009.DEM多尺度表达研究[D].武汉:武汉大学.

[116] 叶浩,石建省,侯宏冰,等,2008.内蒙古南部砒砂岩岩性特征对重力侵蚀的影响[J].干旱区研究,25(3):402-405.

[117] 叶浩,石建省,李向全,等,2006a.砒砂岩岩性特征对抗侵蚀性影响分析[J].地球学报,27(2):145-150.

[118] 叶浩,石建省,王贵玲,等,2006b.砒砂岩化学成分特征对重力侵蚀的影响[J].水文地质工程地质(6):5-8.

[119] 尹惠敏,2011.砒砂岩区沙棘人工林地表土的抗蚀性能研究[J].现代农业科技(4):264,273.

[120] 殷丽强,梁月,2002.沙棘人工林对砒砂岩地区土壤物理性质变化的影响[J].国际沙棘研究与开发,5(4):1-5.

[121] 员学锋,吴普特,冯浩,2002.聚丙烯酰胺(PAM)的改土及增产效应[J].水土保持研究,9(2):55-58.

[122] 员学锋,汪有科,吴普特,2005.PAM对土壤物理性状影响的试验研究及机理分析[J].水土保持学报,19(2):37-40.

［123］张传才,秦奋,王海鹰,等,2016.砒砂岩区地貌形态三维分形特征量化及空间变异[J].地理科学, 36(1):142-148.

［124］张东海,2013.基于 SWAT 模型水文过程的尺度效应分析[D].西安:陕西师范大学.

［125］张洪宇,申红彬,2017.孔兑入汇对黄河内蒙古段河道淤积的影响[J].人民黄河,39(3):5-9.

［126］张金慧,徐雪良,张锐,1999.砒砂岩类型区筑坝材料可行性分析[J].中国水土保持(1):28-30.

［127］张金慧,徐立青,耿绥和,2001.砒砂岩筑坝施工方法初步试验研究[J].中国水土保持(10):31-32.

［128］张喜旺,2009.面向水蚀风险遥感评估的有效植被覆盖提取与应用[D].北京:中国科学院大学.

［129］张宪朝,2011.PS 渗透加固潮湿环境土遗址效果试验研究[D].哈尔滨:哈尔滨工业大学.

［130］张信宝,2019.关于中国水土流失研究中若干理论问题的新见解[J].水土保持通报,39(6):302-306.

［131］张岩,刘宝元,史培军,等,2001.黄土高原土壤侵蚀作物覆盖因子计算[J].生态学报,21(7): 1050-1056.

［132］张占全,张锐,牛新年,2000.砒砂岩区沙棘生态建设成效显著[J].中国水土保持(5):25-26.

［133］赵广举,穆兴民,温仲明,等,2013.皇甫川流域降水和人类活动对水沙变化的影响[J].中国水土保持科学,11(4):1-8.

［134］赵焕勋,金争平,1988.乌兰察布盟土壤侵蚀的研究[J].中国水土保持(9):12-15.

［135］赵国际,2001.内蒙古砒砂岩地区水土流失规律研究[J].水土保持研究,8(4):158-160.

［136］周章义,2002.内蒙古鄂尔多斯市东部老龄沙棘死亡原因及其对策[J].沙棘,15(2):8-11.

［137］朱岷,张义智,焦阳,2008.柠条在库尔勒的适应性分析[J].草业科学,25(8):148-149.

［138］《中国水利百科全书》编辑委员会,1999.中国水利百科全书:第一卷[M].北京:水利电力出版社.

［139］朱良君,张光辉,2013.地表微地形测量及定量化方法研究综述[J].中国水土保持科学,11(5): 114-122.

［140］朱永清,2006.黄土高原典型流域地貌形态分形特征与空间尺度转换研究[D].西安:西安理工大学.

［141］朱永清,李占斌,崔灵周,等,2005a.基于 GIS 流域地貌形态特征分形与计算方法研究[J].武汉大学学报(信息科学版),12:1089-1091.

［142］朱永清,李占斌,鲁克新,等,2005b.地貌形态特征分形信息维数与像元尺度关系研究[J].水利学报,3:333-338.

［143］祝士杰,汤国安,李发源,等,2013a.基于 DEM 的黄土高原面积高程积分研究[J].地理学报,68 (7):921-932.

［144］祝士杰,2013b.基于 DEM 的黄土高原流域面积高程积分谱系研究[D].南京:南京师范大学.

［145］庄文化,吴普特,冯浩,等,2008.聚丙烯酸钠对 3 种土壤持水能力及作物产量的影响[J].水土保持学报,22(4):153-157.

［146］Abbaspour, K C 2007,SWAT-CUP, SWAT Calibration and Uncertainty Programs. Swiss Federal Institute of Aquatic Science and Technology, Eawag: Duebendorf, Switzerland; 95.

［147］Abbaspour K C,2007. SWAT-CUP, SWAT Calibration and Uncertainty Programs. Swiss Federal Institute of Aquatic Science and Technology, Eawag: Duebendorf, Switzerland; 95.

［148］Arnold J G, Fohrer N, 2005. SWAT2000: current capabilities and research opportunities in applied watershed modelling[J]. Hydrological Processes, 19(3): 563-572.

［149］Alice V Turkington,Thomas R Paradise,2005. Sandstone weathering:a century of research and innovation[J]. Geomorphology,67:229-253.

[150] Andrea Bolongaro-Crevenna, Vicente Torres-Rodríguez, 2005. Geomorphometric analysis for characterizing landforms in Morelos State, Mexico[J]. Geomorphology, 67(3):407-422.

[151] A N (Thanos) Papanicolaou, Achilleas G Tsakiris, Kyle B Stromb, 2012. The use of fractals to quantify the morphology of cluster microforms[J]. Geomorphology, 139-140(15):91-108.

[152] Amore E, Modica C, Nearing M A, et al, 2004. Scale effect in USLE and WEPP application for soil erosion computation from three Sicilian basins[J]. Journal of Hydrology, 293(1): 100-114.

[153] Arnold J G, Srinivasan R S, Willianis J R, 1998. Large area hydrologic modeling and assessment part Ⅰ: model development[J]. Journal of the American Water Resources Asssosciation, 34(1):73-89.

[154] Boardman J, Parsons A J, Holland R, et al, 2003. Development of badlands and gullies in the sneeuberg, Great Karoo, South Africa[J]. Catena, 50:165-184.

[155] Carlson T N, Ripley D A, 1997. On the relation between NDVI, fractional vegetation cover, and leaf area Index[J]. Remote Sensing of Environment, 62(3): 241-252.

[156] Cerdan O, Le Bissonnais Y, Govers G, et al, 2004. Scale effect on runoff from experimental plots to catchments in agricultural areas in Normandy[J]. Journal of hydrology, 299(1): 4-14.

[157] De Jong S M, 1994. Derivation of vegetative variables from a Landsat TM image for modelling soil erosion [J]. Earth Surface Processes and Landforms, 19(2): 165-178.

[158] Di Luzio, M., Srinivasan R., Arnold J. G., 2004. A GIS − coupled hydrological model system for the watershed assessment of agricultural nonpoint and point sources of pollution[J]. Transactions in GIS, 8 (1): 113-136.

[159] Faramarzi M, Abbaspour K C, Schulin R., et al., 2009. Modelling blue and green water resources availability in Iran[J]. Hydrological Processes, 23(3): 486-501.

[160] Higy C, Musy A, 1999. Digital terrain analysis of the Haute-Mentue catchment an scale effect for hydrological modelling with TOPMODEL[J]. Hydrology and Earth System Sciences, 4(2): 225-237.

[161] Ian C Fuller, Raphael A Riedler, RAINER Bell, et al, 2016. Landslide-driven erosion and slope-channel coupling in steep, forested terrain, ruahine ranges, New Zealand, 1946-2011[J]. Catena, 142:252-268.

[162] Jain S K, Goel M K, 2002. Assessing the vulnerability to soil erosion of the Ukai Dam catchments using remote sensing and GIS[J]. Hydrological Sciences Journal, 47(1): 31-40.

[163] Jaroslav Rihosek, Jiri Bruthans, David Masin, et al, 2016. Gravity-induced stress as a factor reducing decay of sandstone monuments in Petra, Jordan[J]. Journal of Cultural Heritage, 19:415-425.

[164] Jon D Pelletier, 2007. Fractal behavior in space and time in a simplified model of fluvial landform evolution[J]. Geomorphology, 91(3-4):291-301.

[165] John K Hillier, Mike J Smith, 2012. Testing 3D landform quantification methods with synthetic drumlins in a real digital elevation model[J]. Geomorphology, 153-154(1):61-73.

[166] Mering J, Brindley G W, 1967. X-ray differaction band profiles of montmorillonite-influence of hydration and of the exchangeable cations[C]. Proc. 15th Nat. conf. on clay.

[167] Mio Kasai, Gary J Brierley, Mike J Page, et al, 2005. Impacts of land use change on patterns of sediment flux in Weraamaia Catchment, New Zealand[J]. Catena, 64:27-60.

[168] Mostafa Gouda Temraz, Mohamed K Khallaf, 2016. Weathering behavior investigations and treatment of Kom Ombo temple sandstone, Egypt-Based on Their Sedimentological and Petrogaphical Information [J]. Journal of African Earth Sciences, 113:194-204.

[169] Neaman A, Singer A, 2000a. Rheological properties of aqueous suspensions of palygorskite[J]. Soil Sci-

ence Society of America Journal,64(1):427-436.

[170] Neaman A, Singer A,2000b. Rheology of mixed palygorskite montmorillonite suspensions [J]. Clays and Clay Minerals,48(6):713-715.

[171] Neitsch S L, Arnold J G, Kiniry J R,et al.,2005. Soil and Water Assessment Tool Theoretical Documentation Version 2005[C]//Grassland, Soil and Water Research Laboratory, Agricultural Research Service, Blackland Research Center, Texas Agricultural Experiment Station: Temple, Texas TWRI Report TR-199:19-506.

[172] Nishimura S, Kodama M, Noma H, et al,1998. The use of AFM for direct force measurements between expandable fluorine mica [J]. Colloid and Surfaces A,143:1-16.

[173] Norrish K,1954,The swelling of montmorillonite[J]. Discussion Faraday Soc. , 18(18):120-134.

[174] Pike R,2001. Scenes into Numbers—Facing the Subjective in Landform Quantification[J]. Interpreting Remote Sensing Imagery—Human Factors: 83-114.

[175] Rafaello Bergonse, Eusébio Reis,2016. Controlling factors of the size and location of large gully systems:A Regression-based exploration using reconstructed pre-erosion topography[J]. Catena,147:621-631.

[176] Rothe J, Denecke M A, Dardenne K,2000. Soft X-ray spectromi croscopy investigation of the interactioin of aquatic humic acid and clay colloids[J]. Journal of Colloid and Interface Science,231(1):91-97.

[177] Schuol J, Abbaspour K C, Yang H, et al. , 2008. Modeling blue and green water availability in Africa. Water Resources Research, 44: W07406, doi:DOI:10. 1029/2007WR006609.

[178] Symeonakis E, Drake N,2004. Monitoring desertification and land degradation over sub-Saharan Africa [J]. International Journal of Remote Sensing,25(3):573-592.

[179] W Henry McNab,1993. A topographic index to quantify the effect of mesoscale landform on site productivity[J]. Canadian Journal of Forest Research,23(6): 1100-1107.

[180] Wainwright J, Parsons A J,2002. The effect of temporal variations in rainfall on scale dependency in runoff coefficients[J]. Water Resources Research,38(12): 7-1-7-10.

[181] Wang Jing'e, Xiang Wei,Zuo Xu,2010. Situation and revention of Loess Water Erosion Problem along the West-to-East Gas Pipeline in China[J]. Journal of Earth Science,21(6): 968-973.

[182] Wischmeier W H, Smith D D,1978 Predicting rainfall erosion losses: A guide to conservation planning [M]//US. Department of Agriculture. Agriculture Handbook No. 537. Washington, D C: U. S. Department of Agriculture: 1-21.

[183] Xie Y, Liu B Y, Nearing M A,2002. Practical thresholds for separating erosive and non-erosive storms [J]. Transactions of the ASAE,45(6): 1843-1847.

[184] Yang J, Reichert P, Abbaspour K C, et al. , 2008. Comparing uncertainty analysis techniques for a SWAT application to the Chaohe Basin in China[J]. Journal of Hydrology, 358(1-2):1-23.